国家"十二五"重点图书出版规划项目

城市地下空间出版工程·规划与设计系列

城市地下公共空间设计

卢济威　庄　宇　等 著

著者成员(按章节次序排序):
卢济威
王　一
庄　宇
刘皆谊
俞　泳
陈　泳
徐磊青

上海市高校服务国家重大战略出版工程入选项目

图书在版编目(CIP)数据

城市地下公共空间设计/卢济威,庄宇等著. —上海:同济大学出版社,2015.12

(城市地下空间出版工程/钱七虎主编. 规划与设计系列)

ISBN 978-7-5608-6161-6

Ⅰ. ①城… Ⅱ. ①卢…②庄… Ⅲ. ①城市空间—地下建筑物—空间规划—研究 Ⅳ. ①TU984.11

中国版本图书馆 CIP 数据核字(2015)第 318650 号

城市地下空间出版工程 · 规划与设计系列

城市地下公共空间设计

卢济威 庄 宇 等著

出 品 人: 支文军
策　　划: 杨宁霞 季 慧 胡 毅
责任编辑: 季 慧
责任校对: 徐春莲
封面设计: 陈益平

出版发行 同济大学出版社 www.tongjipress.com.cn
(上海市四平路 1239 号 邮编:200092 电话:021-65985622)
经　　销 全国各地新华书店、建筑书店、网络书店
排版制作 南京新翰博图文制作有限公司
印　　刷 上海中华商务联合印刷有限公司
开　　本 787mm×1 092mm 1/16
印　　张 15.5
字　　数 387 000
版　　次 2015 年 12 月第 1 版 2015 年 12 月第 1 次印刷
书　　号 ISBN 978-7-5608-6161-6
定　　价 128.00 元

内容提要

本书为国家"十二五"重点图书出版规划项目、国家出版基金资助项目、上海市高校服务国家重大战略出版工程入选项目。

本书从全球发展的视角，系统地剖析了城市地下公共空间，介绍了地下公共空间的发展概况，分析了作为重要发展区域的地铁车站地区地下公共空间开发规律以及地下街、下沉广场等城市主要地下公共空间的类型和特色，并从地下空间的行为心理研究出发，提出地下公共空间有效利用的策略和途径。全书图文并茂，近250幅图片展现了理论研究与城市设计实践密切结合的世界各地最新成就。

本书是城市设计学科的重要参考著作，并适合建筑设计、城市规划、市政设计等领域的设计人员、师生和学者阅读。

作者简介

卢济威　同济大学建筑与城市规划学院教授、博士生导师，现任中国历史名城委员会城市设计学部主任，上海城市规划学会城市设计学术委员会主任。在完成自然科学基金项目“城市地下公共空间开发研究”的基础上提出了发展“城市地下公共空间”及其重要途径——“地下地上一体化”设计理念；在总结实践的基础上提出“城市设计整合机制”理论，已出版《城市设计创造——研究与实践》《城市设计机制与创作实践》《山地建筑设计》等5部专著，多次获得国家及省部级优秀城乡规划和优秀建筑设计奖，其中，省部级一等奖以上奖项多达8项。

庄　宇　同济大学建筑与城市规划学院建筑系教授、博士生导师，现任中国城市规划学会城市设计专业委员会委员，上海城市规划学会城市设计专业委员会委员。主要研究方向为可持续城市设计的实践与方法，作为“体系化”理念的倡导者之一，主持完成国家自然科学基金项目“轨道交通站点地区人车路径和空间使用的协同效应”，并重点研究轨道交通站点地区地上地下一体化的城市设计。主持上海火车站地区上盖利用城市设计、上海海伦路地铁站地区城市设计等项目，并多次获得省部级设计奖项。

总 序

国际隧道与地下空间协会指出,21世纪是人类走向地下空间的世纪。科学技术的飞速发展,城市居住人口迅猛增长,随之而来的城市中心可利用土地资源有限、能源紧缺、环境污染、交通拥堵等诸多影响城市可持续发展的问题,都使我国城市未来的发展趋向于对城市地下空间的开发利用。地下空间的开发利用是城市发展到一定阶段的产物,国外开发地下空间起步较早,自1863年伦敦地铁开通到现在已有150年。中国的城市地下空间开发利用源于20世纪50年代的人防工程,目前已步入快速发展阶段。当前,我国正处在城市化发展时期,城市的加速发展迫使人们对城市地下空间的开发利用步伐加快。21世纪无疑将是我国城市向纵深方向发展的时代,今后20年乃至更长的时间,将是中国城市地下空间开发建设和利用的高峰期。

地下空间是城市十分巨大而丰富的空间资源。它包含土地多重化利用的城市各种地下商业、停车库、地下仓储物流及人防工程,包含能大力缓解城市交通拥挤和减少环境污染的城市地下轨道交通和城市地下快速路隧道,包含作为城市生命线的各类管线和市政隧道,如城市防洪的地下水道、供水及电缆隧道等地下建筑空间。可以看到,城市地下空间的开发利用对城市紧缺土地的多重利用、有效改善地面交通、节约能源及改善环境污染起着重要作用。通过对地下空间的开发利用,人类能够享受到更多的蓝天白云、清新的空气和明媚的阳光,逐渐达到人与自然的和谐。

尽管地下空间具有恒温性、恒湿性、隐蔽性、隔热性等特点,但相对于地上空间,地下空间的开发和利用一般周期比较长、建设成本比较高、建成后其改造或改建的可能性比较小,因此对地下空间的开发利用在多方论证、谨慎决策的同时,必须要有完整的技术理论体系给予支持。同时,由于地下空间是修建在土体或岩石中的地下构筑物,具有隐蔽性特点,与地面联络通道有限,且其周围临近很多具有敏感性的各类建(构)筑物(如地铁、房屋、道路、管线等)。这些特点使得地下空间在开发和利用中,在缺乏充分的地质勘察、不当的设计和施工条件下,所引起的重大灾害事故时有发生。近年来,国内外在地下空间建设中的灾害事故(2004年新加坡地铁施工事故、2009年德国科隆地铁塌方、2003年上海地铁4号线建设事故、2008年杭州地铁建设事故等),以及运营中的火灾(2003年韩国大邱地铁火灾、2006年美国芝加哥地铁事故等)、断电(2011年上海地铁10号线追尾事故等)等造成的影响至今仍给社会带来极大的负面效应。因此，在开发利用地下空间的过程中需要有深入的专业理论和技术方法来指导。在我国城市地下空间开发建设步入“快车道”的背景下，目前市场上的书籍还远远不能满足现阶段这方面的迫切需要，系统的、具有引领性的技术类丛书更感匮乏。

目前，城市地下空间开发亟待建立科学的风险控制体系和有针对性的监管办法，《城市地下空间出版工程》这套丛书着眼于国家未来的发展方向，按照城市地下空间资源安全开发利用与维护管理的全过程进行规划，借鉴国际、国内城市地下空间开发的研究成果并结合实际案例，以城市地下交通、地下市政公用、地下公共服务、地下防空防灾、地下仓储物流、地下工业生产、地下能源环保、地下文物保护等设施为对象，分别从地下空间开发利用的管理法规与投融资、资源评估与开发利用规划、城市地下空间设计、城市地下空间施工和城市地下空间的安全防灾与运营管理等多个方面进行组织策划，这些内容分而有深度、合而成系统，涵盖了目前地下空间开发利用的全套知识体系，其中不乏反映发达国家在这一领域的科研及工程应用成果，涉及国家相关法律法规的解读，设计施工理论和方法，灾害风险评估与预警以及智能化、综合信息等，以期成为对我国未来开发利用地下空间较为完整的理论指导体系。综上所述，丛书具有学术上、技术上的前瞻性和重大的工程实践意义。

本套丛书被列为“十二五”时期国家重点图书出版规划项目。丛书的理论研究成果来自国家重点基础研究发展计划(973 计划)、国家高技术研究发展计划(863 计划)、“十一五”国家科技支撑计划、“十二五”国家科技支撑计划、国家自然科学基金项目、上海市科委科技攻关项目、上海市科委科技创新行动计划等科研项目。同时，丛书的出版得到了国家出版基金的支持。

由于地下空间开发利用在我国的许多城市已经开始，而开发建设中的新情况、新问题也在不断出现，本丛书难以在有限时间内涵盖所有新情况与新问题，书中疏漏、不当之处难免，恳请广大读者不吝指正。

钱七虎

2014 年 6 月

前言

2006年世界人口已突破65亿大关，联合国预测2030年全球人口将超过85亿。当前中国与世界一样，城市化率已跨越50%，然而地球是有限的，城市不能无限扩大，城市化仍在增长，寻求生存空间是我们时代的迫切期望，中国更是如此。

可喜的是，半个多世纪以来人类在拓展生活空间方面有了很大的进展，城市向地下发展是其中的重要方面，加拿大蒙特利尔市1992年已建成36 km^2的地下城，占城市总面积的1/10，容纳市中心区35%的商业，每天有50万人光顾，核心区的1/3就业人口在地下城就餐、购物与消费；日本早在上世纪就有26个城市建成了146处地下街，每天光顾的人流达1 200万，占全国人口的1/9。城市活动向地下发展，向地下要空间已成为当今的世界潮流，1991年在日本东京召开的地下空间利用国际会议，发表了《东京宣言》，提出21世纪是人类地下空间利用的世纪；同年在蒙特利尔召开了主题为"明天—室内城市"的第七届地下空间国际学术会议；随后1998年在俄罗斯莫斯科召开了以"地下城市"为主题的地下空间国际会议。这些学术活动既印证也推动了世界范围城市向地下发展的趋势。

无论是地下城还是地下街，都是居于城市地下公共空间，即位于地面以下的城市公共空间，它是城市公共空间的组成部分，全天候向市民开放，承担市民的通勤、购物、休闲、娱乐和换乘等各种公共活动行为。

城市地下公共空间对于发展集约化的紧凑城市具有很大意义，特别对于市中心、商业中心、商务中心等建筑密集、人口密集的区域更显突出。这些地区容积率高，有些地方甚至达到10也不鲜见，和交通枢纽一样承受着巨大的人流压力。地面公共空间已无法满足正常活动行为的需要，成为城市紧凑化发展的瓶颈，然而地下公共空间却能为其疏解提供出路，集中了8个车站的日本东京新宿地区和集中了6个车站的大阪梅田地区，日流量分别为249万人次和226万人次，由于两地的地下街密布，吸收了40%～50%的客流，使区域内的人流活动井然有序。

城市地下公共空间能推进城市立体化，为城市增加在地下的公共活动基面，与地面和空中基面共同组成立体的城市基面体系，建立特色的城市行为活动和景观形态。

城市地下公共空间能推进城市的步行化建设，实现城市人性化的追求。当前我们城市的结构框架是车行道网络，步行道是其附属空间，步行的空间环境支离破碎，步行行为无法延续。

地下公共空间则可以避开地面的车行道，通过地下通道、地下街、下沉广场和地下中庭等形成大范围的延续的步行系统。

城市地下公共空间对于寒带城市是个福音，它能给寒冷城市的冬天带来活力。例如加拿大蒙特利尔位于北纬46°，全年有近5个月时间处于冬季，最低温度能达到－34 ℃，积雪高达2.5 m，室外几乎无法进行城市活动，然而其中心区36 km^2范围的地下城则成为室内城市，环境宜人，即使在冬天仍是活力依然。

城市地下公共空间是城市地下空间的骨架，城市地下空间的开发越来越多，类型也越来越宽泛，从建筑地下室、车库、商店、会堂、剧场、图书馆等，一直到人防工程、地下交通枢纽，它们分散、孤立地存在于地下，地下公共空间则可以成为它们的黏合剂，将其整合成一体，形成系统，提供空间存在的价值。

人类利用地下空间的历史可以追溯到4 000年以前，然而作为地下公共空间的发展还是上世纪的事，1930年代纽约的洛克菲勒中心建设地下通道，将10个街区的地下空间连成整体，可以说是地下步行系统的初始发展，日本东京地铁银座线的神田站，在须田町和京桥等通道两侧建商店，是地下街发展的雏形。

城市地下公共空间有很多类型，最广泛建设的是地下街，又称地下商业街，为人们进行购物、餐饮、休闲、文化娱乐等活动提供了空间；其次是地下城，实际上是地下步行系统将各种地下公共设施串联或并联而成的地下网络，加拿大蒙特利尔和多伦多是典型的案例，蒙特利尔地下城有32 km长的地下网络，连接地面65座大厦、6个旅馆、1 060套住宅和一所大学，通达10个地铁站，系统内商店、影院、剧场、展览馆、餐馆等应有尽有；另外还有地下城市综合体，将不同的城市功能地下空间三维立体地组织成一体，最典型的要算1979年建成的法国巴黎的列·阿莱广场，综合体地下4层，集交通、商业、娱乐、体育等功能为一体，其中容纳200多家商店、3 700辆汽车停放、一个地铁枢纽和市郊高铁站，还有一个13.5 m深的下沉广场，总建筑面积超过20万m^2。

地下公共空间自上世纪开始，经80多年的发展不断走向成熟，从通道到街，从线状到网络，从面到体，在漫长的经历中人们积累了丰富的建设经验。近20年来城市地下公共空间向地下地上一体化趋势发展，人们开始将地下公共空间建设与大型的城市更新和发展计划结合，并进一步与交通枢纽地区的发展结合。近年来我国在这方面作了大量的实践，包括广州珠江新城核心区、杭州钱江新城和北京中关村西区等。广州珠江新城核心区是集办公、商业、休闲、娱乐于一体的CBD，聚集了39幢高层塔楼，中心绿色梭形广场下一体化地开发地下公共空间，其中安排了地铁站、过境隧道、社会停车库、公交和旅游大巴停车场和地下商业城等。地下公共空间与两侧的塔楼地下空间连成一体，呈现出地下、地面和空中二层步廊多层立体的城市形象。

城市地下公共空间的建设能为城市紧凑化、集约化、人性化和立体化的可持续发展带来机会，作出贡献，但发展过程会碰到很多困难和障碍，主要有三方面。第一是安全问题，因为地下公共空间是封闭的，会给救灾带来困难。早在上世纪70年代，日本大阪和静冈地下空间都曾发生过瓦斯爆炸，对日本的地下街发展带来了负面影响，随后政府制定了包括《基本方针》等多项政策进行管理，推进城市地下公共空间的良性发展。第二是如何让地下公共空间提高有效性，即如何使人们减小在地下的封闭、郁闷感和进入地下空间的畏惧感，这些都要求设计者发挥高度的智慧，创造特色而诱人的空间环境。第三是地下空间建设费用昂贵，要比地面建筑高2～4倍，为此在地下公共空间选址和建设过程要充分研究、论证，当地区地价大大高于建设造价时，建设的可能性和必要性就会迅速提高。

抓住地铁和地铁站的建设高潮，是推进城市地下公共空间发展的最佳机遇。地铁站为地下公共空间带来极大的人流，日流量少则上万，多则十几万甚至几十万，所以学界称地铁站是地下公共空间建设的发动机。世界上最长的地下街就出现在地铁站的通道上，当前世界绝大部分的地下街、地下城和地下综合体建设也都与地铁站紧密结合，因此依靠地铁站的建设是发展地下公共空间的重要策略。我国已进入城市化的中后期，全国大城市都在建造地铁，2009年就有38座城市的地铁在运行、建造和规划设计中。上海现在已有14条地铁线，有近350座地铁站，全国就会有几千个甚至上万个地铁站要建设。虽然我国已有不少城市开始认识到以地铁站作为资源发展地下公共空间的重要性，但很大部分城市都没有引起充分的重视，太多城市的地铁线孤立建站，虽然有些城市已开始考虑地铁站的上盖物业建设，但真正利用地铁站积极性推进TOD(transit-oriented development，以公共交通为导向的开发)理念、发展地下公共空间的还为数不多，这与人们对城市发展的新理念认识程度有关，也与当前我国建设管理、设计的专业分离有关。城市规划部门应高瞻远瞩、抓住时机，充分利用城市设计手段，推进开展地铁站周边地区的城市设计，将车站建设与地区的开发、地下建设与地上发展结合起来，推动城市地下公共空间建设的发展。

对城市地下公共空间的研究，同济大学建筑与城市规划学院城市设计研究中心已经经历了近20年的岁月，早在1995年上海静安寺地区城市设计中我们最早接触到地下空间，因为这里是上海轨道交通2号线静安寺站的发展区。随着城市立体化理念的发展，地下公共空间成为城市地下的公共活动基面，作为地面公共空间的延伸，同时充当城市地下空间的骨干，其作用对于城市向集约化发展来说愈来愈显得重要。在地下公共空间设计的实践中，我们还发现，为了克服地下空间的封闭感，消除人们的恐惧心理，以及如何将人们导引到地下等要求，城市设计是极好的手段，通过运用城市整合机制进行地下地上一体化设计，可以克服地下空间的固有缺陷。在此基础上，我们结合“城市地下公共空间开发研究”、“轨道站地区人车路径与空间使用的协同研究”、“轨道交通综合体效能优化的关键性导控元素研究”、“站域一体化”等国家自然科学基金资助项目，力求实践与理论结合，编著成此书。地下公共空间的开发是我国新世纪城市发展的迫切需要，我们的研究尚是初步，期望得到学界与读者的指正，并努力将实践与研究继续下去。

本书由卢济威、庄宇总策划，参加各章编写的主要负责人有：王一(第1章)、庄宇(第2章)、刘皆谊(第3章)、俞泳和卢济威(第4章)、陈泳和卢济威(第5章)、徐磊青(第6章)；除主要负责人外，参与编写的成员还有徐林昊(第1章)，袁铭、张灵珠和王腾(第2章)，孔虎和李方镇(第4章),柴志平(第5章)及米佳、徐梦阳和施婧(第6章)。本书的顺利完成离不开以下人员的大力支持:特此感谢同济大学出版社社长支文军教授、季慧女士、胡毅先生在选题、框架和编辑过程的宝贵建议;感谢吴景炜博士对全文细心的排版、图片表格等整理和编辑付出的极大心血以及赵洁琳硕士在部分文字整理打印方面的细心工作。

卢济威

2015年3月于同济大学

目 录

总序

前言

1 城市地下公共空间 …… 1

1.1 城市发展与地下公共空间开发利用 …… 2

1.1.1 城市地下公共空间的概念 …… 3

1.1.2 当代城市发展与城市地下公共空间建设 …… 4

1.2 国内外城市地下公共空间发展概况 …… 7

1.2.1 社会经济与城市地下公共空间发展 …… 7

1.2.2 国外城市地下公共空间发展概况 …… 10

1.2.3 中国当代城市地下公共空间发展概况 …… 18

1.3 当代城市地下公共空间发展的动因与趋势 …… 20

1.3.1 当代城市地下公共空间发展动因 …… 20

1.3.2 当代城市地下公共空间发展趋势 …… 24

1.3.3 当代城市地下公共空间的类型 …… 26

2 地铁站及其区域——城市地下公共空间的重要发展区 …… 29

2.1 地铁站是地下公共空间的发动机 …… 30

2.1.1 地铁站:城市人流发生源 …… 30

2.1.2 地铁站人流对站域空间的激发 …… 32

2.1.3 由地铁站催化的空间使用发展趋势 …… 37

2.2 地铁站引发的地下公共空间活动行为 …… 40

2.2.1 地下公共空间的活动行为类型 …… 40

2.2.2 地下公共空间的活动行为特征 …… 44

2.2.3 地下公共空间的行为组织 …… 46

2.3 地铁站地区的地下公共空间构成 …… 47
2.3.1 空间构成要素 …… 47
2.3.2 地铁站点地区的地下空间构成类型 …… 53
2.4 上海地铁站点区域地下公共空间发展的现状和趋势 …… 55
2.4.1 发展现状 …… 55
2.4.2 发展趋势 …… 60

3 地下街——城市公共空间的主要形式 …… 63
3.1 地下街概述 …… 64
3.1.1 地下街的起源 …… 64
3.1.2 推动地下街多样性发展的因素 …… 65
3.1.3 地下街的定义 …… 66
3.1.4 常见地下街类型 …… 67
3.1.5 地下街的空间构成 …… 71
3.1.6 地下街的空间特征 …… 72
3.2 地下街在各地区的发展 …… 74
3.2.1 日本的地下街 …… 74
3.2.2 欧美的地下街 …… 78
3.2.3 中国台湾的地下街 …… 81
3.2.4 中国大陆地区的地下街发展与矛盾 …… 84
3.3 地下街的转变——处在地下的城市公共活动平台 …… 86
3.3.1 影响地下街转变为城市公共活动平台的原因 …… 86
3.3.2 地下街与城市之间关系的转变 …… 88
3.3.3 新型态的地下街案例 …… 90

4 下沉广场、下沉中庭和下沉街——城市地下公共空间与地面联系的介质 …… 101
4.1 地下公共空间与地面联系的介质 …… 102
4.1.1 地上地下联系的问题与对策 …… 102
4.1.2 地上、地下联系方法的发展 …… 102
4.2 下沉广场 …… 103
4.2.1 下沉广场概念 …… 103
4.2.2 下沉广场类型 …… 103
4.2.3 下沉广场的空间形态 …… 122

4.3 下沉中庭 …… 127
4.3.1 下沉中庭概念 …… 127
4.3.2 下沉中庭类型 …… 127
4.3.3 下沉中庭的空间形态 …… 137
4.4 下沉街 …… 138
4.4.1 下沉街概念 …… 138
4.4.2 下沉街类型 …… 138
4.4.3 下沉街的出入口方式 …… 145

5 地下、地上一体化设计——提升地下公共空间有效性的策略 …… 147
5.1 地下公共空间有效发展的主要障碍 …… 148
5.1.1 心理障碍 …… 148
5.1.2 机制障碍 …… 148
5.2 克服地下空间心理障碍的策略——从地面导入地下空间愉悦源 …… 149
5.2.1 引入自然光 …… 149
5.2.2 引入地面景 …… 157
5.2.3 引入城市活动 …… 160
5.3 克服地下空间建设机制障碍的策略——运用城市设计立体整合城市要素 …… 167
5.3.1 地下公共空间与公园绿地一体化 …… 167
5.3.2 地下公共空间与城市道路一体化 …… 179
5.3.3 地下公共空间与地面建筑一体化 …… 188

6 地下公共空间中的心理与行为 …… 197
6.1 对地下公共空间的认识 …… 198
6.1.1 地下公共空间的环境特征 …… 198
6.1.2 人在地下公共空间中的心理特征 …… 199
6.1.3 对地下空间的辩证认识 …… 200
6.2 地下公共空间的空间认知 …… 202
6.2.1 空间认知的研究案例——上海人民广场地下公共空间 …… 202
6.2.2 地下公共空间认知的影响因素 …… 203
6.2.3 空间的辨识性 …… 204
6.2.4 空间的方向感 …… 205
6.2.5 易记忆的认知图 …… 208
6.3 地下公共空间的环境与行为 …… 209

6.3.1 通道尺度与行为 …… 209
6.3.2 标识与行为 …… 211
6.3.3 空间特色与行为 …… 212
6.4 地下公共空间的易读性设计 …… 215
6.4.1 平面布局的易读性设计 …… 215
6.4.2 空间组织的易读性设计 …… 218
6.4.3 通过地面关联提升易读性 …… 220
6.4.4 标识设计 …… 221

参考文献 …… 223

索引 …… 228

1 城市地下公共空间

1.1 城市发展与地下公共空间开发利用

城市是人口和资源在地理空间上集聚的结果。伴随着当代全球经济的快速发展和城市化进程的不断加快，越来越多的人口向城市集聚，对于城市发展空间的需求也与日俱增。城市争取发展空间的方式不外乎两种：规模扩张和内部挖潜。通过城市建设区域的无穷扩张和蔓延的发展方式，正在受到越来越多的质疑，被认为其对于城市机能运行的效率和生态环境都会产生严重的负面作用。与扩张式发展相对应的，则是注重城市空间资源的高效利用，试图以一种"紧凑"式的发展路径，来追求发展空间需求同效率性与生态性的平衡。

撇除其背后的社会、文化心理诉求，高层建筑的建造是通过城市土地高强度开发提高空间使用效率的典型方式。近年来，世界各地的城市，尤其是发展中国家的大城市，都在进行一种超高层建筑"高度竞赛"。以中国上海为例，1999 年，高 420 m 的金茂大厦落成；2008 年，高 492 m 的环球金融中心竣工；而高 632 m 的上海中心也于 2015 年建成。根据上海市统计局的数据，近些年来上海市高层、超高层建筑的数量一直快速增加。截至 2012 年 12 月，上海市 30 层以上建筑数量达到 1 207 幢[①]。

2012 年，规划高度达到 1 000 m 的沙特"国王塔"破土动工，建成后将取代阿联酋迪拜 828 m 高的哈利法塔(图 1-1)，成为世界最高楼。关于沙特计划在未来建造一座 1 mi(约 1 609 m)高的摩天大厦的消息，也屡屡见诸报端。与此同时，高层建筑带来的安全、交通、环境和景观问题，也使其不断遭到各种批判和质疑。

图 1-1 迪拜哈利法塔

资料来源：http://www.telegraph.co.uk/news/newsvideo/6931422/Worlds-tallest-building-opens-in-Dubai.html

与高层建筑"向上发展"模式相对应的，则是"向下发展"，即通过地下空间的建设和利用来拓展城市发展空间。回顾历史，人类建设和利用地下空间的实践几乎伴随了城市发展的整个过程。大规模的地下空间的开发利用则同工业革命以来城市发展的现实需求和技术水平等密切相关。通常认为，1893 年英国建成世界上第一条地铁是现代意义上地下空间利用的起点。在欧美、日本等发达国家，地下空间的大规模利用始于 20 世纪 50 年代，城市地下空间从交通、人防等市政、技术空间逐步发展为容纳更多商业、娱乐、文化等活动的城市公共生活空间。

2011 年，墨西哥的 BNKR 建筑事务所为墨西哥城城市核心区提出了一个名为的"Earth-

① 数据来源：上海市统计局. 上海统计年鉴 2013[M]. 北京：中国统计出版社，2013.

Scraper”的设计方案,其目的是通过地下空间开发,在历史保护、公共空间和高强度开发之间取得平衡。在BNKR的方案中,一个位于城市广场、深入地下达300余米的倒置金字塔提供了约750 000 m^2 的建筑面积,功能包括了商业、娱乐及居住等(图1-2)。

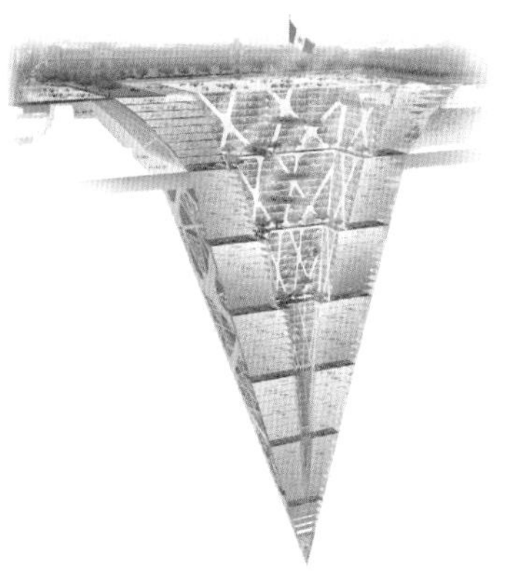

图1-2 Earth-Scraper设计方案

资料来源:http://www.dailymail.co.uk/news/article-2048395/Earth-scraper-Architects-design-65-storey-building-300-metres-ground.html

“Earth-Scraper”以一种激进的方式显示了当代城市地下空间深度开发利用的可能性。随着地下空间开发利用的深度和广度的不断拓展,它正在当代城市中扮演着越来越重要的角色。1991年,在日本东京召开的地下空间国际学术会通过的《东京宣言》提出“21世纪是人类开发利用地下空间的世纪”;1997年,在加拿大蒙特利尔召开的第七届地下空间国际学术会议的主题是“明天——室内的城市”;1998年,在俄罗斯莫斯科召开的国际学术会议则以“地下城市”为主题。大规模的城市地下空间的开发与利用,已经成为一种世界性的趋势,正在对城市的空间环境和生活方式产生着深远的影响。

1.1.1 城市地下公共空间的概念

城市“公共空间”(public space)是个内涵和外延极为丰富的概念。对城市公共空间的判定既涉及其物质空间属性,也涉及其社会政治属性。

狭义的城市公共空间通常具有开敞性、公有性和共享性三个特征,也就是说城市公共空间是独立于建筑空间之外,为公众所有和使用的室外空间。在当代城市中,公共空间的内容日趋丰富,空间的开敞性不再是界定城市空间是否“公共”的标准,空间的所有权和使用权往往相互分离,人们更趋向于用空间的实际使用状况,即空间的共享性、开放性、复合性来判定某一空间是否属于公共空间。例如,目前大量的建筑空间成为公共空间的一部分,从而出现了所谓的“私人拥有的公共空间”(Privately Owned Public Space,简称为POPS)的概念。

共享性强调的是城市公共空间的身份属性。当使用者在满足基本的社会行为规范的前提下,其对于公共空间的使用不应由于其身份和地位的差异而被甄别和排斥,从而促进社会交往，并防止由于空间的垄断性和独占性使用而使其公共性受到削弱。开放性强调的是城市公共空间的时间属性。公共空间的开放时间越长，开放的时段同城市公共活动的规律越匹配，就越有利于人们对其的使用。复合型强调的是城市公共空间的功能属性。公共空间应当包容多样的城市功能，允许丰富的城市行为的发生，从而促进空间活力。

在当代城市中，地下空间的构成内容极其多样，从地下市政管线空间、地下人防空间、高层建筑的地下设备空间，到地下交通空间（地下停车库、地铁、地下公交站、地下道路等），都是地下空间的一部分。但是我们从城市设计的角度考量城市地下空间，主要还是立足于其作为城市公共空间的一部分，去考察它的特征、局限性和发展策略，从而令其在城市功能和环境的优化中发挥更加积极的作用。因此，共享性、开放性和复合性成为我们界定城市地下公共空间研究对象的基本标准。所以，在地下公共空间研究中，我们重点关注的是那些共享性、开放性和复合性较强的内容，例如地下街、地下商场、地铁车站的公共部分，以及把它们联系为整体的地下公共步行道等。必须指出的是，在现实中地下公共空间和非公共空间往往是相互交融的，二者之间的划分不是非此即彼的绝对关系，地下公共空间也需要地下市政管线空间、地下停车库等的配合和支持，才能更好地发挥作用。

1.1.2 当代城市发展与城市地下公共空间建设

地下空间的开发利用，是城市发展到一定阶段的必然产物。而城市地下公共空间的充分发展，在于它呼应了当代生态城市、紧凑城市和人性城市的理念和追求。

目前，世界上的很多国家，尤其是发展中国家，正经历一个快速的城市化过程。以中国为例，1978 年，中国的城市化率仅为 17.92%，到 2011 年，中国的城市化率达到了 51.3%[①]。到 2015 年，中国的城市化率将达到 58.47%[②]。在当前城市化的发展速度下，到 2020 年，中国城市化率将达到 60%[③]。西方发达国家城市化的进程发展较早，起步于 18 世纪晚期，经过 200 多年的发展，目前已大体上完成了城市化的过程。

相比较来看，中国在 30 年的时间内完成了 36%的城市化率增长，如此快的城市化进程与国家社会、经济的快速发展同步。但是从西方国家城市化的经验，以及我国正经历的城市发展的现实来看，快速的城市化必然带来人口过度集聚、交通拥堵、土地紧缺、生态环境恶化等一系列问题。生态城市、紧凑城市及人性城市等主张的提出正是为了解决当代城市发展的上述问题。

1. 生态城市与地下公共空间

生态城市（ecological city）建设是当代人类社会实现可持续发展目标的重要途径。数据表明，超过 70%的能源消耗和碳排放发生在城市中，其中超过 50%是与城市建设活动直接相关的。伴随着近二三十年的经济快速发展和大规模的城镇化过程，至 2007 年，中国超过美国成

---

① 国家统计局：《中华人民共和国 2011 年国民经济和社会发展统计公报》，中国统计出版社，2012。

② IUD 领导决策数据分析中心：《2015 年中国城市化率将超过 58%》，领导决策信息，2012 年第 4 期。

③ 陈沁：《城市化——人口和土地的要素再配置》，复旦大学（博士学位论文），2013。

为全球碳排放总量最大的国家。因此,城市生态问题也已经成为中国城市发展中面临的最为尖锐和紧迫的问题。近年来,中国的不少城市都提出了建设生态城市的目标,并逐步将其推向实践。而地下空间的开发利用是建设生态城市的有效途径,地下空间的利用是改善城市生态环境,解决城市人口、环境和资源问题的基础性工作。面对人口饱和、空间拥挤、绿地减少、交通阻塞等城市问题,地下空间的开发能有效优化城市交通体系,促进绿色交通。

地下公共空间的开发利用,有助于城市空间资源的立体化高效利用,扩大城市容量,避免由于城市规模的无限扩张带来的环境问题。有研究表明,城市地下空间开发利用的资源总量约为城市的总面积乘以合理开发深度的40%①。虽然地下空间的开发利用还受到地质、水文、地面现状条件等因素的制约,实际可以开发的容量达不到这个数字,但随着城市经济水平、建造技术的增长,每座城市拥有的可供开发的地下空间资源容量无疑仍然是巨大的。理论上城市地下空间的利用深度可以达到2 000 m,但当代城市地下空间的利用主要集中在地下50 m深度范围内。按照50 m的开发深度和40%的土地城市利用率,一个面积为100 km^2 的城市可供使用的地下空间资源达到 2×10^9 m^3。以地下建筑层高为3 m计算,可以提供的建筑面积为 6.7×10^8 m^2,相当于一个城市平均容积率为5时可以提供最大的地上建筑面积。

地下空间开发利用,有助于优化城市交通体系,鼓励绿色出行,从而减少污染排放。例如,通过以地铁为代表的大容量轨道交通系统建设,减少市民出行对于机动车的依赖。而通过把部分机动车道路引入地下,减少地面拥堵,也能为地面的步行行为留出更多的公共空间。地下空间开发利用,也有助于解决高密度开发建设同城市公共空间之间的矛盾,并为城市创造更多的生态空间。通过空间立体复合使用,可以在发挥土地经济价值的同时,释放地面空间为公共绿化所用,提高城市的生态性。

图1-3 改造后的波士顿城市空间

资料来源:https://collaborativeservicesinc.wordpress.com/tag/big-dig/

美国波士顿原本的城市中心交通干道(93号州际公路)是一条穿越城市中心的六车道高架公路。1991年开始进行被称为“大开挖(Big Dig)”的浩大工程,把主要的机动车交通引入了地下,从而释放出更多的公共绿化空间,并强化了城市同滨水公共空间的联系。如图1-3所示。

2. 紧凑城市与地下公共空间

当代城市,尤其是很多发展中国家的大型城市,正经历一个城市快速蔓延的过程。但是蔓

① 童林旭:《城市地下空间资源评估与开发利用规划》,中国建筑工业出版社,2009。

延式的发展会给城市带来交通量增大、通勤距离增长、中心区衰弱，以及城市周边地区服务效率低等问题。因此，很多城市开始反思这种粗放型的发展方式，提出对紧凑、集约的发展模式的诉求。

紧凑城市(compact city)是对城市可持续发展理念及空间资源利用问题等进行综合思考的结果，也是对城市无序蔓延问题的回应。它反对粗放型的城市发展，主张在城市规划建设中以"紧凑"的城市空间布局来遏制城市蔓延，保护生态空间，并通过"紧凑"的复合功能组织促进城市活力，认为"紧凑"的城市有助于鼓励公交和步行，减少机动车使用需求，从而减少能源消耗。

紧凑城市理论主要提倡三个主要观点：高密度开发、混合的土地利用和公交优先。高密度的发展模式追求土地价值的最大化利用，混合的土地利用注重地块内功能的互补，公交优先提倡新的以公共交通为主的城市交通模式的转变。从这三个角度来看，城市地下公共空间的发展在紧凑城市建设中扮演着重要的角色。

一方面，它作为一种空间资源要素，把土地使用从地面以上拓展到地下，有助于提高城市空间的使用效率，有助于在高密度的城市环境中避免公共活动空间的不足。另一方面，它作为一种空间整合要素，有助于建立一种立体化、多层面的三维空间布局，并以此来整合城市要素、功能和行为。地下空间作为整合手段有利于增强城市各服务功能间、社会活动间的联系，形成多元的社区。

金丝雀码头(Canary Wharf, Dockland)是伦敦市重要的金融、商业及新闻业的 CBD 地区，该地区用地面积 28.7 km^2(其中水面占 10.127 km^2)。在局促的用地上，建设了大量高层以及超高层，形成了建筑密度大、功能复杂的城市功能区域。从 2000 年开始，伦敦市 Jubilee 地铁线开通，该地区以地铁站建设为契机，大规模建设了地下商业街、地下步行道、地下停车场等，形成了以地铁站为核心的地下公共空间体系。同时，以地铁和公交为主的公共交通体系成为该地区的主要交通方式。地下公共空间系统的建立，既在地下层面为该地区提供了宝贵的商业、休闲空间，同时在地下层面将地面的建筑、街道以及公园等整合到一起，形成了高效运转的城市核心区。如图 1-4 所示。

图 1-4　金丝雀码头地区地下空间入口

资料来源：http://girlmeetslondon.blogspot.com/2011/03/canary-wharf.html

3. 人性城市与地下公共空间

人性城市(humanistic city)是看待城市地下公共空间发展的另一维度。人性城市的主张源于对城市公共空间与市民社会之间关系的思考，强调要将城市规划和发展的重点放在"人性化的维度"上。其关注点在于两个方面：一是公共空间拓展，二是城市步行化。

地下空间的开发利用，扩大了城市公共空间的领域，对于当代人性城市发展中公共空间增加的作用是显而易见的。而从城市步行化的角度而言，依托地下空间可以缓解人车矛盾，组织安全、宜人、地下和地面一体的步行系统，鼓励城市步行行为，激发人际交往，从而激活城市空间，提高公共空间的品质。

法兰克福是德国第五大城市，同时是欧洲重要的金融商业中心。法兰克福从20世纪70年代开始，依托城市地铁的建设，大规模改造城市中心区的道路及交通模式，逐步在城市中心形成了大面积以步行以及自行车为主的城市道路网。在城市的中心步行区，公共交通主要依靠轨道交通系统，地面的车辆数量以及车速都被限制，因此为行人提供了安全的步行环境以及宜人的城市生活空间。如图1-5所示。

图1-5 法兰克福城市步行区

资料来源：http://de.wikipedia.org/wiki/Liste_von_Stra%C3%9Fen_und_Pl%C3%A4tzen_in_Frankfurt_am_Main

1.2 国内外城市地下公共空间发展概况

1.2.1 社会经济与城市地下公共空间发展

世界上地下公共空间发展较为领先的国家主要分布在欧美、日本等发达国家，主要原因是由于城市地下公共空间的发展同城市的社会经济发展水平密切相关。大规模的地下公共空间开发利用需要雄厚的资金和技术支持。

一般情况，相同体积下，地下空间的开发建设成本是地上空间的2倍到10倍，其中土建费用平均为地面工程的2倍到3倍，设备费用平均为地面工程的1.5倍到2.1倍。因此，进行大规模的地下空间开发利用需要高额的资金成本。城市经济发展到一定的水平才能为相对开发成本较高的地下空间开发提供经济基础。从全世界范围内城市地下空间发展的历史来看，进行大规模地下公共空间开发利用的城市普遍有很好的经济基础。美国的纽约、达拉斯，法国的巴黎，日本的东京、大阪等城市都是公认的地下公共空间发展较为领先的城市，同时也是经济处于全球领先地位的城市。

因此，一个国家或地区地下公共空间开发利用的大规模展开，首先受到其经济发展水平的制约。只有当一个国家的人均GDP达到一定程度时，才具备高水平开发城市地下空间的实力和条件。发达国家的发展历史表明，人均GDP达到500美元后，基本具备了开发利用地下空间的条件和实力。人均GDP达到500～2 000美元，是大规模地下空间开发利用的开端。人均GDP达到3 000美元，则进入大规模地下公共空间开发利用的高潮[1]。从日本地下空间发展和人均GDP发展的历史来看，日本成规模的地下公共空间的开发始于20世纪50年代到60年代，而1960年日本的人均GDP达到473美元；20世纪60年代到70年代日本的地下公共空间开发初具规模，而1970年日本人均GDP达到1 964美元；到20世纪80年代中期，日本地下公共空间的开发达到高潮，日本东京地下公共空间利用超过 500 万 m^2，1980 年日本人均 GDP 则达到 9 176 美元的水平。

根据中国国家统计局 2012 年发布的报告，中国人均 GDP 已超过 6 000 美元，而不少城市人均 GDP 都远超此数。例如，上海 2013 年的人均 GDP 达到 14 000 美元，北京 2013 年的人均 GDP 达到 15 000 美元，广州 2013 年的人均 GDP 达到 19 000 美元（表 1-1）。据此判断，我国很多城市都已经具备了大规模开发地下公共空间的条件和实力。

表 1-1　　2013 年中国城市人均 GDP

排名	市/州	2013 年人均 GDP/元	2013 年人均 GDP/美元
1	克拉玛依	227 115.49	36 671.750
2	鄂尔多斯	197 380.50	31 870.52
3	阿拉善	185 724.46	29 988.45
4	东营	156 817.52	25 320.92
5	大庆	149 171.97	24 086.41
6	嘉峪关	142 445.58	23 000.32
7	深圳	137 476.82	22 198.03
8	包头	128 240.59	20 706.68
9	海西	125 703.94	20 297.09
10	无锡	124 819.12	20 154.22
11	苏州	123 382.09	19 922.19
12	广州	120 104.84	19 393.02
13	大连	114 361.73	18 465.69
14	珠海	105 041.07	16 960.71
15	乌海	103 962.44	16 786.55
16	天津	101 688.85	16 419.44
17	长沙	100 091.37	16 161.49
18	南京	98 171.55	15 851.51
19	盘锦	97 701.15	15 775.55
20	佛山	96 534.88	15 587.24
21	杭州	94 791.18	15 305.69
22	北京	94 237.66	15 216.31
23	宁波	93 322.03	15 068.47

续　表

排名	市/州	2013 年人均 GDP/元	2013 年人均 GDP/美元
24	常州	93 047.07	15 024.07
25	镇江	92 782.11	14 981.29
26	铜陵	92 724.80	14 972.03
27	呼和浩特	91 915.02	14 841.28
28	威海	91 141.73	14 716.42
29	上海	90 748.81	14 652.98
30	青岛	90 281.33	14 577.49

以人均 GDP 为指标的经济发展水平是地下空间开发利用的基础条件。但一个城市地下空间的大规模开发，也同城市化的不断推进导致的空间集聚度的上升所激发的地下空间发展需求有直接关系。

城市的集聚带来了土地资源的紧缺和地价上升。一般而言，某一新建建筑的直接成本包括以下几个部分：旧建筑的价值、旧建筑的拆除费用、增值后的土地价值、新建筑的建造成本。地价越高，土地价值在某一项目的开发成本中所占的比重越大，地下空间开发的盈亏平衡点就会出现。换言之，虽然地下空间的造价数倍于地面建筑造价，但地下空间开发带来的土地增值足以抵消建造成本的增加。

图 1-6 和图 1-7 将允许容积率下的地上建筑综合建造成本、土地成本以及地下空间开发的土地成本放在一起比较，以找到不同容积率、土地成本下地下空间开发的盈亏平衡点。图 1-6假定地上建筑建造成本为 1 500 美元/m^2，地下空间开发的土地成本是地上的 20%。图 1-7假定相同的地上建造成本情况下，地下空间开发的土地成本为 0。

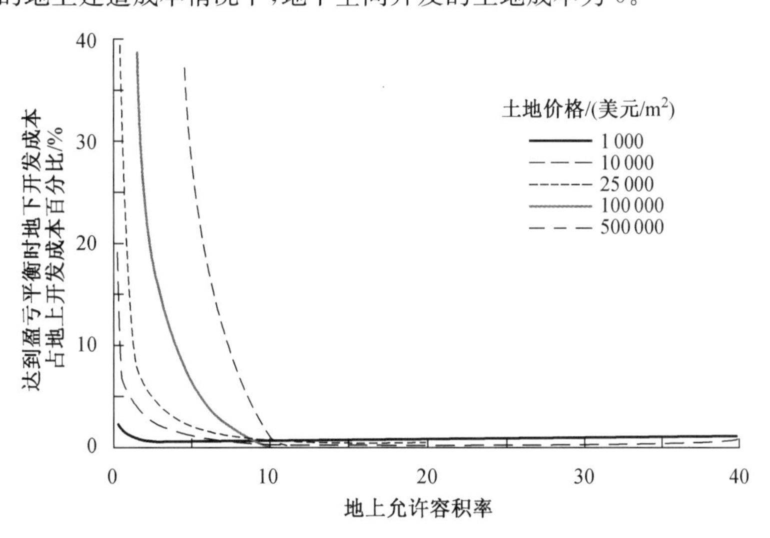

图 1-6　地下空间开发成本为地上的 20%时开发平衡点分析

资料来源：CARMODY John, STERLING Raymond. Underground space design[M]. University of Minnesota, 1993

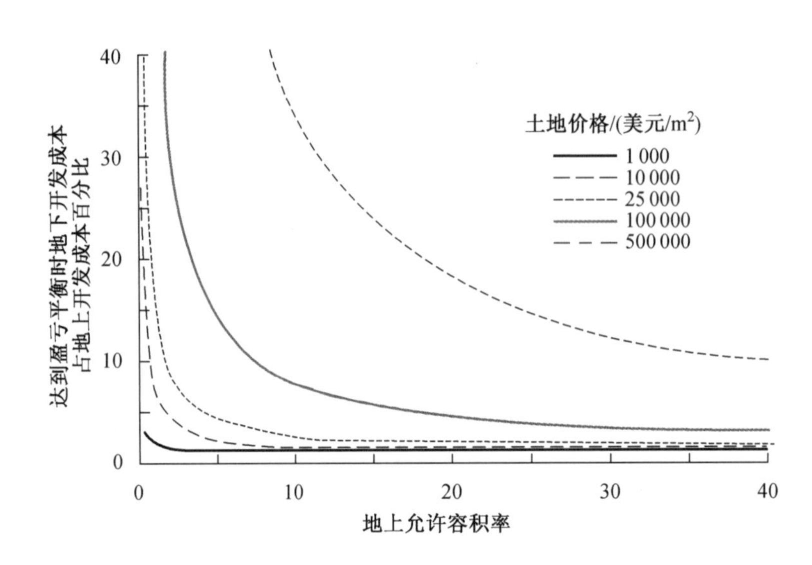

图 1-7　地下空间开发成本为 0 时开发平衡点分析

资料来源：CARMODY John，STERLING Raymond. Underground space design[M]. University of Minnesota，1993

可以看到，当地价低于 1 000 美元/m² 时，地下建造花费必须至少同地上建造成本相同才能保证盈亏平衡。对于高额价格的地块，经济的做法是进行地下空间开发并充分利用地上的允许容积率。低容积率需要进行相对高强度的地下空间开发才能保持盈亏平衡，当地下空间开发的土地成本是地上的 20%，容积率达到 10 时，盈亏平衡受地下空间开发影响较少。对于零地下空间开发土地成本的地块，盈亏平衡更依赖地下空间开发。同时，土地成本越高，对于地下空间开发的依赖程度越高。

在高度城市化的日本，85%以上的人口生活在城市中。由于人口的高度集聚、土地资源稀缺、城市古风貌保护等原因，东京、大阪、横滨等城市成为世界上地价最高的地区之一，土地价值往往超过项目成本的 70%，房地产的增值主要来源于土地增值。这是日本成为世界上地下空间开发利用程度最高的国家最为重要的原因。

而以中国上海为例，到 2014 年，政府出售的用于商业、办公、居住等功能的地块允许容积率一般为 2～6，市中心土地成本在 10 000～40 000 美元/m²（2013 年徐家汇地块以 35.1 亿美元出售，地块面积达到 9.9 万 m²，土地成本大约为 35 467.6 美元/m²）。目前，在中国绝大部分的项目开发过程中，地下空间开发不需要承担额外的土地费用。因此，对于新建地块较为经济的做法是进行地下空间开发，并将地下空间开发成本控制在地上建筑的 5%～20%。

1.2.2　国外城市地下公共空间发展概况

日本、加拿大、美国、法国等国家是当代世界范围内地下空间开发利用的典型代表。较高的社会经济发展、城市化和技术水平，为这些国家开发利用地下空间解决城市问题提供了充分的保证。以此为基础，当代欧美国家开展了广泛的城市地下空间的开发利用实践。

1. 日本城市地下公共空间发展概况

日本国土面积约为 377 944 km²，仅相当于中国云南省（约为 394 000 km²），人口却达到 127 262 598 人（2013 年）。同时，由于日本地形地貌的山多坡陡、平原狭小、地震频发等特点，人口大都集中在沿海平原及沿河地带的城市中，以东京、大阪和名古屋等城市为中心的地区集中了近一半的人口，城市人口密度极大。城市的高度集聚导致了巨大的交通压力和空间资源的极度紧张。

建设以地铁为骨干的公共交通系统，是缓解城市交通压力的有效途径。1927 年，日本在东京开通了浅草至上野的地铁线路，线路长度 2.2 km，标志着日本第一条地铁的建成。第二次世界大战后，以经济恢复和快速发展为基础，日本各大城市抓住各种机遇大力发展地铁。例如，东京和大阪两座城市分别利用 1964 年东京奥运会和 1970 年大阪世博会的举办，极大地促进了各自地铁的发展。到 2010 年，日本共有东京、横滨、大阪、仙台等 9 个城市拥有城市地铁系统，总长度达到 642.4 km。日本地铁系统最发达的城市是东京。目前，东京地铁系统拥有 13 条线路，220 多座车站，线路总长 312.6 km，每年乘客总量达到 32 亿人次，日平均客流量超过 800 万人次，是世界上客流量最大的地铁系统。

以地铁为骨干的地下交通系统，构成了城市大规模地下空间发展的基本骨架。利用地铁车站带动城市发展，通过地下空间建设整合城市功能和行为，促进城市空间资源的高效使用，是日本城市建设中最为典型的现象，形成了以"地下街"为代表的地下空间开发利用方式。

1930 年，东京上野火车站开始在地下步行通道两侧设置商业柜台，这是日本地下街发展的"源头"。1957 年，日本建成大阪难波地下街，这是日本第一条地下街。1963 年大阪建成梅田地下街，接着又建成当时全国最长的虹地下街。以后的几十年中，日本的地下街数量逐步上升，东京有地下街 19 处，总面积达到 28.3 万 m²，其中面积超过 1 万 m² 的地下街有 17 条。根据 2005 年（日本平成十七年）版消防白书（总务省消防厅）所计算，至 2005 年 3 月，日本政府认定国内总共有地下街 70 条，总面积达 113 万 m²。

当代日本的"地下街"，已经不仅仅是单纯的"街"的概念，而是已经演变为包括整合交通、商业、娱乐、展览等多种城市要素的"地下城市综合体"，除了规模的扩大之外，也越来越重视公共空间的营造和步行体验。日本八重洲地下街紧邻东京站，位于东京站站前广场和八重洲大街的地下。整个地下街分两期建设，于 1969 年建成，总建筑面积达到 7.4 万 m²，分三层。商业及步行交通主要位于地下一层，与车站的地下室相连，地面的多达 23 个的入口方便市民的进入。地下街的地下二层和地下三层分别为公共停车场及高速公路和辅助功能用房。地下街在四个不同区域分别设计了"花之广场""光之广场""水之广场"及"石之广场"供人们休闲娱乐。直到今天，八重洲地下街仍是东京最重要的公共活动区域之一。如图 1-8 所示。

"21 世纪绿洲"广场（Oasis 21）位于日本名古屋，建成于 2002 年，采用了地上、地下同步立体开发的模式，将大型集会广场、公交车始发站、商业服务、公共步行通道等设施有机地整合在一起，也是久屋大通地下街与爱知县文化艺术馆之间的过渡空间。一个倾斜的活动基面是整个广

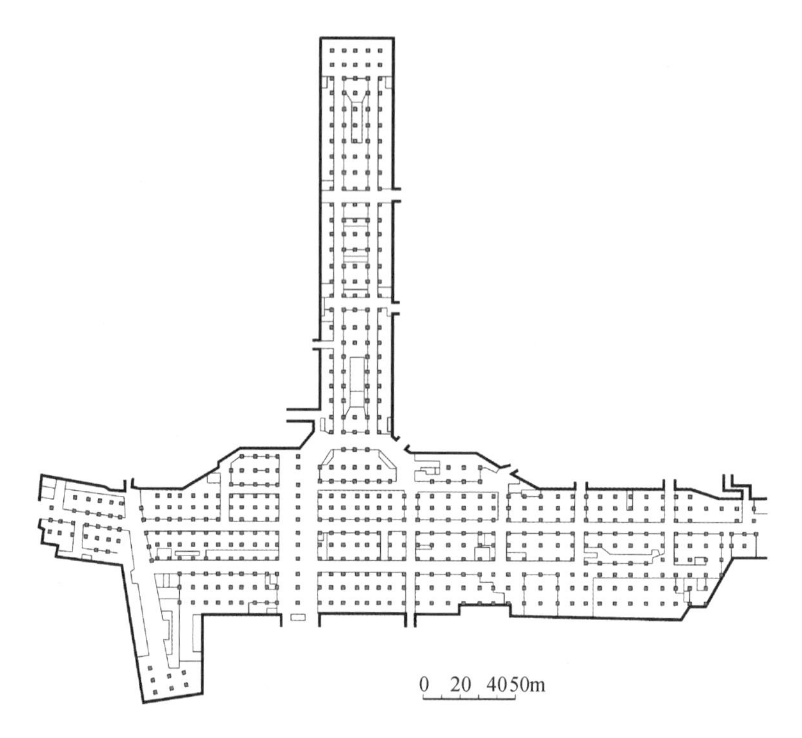

图 1-8　日本八重洲地下平面图

场空间组织的核心要素。它把街道层和位于地面二层的爱知文化艺术中心的主要入口空间联系起来。倾斜的广场的东端,组织了公交巴士车站和小汽车上落空间。广场的西端,则以一个椭圆形的广场一直贯穿到地下,可以进入周边的地下商业空间和地铁车站。如图 1-9 所示。

图 1-9　“21 世纪绿洲”鸟瞰

资料来源:http://ready-up.net/2010/08/28/world-cosplay-summit-2010/

值得关注的是，随着大城市中浅层地下空间利用的日趋饱和，日本地下空间开发逐步向地下深层空间拓展，即从浅层区域(地表以下 5～10 m)向中层区域(地表以下 10～50 m)和深层区域(地表 50 m 以下)延伸。城市地下空间的深度开发对于地下空间物理、心理环境的营造、行为组织、工程技术、技术规范、法律法规等都提出了新的要求。从 1985 年开始，大城市的大深度地下空间的开发问题在日本被广泛讨论。在这种情况下，日本政府为了促进大深度地下空间的利用，于 1995 年成立了"临时大深度地下利用调查会"，于 2000 年颁布了《大深度地下公共使用特别措施法》，对地表 50 m 以下的地下空间的权属和使用方式进行了界定，保证大深度地下空间的合理利用。

2. 北美城市地下公共空间发展概况

北美的地下空间开发主要集中在加拿大和美国。这两个国家国土辽阔，其中加拿大国土面积达到 9 984 670 km^2，美国国土面积达到 9 825 675 km^2，但是因为城市化水平和空间集聚度高，在北美的一些大城市，例如纽约、芝加哥、蒙特利尔、多伦多等，同样存在通过地下空间利用解决交通拥挤和空间资源紧缺等问题。而北美城市地下空间建设的特殊性，在于很多城市都是希望通过地下空间抵御寒冷、高温和大风等恶劣气候，提高城市空间的舒适性，保证城市活力。

加拿大冬季时多数地区会非常寒冷，尤其是在内陆和大平原地区，日间气温通常为零下 15 ℃，最冷可达零下 40 ℃，风寒效应经常处于严重水平。为了解决恶劣的城市气候带来的冬季城市活力不足的问题，蒙特利尔和多伦多等城市在地下逐步建立起四通八达的步行网络，形成不受气候影响的城市行为空间。

蒙特利尔拥有世界上规模最大的地下空间系统。系统内包含了大约 900 个出入口、60 多座建筑综合体、10 个地铁站、2 个火车站、2 个长途汽车枢纽、31 个地下停车场、1 000 多套住宅、近 2 000 家商店、3 个会议中心和展览馆、9 个宾馆、10 家剧院和音乐厅以及 1 座博物馆。总长度超过 30 km 的地下步行网络把它们连成一个整体，为使用者提供了一个抵御恶劣天气、鼓励公交使用、选择性极其丰富的城市公共生活空间，每天的使用者超过 50 万人(图 1-10)。蒙特利尔地下空间的建设始于 1962 年，一开始是围绕地铁建设进行的局部性开发。地下空间建设并未依据一个预先制定的整体规划进行，而是之后近半个世纪进行的一系列地下空间开发和整合的结果，从而逐步生长为跨越众多地块、覆盖城市中心区的巨大网络。整体性的考量是蒙特利尔地下空间建设的重点，并围绕整体性的要求同土地所有权和区划(zoning)之间的矛盾制定了一系列的政策措施，通过对土地所有权、管理权、使用权的分离和各自权利与责任的详细界定，为地下空间的体系化消除了障碍，而体系化的地下空间也吸引了更多的开发商把自己的项目纳入这个体系中来，从而进一步提升了地下空间的完整性。

多伦多从 20 世纪 70 年代开始，依托地铁逐步建设地下步行网络。到今天，名为"PATH"的多伦多地下步行网络总长度超过 30 km，面积达到 371 600 m^2，超过 50 幢建筑、20 个停车场、6 个地铁站以及 1 座火车站等通过地下通道相连，步行道两侧有超过 1 200 家商店。地面上的行人可以通过 125 个出入口进入地下空间(图 1-11)。

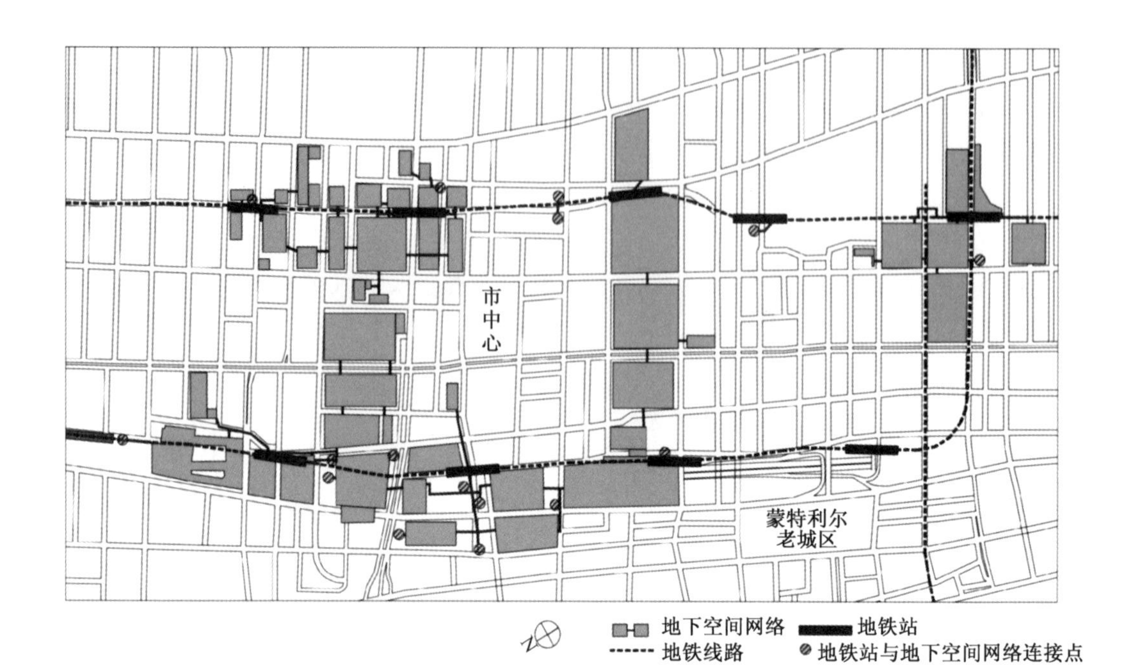

图 1-10　加拿大蒙特利尔地下步行系统平面图

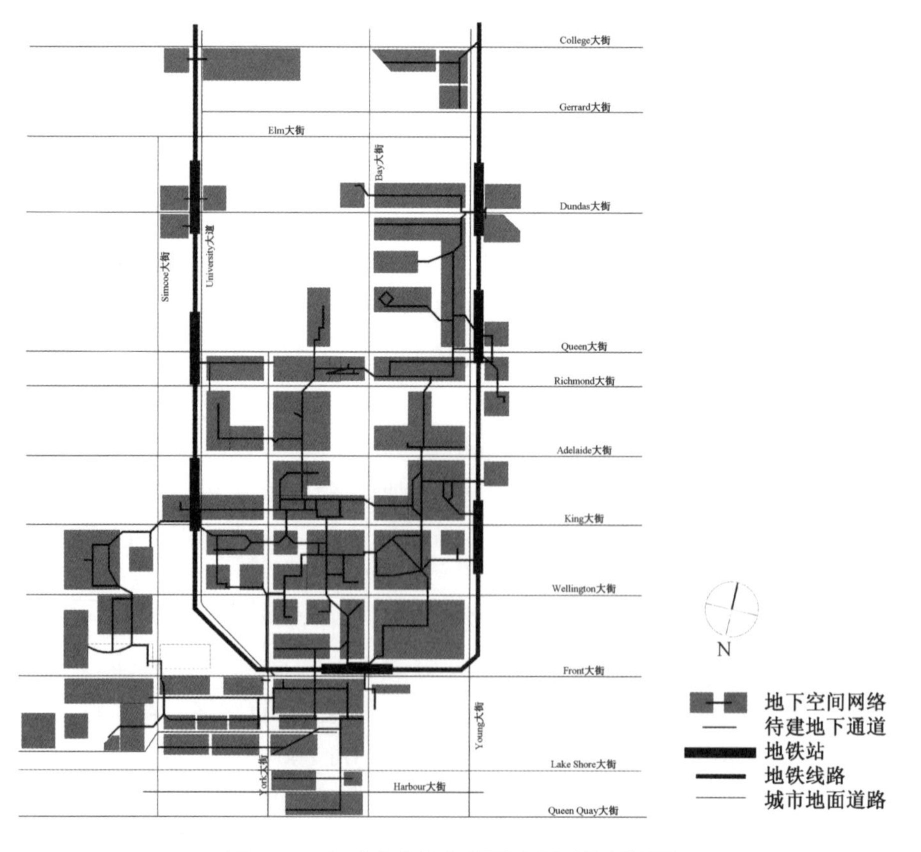

图 1-11　加拿大多伦多地下步行系统平面图

美国达拉斯、休斯顿等城市由于夏季气候炎热，也建造了较为完善的地下步行系统，在夏天将人的各种行为引到地下。例如达拉斯的地下城，始建于 20 世纪 60 年代。到今天，达拉斯地下已经发展成一个多层的步行系统，覆盖了 36 个城市街块(图 1-12)。

图 1-12　美国达拉斯地下步行系统平面图

除了天气原因，美国大型城市中心区建筑密度高、公共空间缺失也是促进地下步行系统发展的重要原因。纽约曼哈顿区、费城市场东街等地区都有大规模的地下空间开发，在高密度地区创造新的使用空间，将高层建筑通过地下空间联系起来，并且在地下提供餐饮、娱乐、购物、停车场等服务空间，形成大面积的地下综合体。

纽约洛克菲勒中心位于曼哈顿中城，由 19 幢商业大楼组成，占地面积 89 000 m^2，建筑密度非常高，地面可利用的空间有限。为了将高层建筑进行有机的联系，并且创造与地面连续的公共空间，整个项目开发了地下空间作为交通、商业等功能，利用下沉广场作为地上地下空间一体化的重要节点，将大量人流引入地下。同时在地下层面将高层建筑、地铁站、地下停车场联系起来，创造便捷的步行系统。如图 1-13 所示。

3. 欧洲城市地下公共空间发展概况

欧洲是世界范围内最早对地下空间进行开发利用的地区。从 1863 年英国伦敦的第一条地下铁道到英吉利海峡隧道，欧洲国家对地下空间的开发水平一直处于世界前列。欧洲城市历史悠久，对于城市历史文化的保护十分重视，因此欧洲很多地下空间开发的出发点都是在解

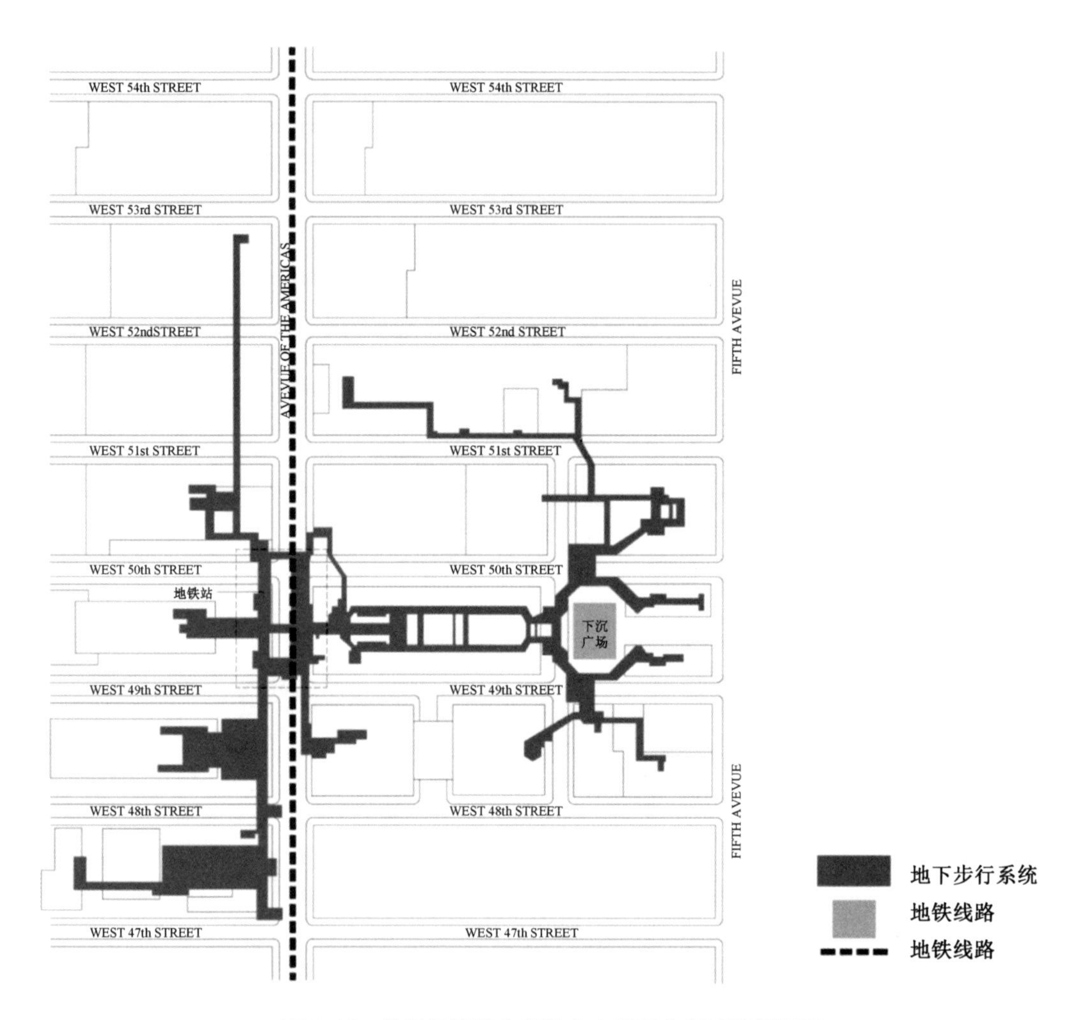

图 1-13 美国纽约洛克菲勒中心地下步行系统平面图

决城市功能更新需求的同时，力求与城市历史环境和谐统一。

法国巴黎是通过地下空间利用将历史保护与城市更新结合的最好例子。比较典型的案例包括列·阿莱(Les Halles)地区地下空间开发、卢浮宫扩建工程、拉德芳斯地区建设、塞纳河左岸地下空间开发等。

列·阿莱商业区位于巴黎的市中心，它见证了漫长的城市历史，是历史感十分浓厚的区域。随着原先的中央市场的搬迁，列·阿莱地区于 1979 年建成了巴黎最大的地下商业中心(Le Forum des Halles)。位于地下的夏特雷—列·阿莱地铁站，是世界上最大的地下火车站。五层的地下空间中包含着大型购物中心、游泳池、电影院、温室、图书馆、办公等功能(图 1-14)。2010 年巴黎市政府发起了对列·阿莱地区改造设计国际招标，OMA、MVRDV、SEURA、AJN 等知名事务所参加。SEURA 的方案获胜，谨慎、渐进性和可操作性成为新一轮改造的总体思路，而地面空间生态性的保留、公共性和活力及地下空间与地面的整体性的强化是关键的空间更新理念。

图 1-14　法国巴黎列・阿莱地区鸟瞰

资料来源：http://de.wikipedia.org/wiki/Quartier_des_Halles

瑞典斯德哥尔摩赛格尔广场是斯德哥尔摩市最大的文化广场，城市重要的公共活动区域。这个广场地处交通枢纽，下接地铁和火车的中央车站，上连皇后街和国王街两条主要街道，广场南边就是文化中心和老街的南部，对面就是 Ahléns 百货公司，不远就是 NK 百货，广场地下有巨大的地下商城。赛格尔广场分为两部分：东侧是地面上一个接近椭圆形的车行交通岛，岛中央是一个水池，水池中的玻璃雕塑是城市标志物之一；西侧是一个不规则形状、面积达到 3 500 m^2 的下沉广场。地下商城与广场通过下沉广场连接，下沉广场为市民提供开放空间，同时连接地下商城以及交通枢纽。如图 1-15 所示。

图 1-15　瑞典斯德哥尔摩赛格尔广场

资料来源：http://www.metro.se/nyheter/kvinna-overgav-fyraaring-pa-sergels-torg/EVHmey!uBEsYTfA9UYk/

1.2.3 中国当代城市地下公共空间发展概况

当代中国城市地下空间利用，起步于20世纪60年代，以人民防空工程建设为主体，地下空间利用功能单一。20世纪80年代初期，提出“平战结合”的口号，把一部分地下人防空间改造成商业活动空间，地下空间利用的经济效益逐步得以显现。1986年国家人防委和建设部在厦门召开人防建设与城市建设相结合会议，1987年颁发了“关于加强人民防空建设与城市建设相结合工作的通知”，1988年又下发了《人防建设与城市建设相结合规划编制办法》。这一系列会议和文件显示了新的历史时期地下空间建设思路的转变，逐步强调地下空间与城市建设的协同关系和社会、经济及环境综合效益的体现。20世纪80年代末，尤其是进入20是世纪90年代以来，地下空间建设开始进入一个快速增长的时期。

经济发展水平的不断提高是中国城市地下空间快速发展的基础。如本章前文所述，按照中国人均GDP衡量，中国已经进入了城市地下空间快速发展阶段。很多大城市都已经具备了大规模开发地下空间的实力。

伴随中国社会经济发展的城镇化水平的不断提高。2000年以来，中国城镇化率以平均每年1.35个百分点的速度递增，城镇人口平均每年增长逾2 000万人。2013年中国城镇化率超过50%。据预测，到2020年中国城镇化率将超过60%，到2050年这一数字将达到80%。城镇化水平的提高导致的城市交通问题和空间资源紧张问题成为城市地下空间发展的直接驱动力。

地铁的快速发展为中国城市地下空间公共发展提供了有力的支撑。截至2013年年底，我国已经建有地铁或者正在建设(包括获得国家审批)的城市有33个(数据未包括港澳台地区)，其中已经开通运营的城市有19个，正在施工建设的城市有13个，获得国家审批即将开始投入建设的有1个(表1-12)，全国已投入运营的地铁线路总长度达到1 980 km，运营车站1 291座。地铁在城市生活中扮演着极其重要的角色。据统计，北京市地铁日均客流量已经突破1 000万人次，上海全市地铁日均客流量也突破了800万人次。地铁把大量的人流引入地下，成为地下空间发展的关键活力资源。

表1-2　　2013年中国城市地铁发展情况

序号	城市	建设情况	序号	城市	建设情况
1	北京	开通运营	9	合肥	施工在建
2	哈尔滨	开通运营	10	福州	开通运营
3	上海	开通运营	11	武汉	开通运营
4	南京	开通运营	12	长沙	开通运营
5	无锡	施工在建	13	深圳	开通运营
6	苏州	开通运营	14	广州	开通运营
7	杭州	开通运营	15	南宁	施工在建
8	宁波	施工在建	16	天津	开通运营

续 表

序号	城市	建设情况
17	西安	开通运营
18	青岛	施工在建
19	郑州	开通运营
20	南昌	施工在建
21	大连	开通运营
22	沈阳	开通运营
23	重庆	开通运营
24	成都	开通运营
25	昆明	开通运营
26	常州	施工在建
27	厦门	施工在建
28	太原	施工在建
29	兰州	施工在建
30	石家庄	施工在建
31	贵阳	施工在建
32	徐州	规划获报批
33	乌鲁木齐	施工在建

以上述条件为依托，当代中国城市地下空间的发展无论是数量还是规模，都呈加速发展的趋势。以北京、上海、广州、深圳、重庆、杭州、沈阳等为代表的诸多一、二线城市正在大力进行城市地下空间综合体项目的规划设计和开发利用建设。截至 2010 年年底，北京已建成的地下空间面积达到 2 700 万 $m^2$①，并以每年 300 万 m^2 的速度增长；截至 2013 年年底，上海全市地下工程数量超过 3.4 万个，总建筑面积为 6 875 万 $m^2$②；广州的地下空间总量也超过了 2 000 万 m^2。

在总量迅速增长的同时，中国城市地下空间建设的项目规模也日益攀升，出现了为数众多的具有地下巨型城市综合体性质的地下空间建设项目。例如，北京朝阳区 CBD 核心区将建设面积约 52 万 m^2 的地下空间系统，截至 2013 年年底已完成 21.4 万 m^2；上海世博轴地下综合体工程总建筑面积达 248 702 m^2，其中地下建筑面积达到 180 000 m^2；广州珠江新城核心区地下综合体的地下建筑面积达到 440 000 m^2，深入地下 4 层；杭州钱江新城地下综合体总建筑面积约达 123 000 m^2（图 1-16）。

图 1-16 杭州钱江新城地下综合体——波浪文化城

随着大规模地下空间建设的不断推进，为了更好地引导和规范地下空间的发展，中国的很多城市都编制了地下空间发展规划，例如《北京市中心城中心地区地下空间开发利用规划

① 北京市规划院：《北京市中心城中心地区地下空间开发利用规划 2004—2020 年》，2006。
② 人民网，http://sh.people.com.cn/n/2014/0305/c134768-20708951.html.2014。

(2004年—2020年)》、《上海市城市地下空间开发利用和保护"十二五"规划》(2012)、《广州城市地下空间开发利用规划》、《沈阳市地下空间开发利用总体规划》等。到目前为止,已有北京、上海、广州、沈阳、重庆、南京、杭州、深圳、昆明、青岛等几十个城市编制了城市地下空间的专项规划。在法律法规层面,除了建设部颁布的《城市地下空间开发利用管理规定》(2011),很多城市还相继出台了地下空间开发利用的地方性法规,例如:《上海市地下空间规划建设条例》(2014)、《武汉市地下空间开发利用管理暂行规定》(2013)、《广州市地下空间开发利用管理办法》(正在征求意见)、《天津市地下空间规划管理条例》(2009)、《深圳市地下空间开发利用暂行办法》(2008)等,以求对地下空间的规划、开发、利用等做出尽可能明确的要求和规定,推动地下空间的整体设计、统一建设和协调管理。

目前,上海、广州、杭州、苏州等城市还相继出台了地下空间实行有偿使用和产权登记制度,如《上海市城市地下空间建设用地审批和房地产登记试行规定》(2006)、广州的《关于土地节约集约利用的实施意见》(2014)、《杭州市区地下空间建设用地管理和土地登记暂行规定》(2009)、苏州的《关于确定苏州工业园区地下空间土地出让价格(试行)的通知》(2009)等,逐步明确地下空间土地出让金征收标准和产权归属,对于鼓励和规范城市地下空间资源的利用有较为积极的意义。

1.3 当代城市地下公共空间发展的动因与趋势

1.3.1 当代城市地下公共空间发展动因

综合看来,城市地下空间开发利用的动机集中在两个方面:促进城市空间资源高效利用和城市要素的有机整合。当代城市地下空间开发利用应对城市高度集聚导致的问题和机能运作需求,有助于生态城市、紧凑城市和人性城市的发展,能够为城市提供宝贵的空间资源,在相同的土地面积上创造更多的使用空间,促进土地的高强度开发,增强城市的聚集效应。同时,通过地下空间有助于建立一种不被地面要素所分割的行为系统,并围绕这个行为系统整合各种城市要素,从而提高城市机能运行的效率。在上述共性的出发点的基础上,当代城市发展中的某些具有普遍性的现实问题,也是世界范围内城市地下公共空间开发利用的直接原因。

1. 历史保护与城市更新

历史街区保护与更新是当代城市发展中的重要课题。历史街区保护与更新的主要问题是历史风貌的保护与城市机能更新之间的矛盾。由于建造年代久远,其空间环境、功能构成、道路交通、基础设施等往往无法充分满足当代城市生活的需要。而历史街区对于城市风貌、空间格局的严格要求,也导致了其更新绝对不能采取大规模"破旧立新"的更新方式。

地下空间提供了一条对既有历史环境影响最小化的更新途径。服务功能的完善、开发强度的增加、交通系统的改善等,大部分都发生在地下,较好地解决了保护与更新的矛盾。

芬兰首都赫尔辛基创建于1550年，迄今已经有超过460多年的历史，是欧洲著名的历史文化名城，城市建筑以历史建筑为主。赫尔辛基在城市更新的过程中采取向下发展的模式，建造了规模巨大的地下城“Shadow City”。地下城包含了一个大型游泳池（图1-17）、地下商场、教堂、冰球场、城市数据中心以及停车场等。同时，地下城的规模仍在不断扩大，赫尔辛基市政府计划在现有基础上继续建造200余个地下设施。地下公共空间的开发与利用，对于赫尔辛基市城市风貌的保护、城市功能的更新都起到了重要作用。

图1-17　芬兰赫尔辛基地下公共游泳池

资料来源：http://weburbanist.com/2014/03/17/7-urban-underground-wonders-active-subterranean-spaces/

2. 气候防护与城市活力

城市的恶劣气候对于城市生活的安全、舒适都有极大的负面影响，也导致了城市空间活力的不均衡。对于很多城市，一年中某些时段内恶劣的气候情况会使得步行舒适度极度降低，城市地面空间难以使用，公共空间丧失活力。

地下空间以其不受气候直接影响的稳定物理环境，成为城市应对恶劣气候的有效方法。对于低温、高温、大风等气候条件，地下空间都有很强的适应性。

美国芝加哥地处美国北部，濒临密歇根湖，冬季漫长多雪，即使是在相对温暖的时候，也常常出现大风天气，素有“风城”之称。一个不受外界恶劣气候影响的地下步行系统成为对付恶劣气候的有效手段。芝加哥的地下步行系统被称为“Pedway”，始建于20世纪50年代，通过逐年拓展和完善，形成了覆盖核心区的大部分区域、总长度达到8 km、串联40余个街区的庞大网络（图1-18）。在Pedway与地铁站点连接最繁忙的区段，每日通行人次达2万人，而在多风、寒冷的冬天人次可到4万[2]。Pedway的建设，不仅有效解决了城市活力与恶劣城市气候之间的矛盾，也同时改善了城市中心区的交通状况，推动着芝加哥城市地下公共空间的开发。

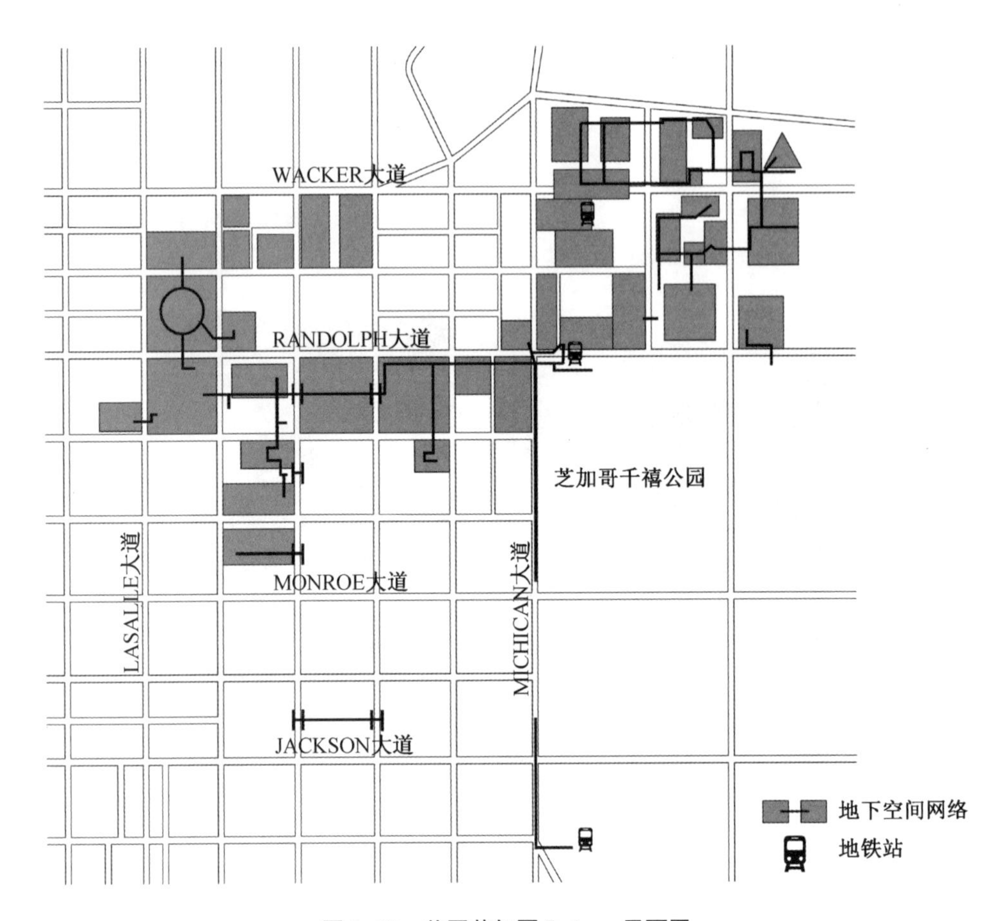

图 1-18 美国芝加哥 Pedway 平面图

3. 高强度开发与公共空间

城市绿地、广场等城市公共空间对于城市公共生活具有十分重要的作用。然而，在高密度开发的城市区域，常常存在城市公共空间要求同土地经济效益之间的矛盾。由于绿地、广场等自身能够创造的直接经济效益较小，在城市土地资源紧缺、土地价值高企的情况下，往往面临选择公共空间还是选择高强度开发的两难局面。在中国改革开放的早期，有的地方甚至以牺牲绿地、广场为代价，争取开发强度的提高。

地下空间为兼顾城市公共空间和高强度开发提供了可能性。利用城市绿地、广场的地下进行开发既可发挥土地的商业价值，又可以为城市公共空间提供充分的商业、餐饮、交通、停车等配套设施，提升公共空间的品质。在城市更新中，通过地下空间开发，甚至可以为城市创造新的公共空间，优化城市公共空间体系。

上海人民广场以地铁 1 号线人民广场站为地下公共空间开发的触发点，建设了总面积达到 50 000 m^2 的大型地下综合体。项目地下一层主要为地下街，包括迪美购物中心和香港名店街，地下二层为公共停车场。通过地下公共空间的开发，在保证大面积的城市公共绿化空间的同时，通过地下商业空间的开发最大程度地发挥了土地的经济价值。如图 1-19 所示。

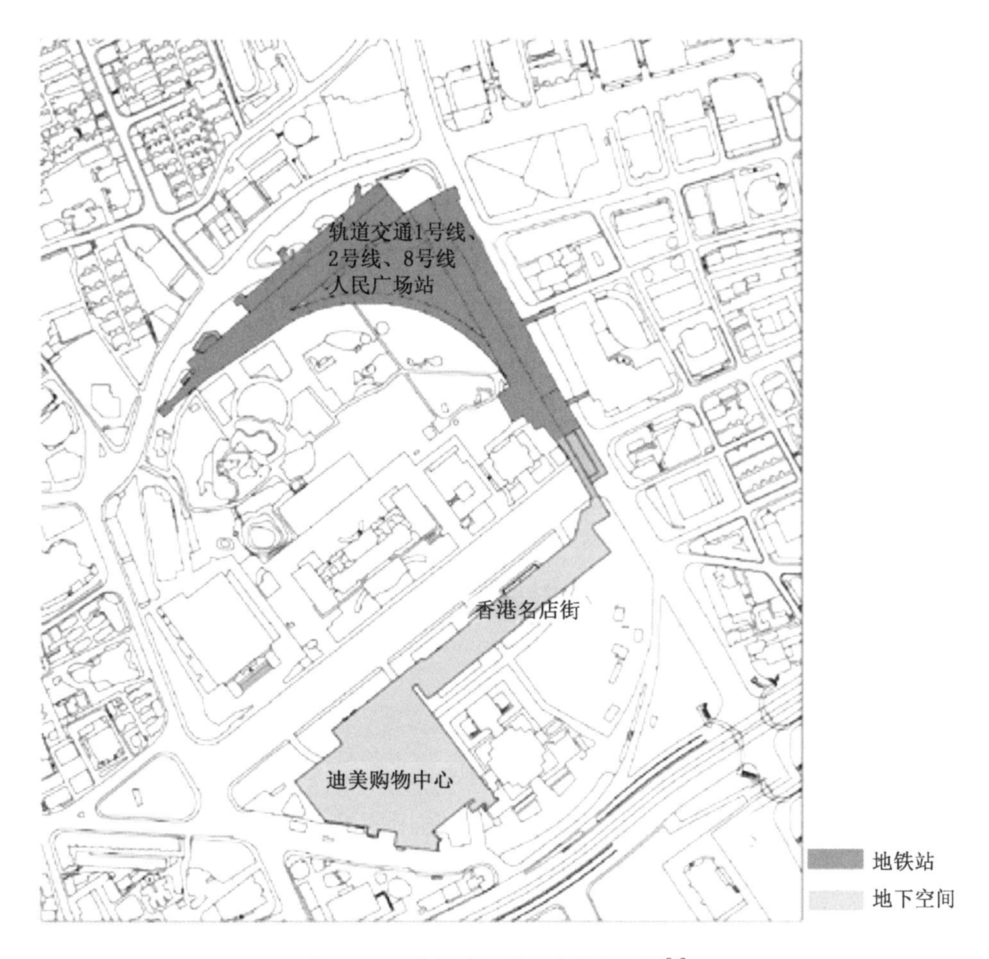

图 1-19 人民广场地下空间平面图[3]

4. 交通改善与步行环境优化

现代城市地下空间的大规模开展，始于为解决城市交通问题而进行的地铁建设。在高度集聚的城市区域，交通问题日益严重。为此而不断增加的城市道路分隔了城市空间，割裂了城市行为，破坏了城市景观，并成为污染、噪声的来源。

地下空间为立体化、多层面组织城市的各种交通行为提供了可能，使得车行、步行、公交、地铁等纳入一个人车友好、有序组织的系统，改善城市步行体验。

马德里市 M-30 快速路改造工程将不堪城市交通重负的道路多个路段转入地下，建成世界上最长的地下交通隧道，大大改善了道路交通效率。同时，通过将原本占据曼萨纳雷斯河河岸的道路段转入地下，地面空间还给河流，恢复的绿地达到 100 万 m^2。步行环境被大大优化，该区域已成为城市休闲娱乐的重要节点。如图 1-20 所示。

(a) 改造前　　　　(b) 改造后

图 1-20　改造前后的马德里滨河区域对比

资料来源：http://www.corredoresverdes.cl/portfolio/el-proyecto-madrid-rio-una-aproximacion-a-la-realidad-de-santiago

1.3.2　当代城市地下公共空间发展趋势

1. 地下公共空间与地下轨道交通站协同发展

地铁建设是近现代大规模城市地下空间开发利用的发端。而当前随着经济社会的发展，中国当前已经进入了地铁建设大发展的时期。中国政府批准地铁建设的 3 项指标是：GDP 超 1 000 亿元、地方财政一般预算收入超 100 亿元、城市人口超 300 万。对于 GDP 和财政收入这两项指标，很多城市已经远远超过，人口成为决定城市建设地铁与否的决定性因素。从国际经验来看，当城市人口达到 100 万时就会产生对地铁的需求。第六次全国人口普查数据显示，我国市区人口达到 300 万的城市达到 180 个（未包括香港、澳门和台湾地区），远大于已经开通地铁的城市数量，这说明中国还有很多城市对地铁有着非常迫切的需求。因此不少专家呼吁，应适当降低建设地铁的城区人口标准，地铁建设应当适度超前。截至 2013 年 3 月，中国已有 38 个城市与地铁结缘（包括香港、台北和高雄），基本囊括了中国大部分的一、二线城市；其中，已经开通地铁的城市有 19 个，到 2020 年将达到 38 个。

地铁建设为围绕车站进行大规模城市地下公共空间建设提供了良好的基础。在当代城市中，地铁车站导致的活动集聚度的提高和所在区域可达性的增加，成为激发城市活力的重要资源，带动了城市空间使用方式的变化。地铁导致了大量的城市人流被引入地下，充分带动了地下公共空间的开发利用。

香港的地下公共空间开发以大规模、高强度、复合功能闻名世界，城市地下公共空间开发以地铁站的建设为依托，将地铁站作为地下空间体系的核心，建设了大量功能复杂的地下综合体。以尖沙咀地铁站为例，这个地铁站包含荃湾线尖沙咀站和西铁线尖东站两个站点。整个地下空间体系以两个站点为中心，建设了数公里的地下通道将两个站点进行连接，同时建设了大规模的地下商业街与复杂的地下通道，将地下公共空间系统与地面的建筑、公园、道路等进行连接。如图 1-21 所示。

图 1-21　香港尖沙咀地铁站商业街

资料来源：http://commons.wikimedia.org/wiki/File:HK_East_Tsim_Sha_Tsui_Station_Shops.jpg

2. 地上、地下公共空间一体化发展

与地面空间相比，城市地下空间有着其自身的特点。一方面，地下空间具有恒温、恒湿、物理条件相对稳定的优点。另外一方面，地下空间也存在着空间孤立、环境封闭、缺乏标识性、不利于安全疏散、缺乏自然采光和通风、时空变化感知不明显、容易迷失等局限性。

地上、地下公共空间一体化发展，正是为了通过打破地上空间和地下空间各自为政、独立发展的格局，把地下空间和地面空间作为一个整体来研究，特别是通过地下空间与地面空间行为和视觉关联性的建立和强化，模糊和消解地上、地下的空间界限，形成地上、地下一体的空间体系，从而促进多元的城市活动向地下空间汇聚。同时，通过一系列联系地面和地下的下沉广场、下沉街道以及贯穿地上、地下的中庭等空间要素，把自然采光、绿化等环境要素引入地下，优化地下公共空间的环境品质。如图 1-22 所示。

图 1-22　广州珠江新城核心区地下综合体下沉广场

资料来源：http://www.gdadri.com/product/view/37.html

3. 地下公共空间体系化发展

地下空间的体系化发展，指的是以城市行为的整体性为内在逻辑，实现多地块整体开发。孤立的地下空间彼此之间没有联系，地下活动就只能局限在地块内部，地下空间的价值不能发挥到最大，也无法形成具有整体性的城市行为空间。

因此，地下空间开发需要打破地块之间的界限，进行多地块整体开发（图 1-23）。

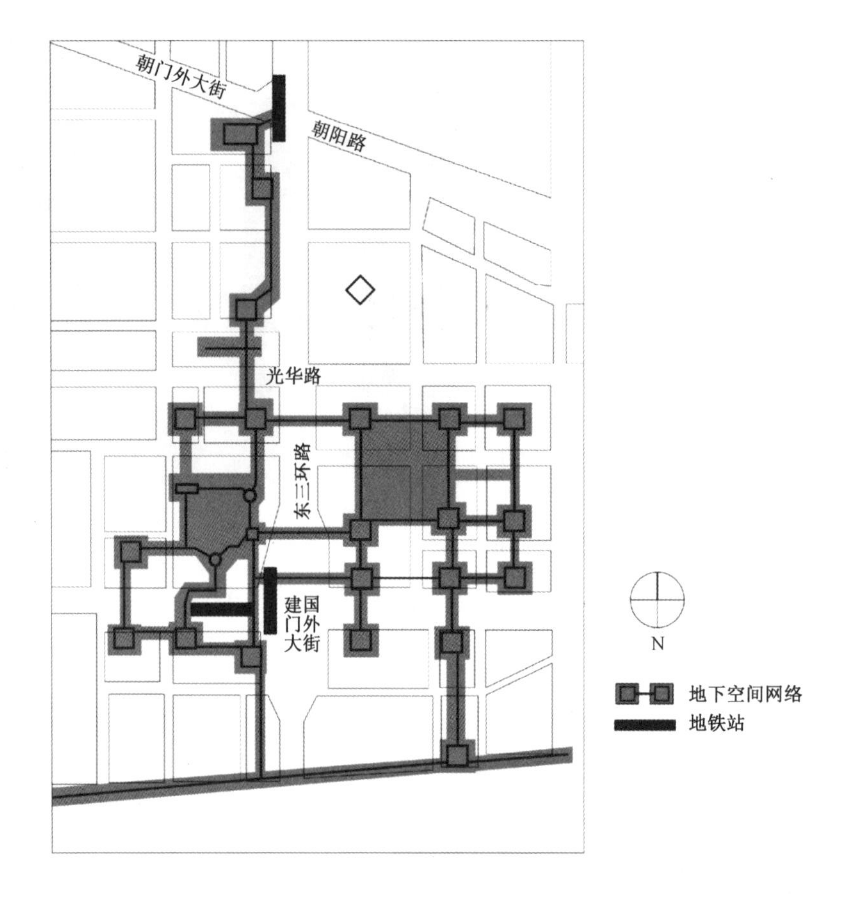

图 1-23　北京 CBD 地区地下空间规划

1.3.3　当代城市地下公共空间的类型

随着城市地下公共空间开发利用的不断推进，地下公共空间的类型不断丰富。

由于商业功能的不断强化，早期主要起到交通联系作用的地下通道，逐步演变为地下街。

由于地下、地面一体化发展的要求，演变出下沉广场、下沉街道和下沉中庭等空间类型(图 1-24)，成为联系地下和地面的媒介。

(a) 纽约洛克菲勒中心下沉广场

(b) 汉诺威火车站站前下沉街

(c) 费城市场东街下沉中庭

图 1-24　地下、地面一体化发展

由于地下空间整合的城市要素和功能不断增加，那些包含了交通、商业、休闲、景观、停车等复杂功能的地下城市综合体开始出现，其特征是多元城市功能的交叉复合和为了容纳复杂的功能而导致的庞大的空间规模，从而带来了资金运作、规划设计、施工建造和管理运营等方面的巨大挑战。

2　地铁站及其区域

——城市地下公共空间的重要发展区

城市公共空间通常是指街道、广场和公园等公共性的室外活动场所，而现代社会中，大量公众消费场所如商业中心等室内空间也已经成为重要的公众活动空间。因此，把这类对市民限时开放，可自由出入并免费使用的功能性空间称为准公共空间[①]。这两类公共空间都是城市中大量人群的集聚性活动场所，它的空间分布与活动需求、便捷、周边区域的环境品质和吸引力等密不可分，往往在高（人口）密度区域且具有良好可达性和空间活力的城市节点（地区）形成；地铁站作为能够迅速集散城市人流的发生源，自然成为城市公共空间发展的主要动力，这种现象对于地下公共空间而言尤为突出。

2.1 地铁站是地下公共空间的发动机

伴随着大城市或特大城市高容量、高强度的发展趋势，城市人口大量聚集，出行需求旺盛，以地铁为主的轨道交通是解决城市高效出行的主要方式，并成为城市化发展到较高阶段的必然产物。由于地铁的发展使得大量人群集散在站点周边，而地下空间完全不受地面交通和环境的干扰，地下通道可以像管道那样把人流带向多个目的地，因此地铁站犹如人流发动机一样催生了地下公共空间在其周边区域的成长。

2.1.1 地铁站：城市人流发生源

1. 人流发生源的界定和类型

城市往往由建筑和空间高度集聚的多“基面”构成，人、物、资金、信息等“城市流”在面上不停地运动，并由于区位、地形、交通等条件的差异，使得这些城市流形成非均衡增长的格局，运动的“质点”总流向那些引力较大的场所，于是就形成了若干城市流的集聚中心，或称为结节点[②]。人流发生源[③]就是这样一种较为典型的结节点，它主要指那些在城市中能聚集并产生大量人流的节点或区域，并深刻地影响着周围城市空间的发展。

城市轨道交通一方面作为城市大规模人群流动的主要载体，每天能高强度地把人流聚集在轨交站点周围，比如上海人民广场站的日均客流量能够达到 28 万人次左右；同时，由于人员的密集引入，对周围的功能定位和空间生产形成重要影响：早期城市的地下公共空间主要是地下通道或独立的地下商业街，相互之间并没有多少联系，呈现各自独立的片段状况，随着地铁的快速发展，以地铁站为核心的站点区域大规模人流被激发，地下公共空间便逐渐由被动的碎片化空间发展转化为统一有序的整体性空间，并最终形成以站点带动站域、整合而成的体系化地下空间网

---

① 准公共空间是指城市中私人拥有的公共空间（Privately Owned Public Space，缩写：P. O. P. S.）。

② “城市结节理论”将结节点定义为城市中那些具有聚焦性能的特殊地段，地铁站点是城市中的典型结节点；引自洪俊、宁越敏：《城市地理概论》，安徽科学技术出版社，1983。

③ 有了“人流发生源”的概念，自然会产生另一个相对应的概念“人流目的地”，每天城市中的人流就穿梭在这些节点或区域之间，形成了丰富多彩的城市生活。虽然从人流运动的角度看，发生源和目的地本身是相互转化、互为一体的，这里基于活动出行规律，将城市中聚集大量人流的交通节点定义为“人流发生源”，而将那些满足特定人群需求的功能性空间或公共空间定义为“人流目的地”，如商业综合体、居住组团、城市中心广场等。

络，这种转变的动因核心就是地铁站，它通过在短时间内持续不断地迅速集散和疏解大量人流，促进地下空间的体系化发展。因此，地铁站当之无愧地成为城市中最典型的"人流发生源"。

如香港九龙联合广场区域，结合了地铁九龙站形成的由16座住宅及2座综合楼构成的多层面开发区，其主要功能包括了九龙站、酒店、酒店式公寓、高级住宅、大型购物中心和甲级写字楼等，总面积达到109万m^2，容积率约8.05；其不同功能空间根据空间区位价值和人群使用的需求合理分布，地下一层、二层主要是交通空间和停车场，地面是城市道路和公共交通站点，地下二—四层是商场和部分车站空间，基座屋顶平台是九龙站面向联合广场的出入口和空中花园，上部为办公、酒店和住宅空间，如图2-1所示。

图2-1　城市轨交站点

资料来源：http://www.baidu.com

2. 地铁站的客流量状况

自1863年世界上第一条用蒸汽机车牵引的地下铁路在英国伦敦建成通车开始，地铁发展至今已有150多年的历史，虽然当时列车隧道里烟雾熏人，但由于在拥挤不堪的伦敦地面街道上乘坐公共马车的条件和速度远不如地铁，因此当时的伦敦市民甚至皇亲显贵们还是乐于乘坐这种地下列车。自1863年至1899年的30多年间，地铁建设逐渐在一些高密度的大城市发展起来，除伦敦以外，英国的格拉斯哥、美国的纽约和波士顿、匈牙利的布达佩斯、奥地利的维也纳以及法国的巴黎共5个国家的6座城市也相继建成了地铁。到21世纪初，伦敦的地铁系统已经成为当今世界上最先进的线路之一，到目前为止共有12条地铁线路，总长度约410 km，设置约280座车站，地铁车辆保有量总数约4 200辆，年客运总量已突破8亿人次，日均200万人次，成为世界上最繁忙的地铁线路之一，如图2-2所示。

图2-2　伦敦地铁站内景

作为国际化大都市的上海同样如此，至2013年年底，上海已经建设了拥有14条线、329座车站及总长525 km的地铁网络(上海的轻轨也是属于“重轨”系统的地上地铁)，其总日均客流达938万人次(不含磁悬浮，轨交3号、4号线共线段人流不重复计算)。尽管如此，2013年上海的轨道交通出行也仅占市民通勤出行总量的14%(占公共交通出行的49%)，因此未来轨道交通的发展对上海的总体出行影响将更大。从目前对内环线内及四个城市副中心所在区域内约85个站点的日均客流量数据①进行统计后可以看出，其轨交的运量还没有达到饱和状态，其规模超过15万人次/日的有7个站域，约占8%，如徐家汇站域的客流量约为16万人次/日，属于特大型站域；日均客流量5万～10万人次的站域有12个，约占到15%，如虹口体育场的客流量约为6万人次/日，属于大型站域；日均客流量小于1万人次的仅隆德路站，客流量约为8千人次/日，约占到1%，属于小型站域；而其余大部分站域客流量均在1万～5万人次之间，共63个站，约占到76%，如四川北路站的客流量约2万人次/日，属于中型站域，如图2-3所示。因此上海的轨道交通还需要进一步与周边的公共空间和功能性空间整合发展，充分挖掘其作为大运量交通工具的优势和潜力，以引导更多的市民使用轨道交通出行。

2.1.2 地铁站人流对站域空间的激发

地铁站的大规模人流效应，使得围绕站点的周边区域的空间使用、人车路径等城市要素逐渐改变并呈现出新的空间分异特征，这种影响甚至可以扩大到整个城市层面。比如美国纽约的中央火车站是城市建设史上第一次结合轨道交通的综合开发案例，工程师Wilgus将50街以后的庞大铁路站场垂直划分为两层铁路平台，并将火车站点、城市空间与建筑整合在一起，这深刻影响了该区域后期的城市空间发展，也成为改变纽约城市发展的重要决定之一，在今后的几十年中，这个双层站场成为新的公园大道(Park Avenue)上那些高层公寓和办公楼的地基，几十层的巨型建筑直接架在100多年前的钢柱和钢梁上，如图2-4所示。

一般来看，伴随着地铁站这个重要人流发生源的出现，它对于周边地区地上地下公共空间的激发呈现出四个不同阶段。

1. 建立高效而不受机动交通干扰的步行环境，并开始注意地铁站与多种交通工具的换乘

地铁站点引入后首先影响的是周边区域的交通环境，城市步行化是地铁区域交通环境的核心特征，舒适高效、不受机动车干扰的步行环境成为站域交通体系的基本条件，并在此基础上，不同交通工具(不同机动速度)之间的转换得以实现，逐步形成区域的换乘体系，换乘活动成为这个阶段的地下公共空间区域的主要活动。

以地铁站为中心延伸出若干地下步行路径与周边的各功能空间联系，在这个换乘体系中的连接点或转换点往往是地上和地下的中介空间和过渡空间，同时也是公共活动聚集地，包括

① 根据上海申通公司在2011年某周的工作日和周末全市各站点的日均客流量原始数据为基础，按照平均日=(工作日×5+周末×2)/7加权整理而成。

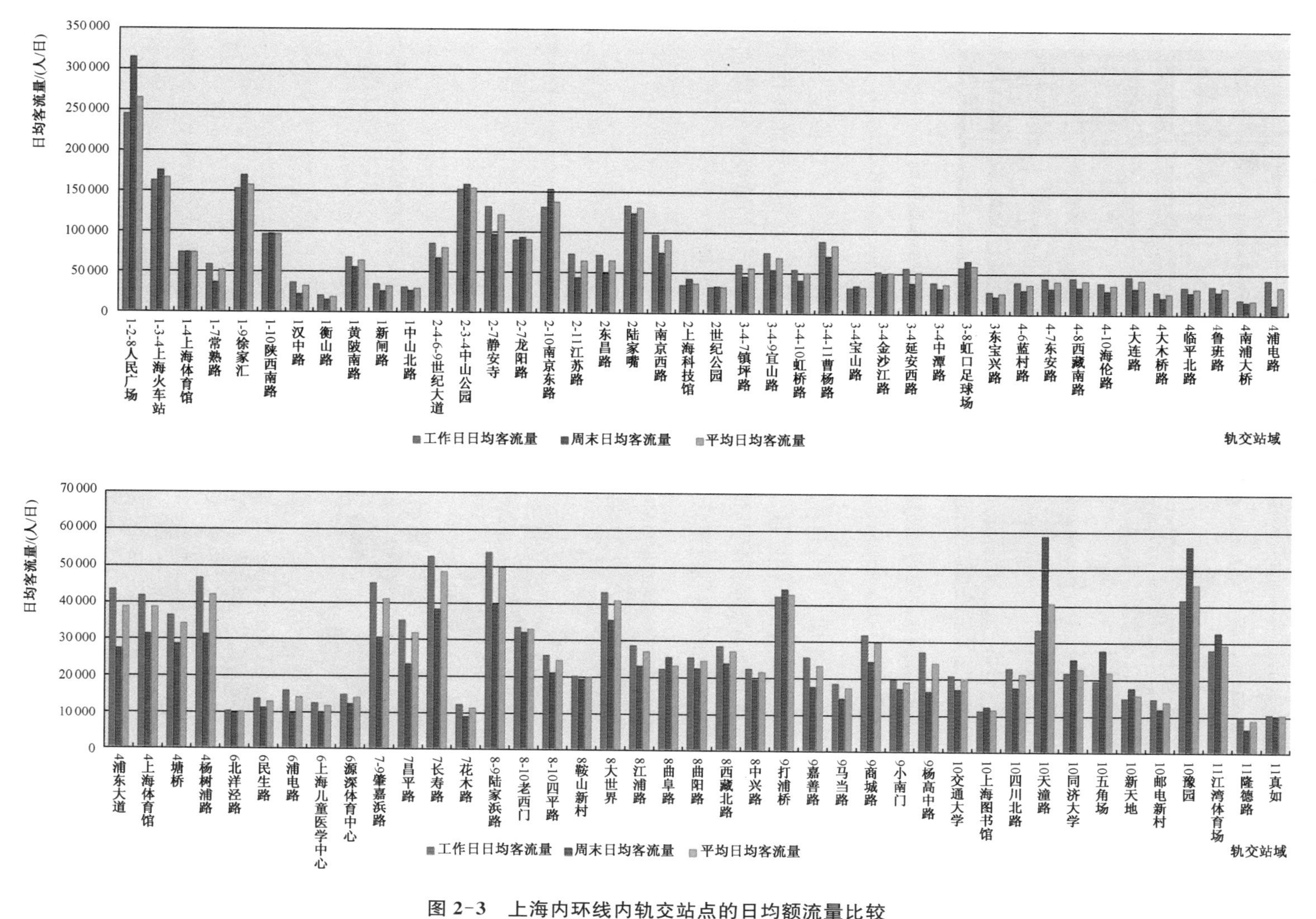

图 2-3 上海内环线内轨交站点的日均额流量比较

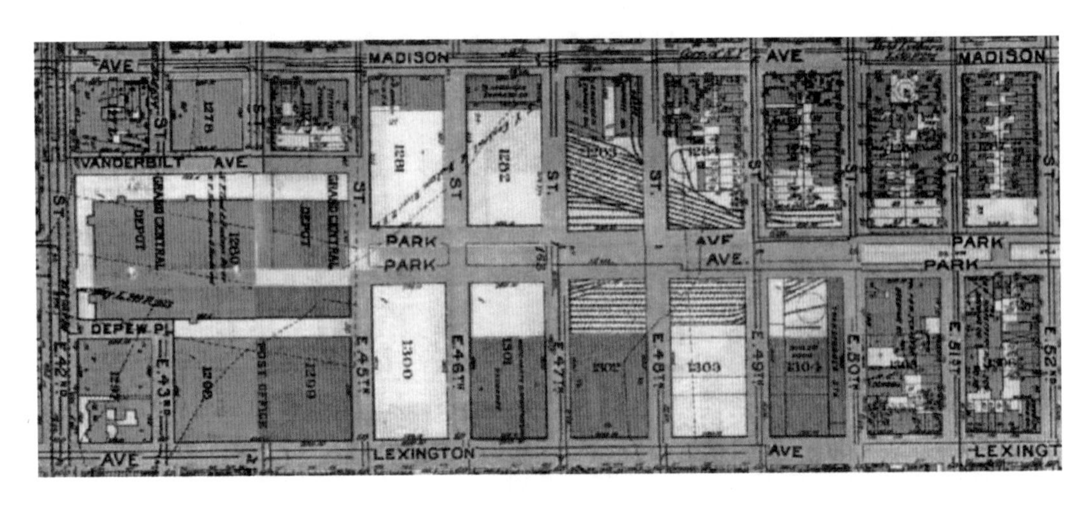

图 2-4　逐渐被建筑覆盖的纽约公园然大道(Park Avenue)上的中央车站站场

资料来源:纽约中央火车站——一段城市地表的消弥史. http://www.douban.com/note/191326459

半地下广场、中庭等多种类型;比如上海五角场站就是通过一个圆形下沉式地下广场作为换乘体系的中介空间,连接站点与周边的万达广场、百联又一城等功能节点,使得人流能够有序流向各目的地,这在较好解决五角场换乘问题的同时,也成为城市公共生活的重要场所,特别在周末往往有大量的市民和部分商家等在这里活动,如图 2-5 和图 2-6 所示。

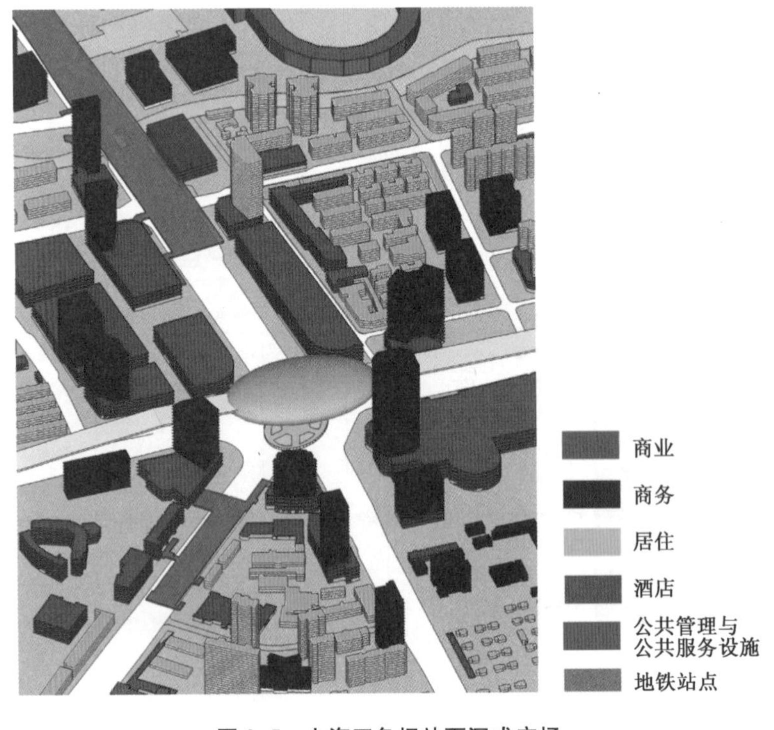

图 2-5　上海五角场站下沉式广场

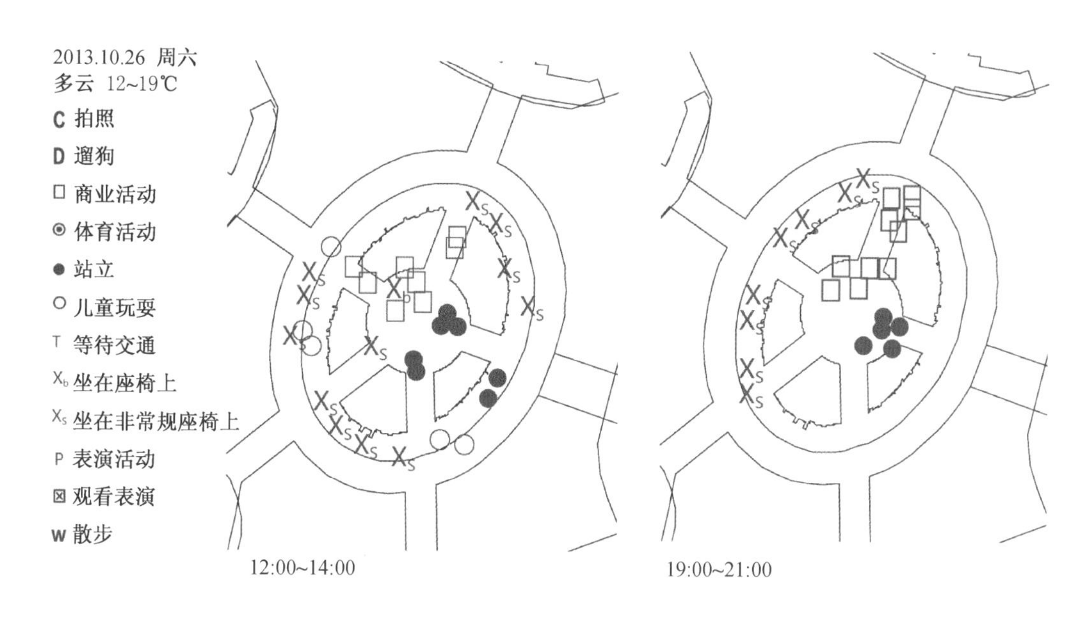

图 2-6　五角场站下沉式广场的周末活动观察

2. 在步行环境和换乘的基础上，小型、灵活的服务性商业空间和日常消费活动增多

伴随着简明高效的步行环境和便捷的换乘体系建立后，一些小型、灵活的服务性活动及其专属空间跟随着这个体系见缝插针地结合起来，同时那些单纯路径通道上依赖其界面的各种商业信息传播也逐渐增多，进而在一些可达性较高的公共路径和节点上出现了较大面积、能够吸引人群停留下来进行日常餐饮、零售等容纳基本消费活动的空间，如小型商业网点、营业厅、商业街等。结合换乘行为的一些顺路消费活动在站域中呈现出增长趋势，地下的大规模人流也进一步促进了这些业态的地下化分布趋势，特别是在靠近站点的区域，小型零售等基本消费业态结合各种类型地下公共空间引导人流的进入和使用，如图 2-7 和图 2-8 所示。

图 2-7　上海徐家汇地下通道的商业信息传播 1

图 2-8　上海徐家汇地下通道的商业信息传播 2

3. 站点区域内与公共生活密切的城市功能群相继在各空间层面展开

当那些小型灵活的商业业态和日常性消费活动增多后，区域的商业氛围和城市活力进一步提升，于是一些对大规模人流敏感而依存度高的综合商业功能也紧随而来，在大型地铁站点周边和地下区域布局，甚至专门形成了针对地铁出行人群的特定消费空间，如综合超市、高档专卖店等，地铁站转而变成了为其服务的重要到达工具。同时，各类写字楼、休闲娱乐、商务型酒店甚至艺术中心等与公共生活密切关联的功能群也相继在站点的地下和地上的各层面展开，一些大型商业综合体的开发也更趋于向地下发展，甚至延伸到地下三—四层左右，并使得地下商业街、下沉广场等公共空间核心节点逐渐连接并形成网络，这一阶段地下公共空间的城市活动进一步丰富、空间的开发强度大大增加，空间的使用效率获得了较大提升。

比如毗邻上海轨道交通 10 号线新天地站的新天地时尚广场，它的商业开发部分共四层，其中有两层位于地下，并在地下二层设置综合超市，在地下一层形成三层通高的室内步行街，并有机地连接了站点地上和地下空间，市民可以通过这个立体步行街方便地到达北侧的新天地北里(图 2-9)。加拿大多伦多伊顿中心其内部结合地铁换乘体系的中庭成为城市中的重要公共空间，形成结合产权地块开发的“私人拥有的公共空间”(图 2-10)。蒙特利尔同样如此，32 km 长的地下通道系统与市中心的 42 个区块相连，整个面积达到 12 km^2，此系统包含了 2 000家商店、40 家电影院和 8 个地铁站，每天客流 50 万人次，地下空间已成为蒙特利尔的重要商业区域和观光景点。

图 2-9　上海新天地时尚广场室内步行街

图 2-10　加拿大多伦多的伊顿中心

4. 地下公共空间网络逐渐形成，并呈现双站或多站的区域网络效应

当以单个轨交站点为核心的公共空间体系逐渐形成后，伴随着城市活动的丰富以及市民

新的空间需求，距离较近的两个或者多个站点之间产生了进一步便捷换乘的需求，于是围绕单站点的公共空间网络通过步行路径的连接而逐渐整合成更大区域的地下空间网络，这个以换乘网络为核心的双站和多站的区域网络效应对整个地区发展逐渐起到决定性的引领作用。

在这些比较成熟的地下空间开发中，随着地下人流的大量出现，地下不再仅仅是原有纯粹交通或者辅助的空间，城市的公共活动开始不再局限于地面，一些休憩、消费、服务等活动逐渐转移到地下空间网络中，地下活动人流占站域总人流的比重往往超过了地上人流。比如日本东京银座地下空间人流占总体人流的比例能达到 44%，池袋达到 58%，新宿为 69%；大量人流也带动了站域内地下空间的深层次开发，地下空间的单位面积营业额往往高于地面，如银座地下和地上营业额比值为 1.1∶1，新宿为 1.2∶1。又如台湾地铁台北车站的地下商业城，它位于三条城市道路的地下，连接了丰达、中山和台北车站这三个站点，每天大量人流在此购物、聚餐等，地下的商业面积和人流活动量远远高于地面层，如图 2-11和图 2-12 所示。

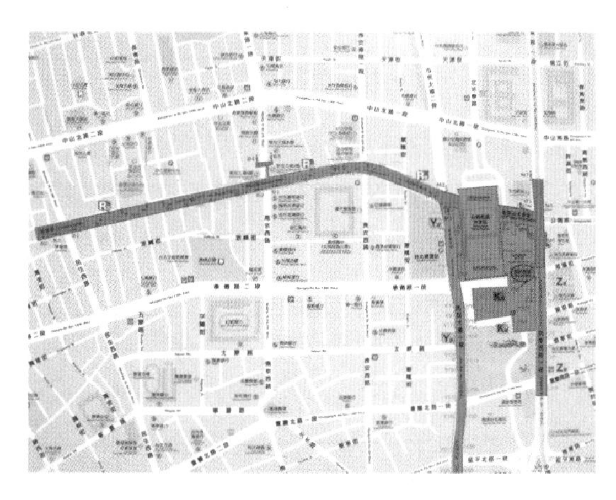

图 2-11　台北车站站域的地下商业城总平面

图 2-12　台北车站站域的地下步行商业街

2.1.3　由地铁站催化的空间使用发展趋势

地铁站带来的大规模人流，在影响和刺激着那些对人流敏感的功能空间（如商业、办公等）和（准）公共空间节点生长，也呈现出站域空间使用的三个方面发展趋势。

1. 催化了以商业办公等为主的“功能组群”(function-group)复合化趋势

地铁的引入使得周边使用者群体产生新的变化，随着使用者人群的增多和丰富，逐渐导致站域周边的功能构成趋向于复合化，尤其凸显出以办公商业为主的功能组群复合化特征，比如上海的静安寺站周边区域形成了以久光百货、嘉里广场、越洋广场、会德丰写字楼等为主体的办公商业功能组群，同时还包括了静安寺、静安公园等休憩旅游场地和公共空间，使得这里的使用者涵盖上班族、当地居民、消费者、游客等多种群体，因而其城市活动也更加复合化，如图 2-13 所示。

在站域商业办公功能组群复合化的基础上，公共空间也需根据不同使用者的空间需求而

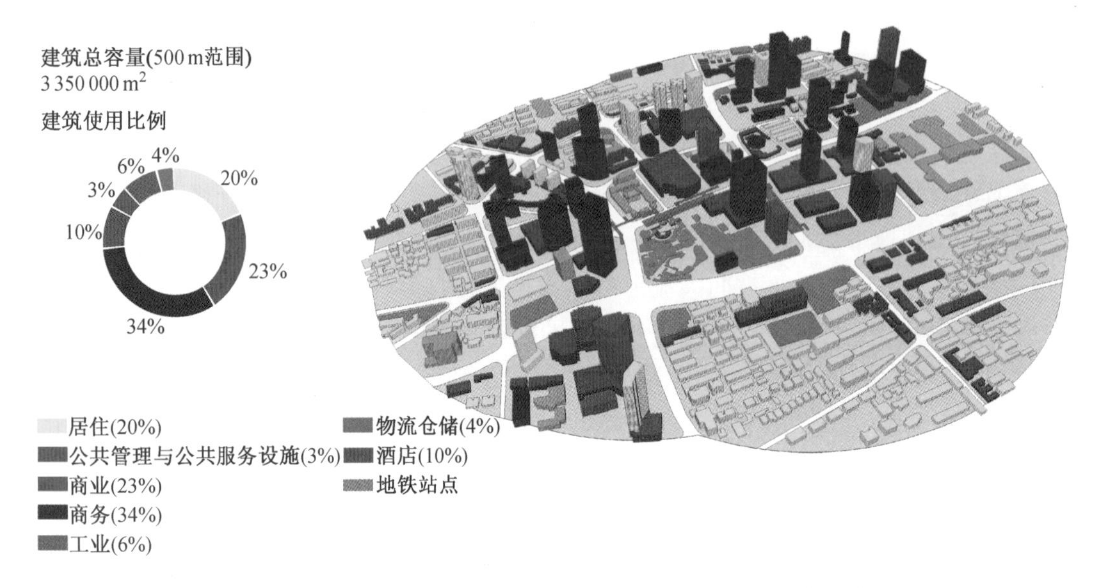

图 2-13　上海静安寺地铁站域空间使用的功能组群构成与分布

产生变化，它们与周围功能性空间的匹配程度也更加紧密，比如在以商业商务为主导的地铁站域，公共空间以室外休闲广场、地下中庭、地下步行街等为主，如商城路—东昌路地铁站域的公共空间可以看出，在靠近商业办公区域的商城路站附近，商业步行街、街头广场等空间类型更多，如图 2-14 所示。而在城市中心商业区的地下公共空间规模更大，不仅仅作为一个交通转换点，而形成与商业一体化的地下公共活动场所，比如法国的列・阿莱半地下商业广场，如图 2-15所示。

图 2-14　与商业街结合的半地下公共空间

图 2-15　法国列・阿莱半地下商业广场

2. 催化了以车站为核心、多产权方协作、地下地上多要素整合(multi-project)的一体化趋势

随着地铁站域交通和服务区位的提升，区域的发展不再各自为政，而要兼顾经济、交通和

城市活力等多方面因素，因此这就要求加强地铁站域空间开发的整体性，需要各地块空间开发时彼此协同共同发展，并逐渐催化出以车站为核心、地下空间与地上空间、市政交通与建筑景观、功能空间与公共空间之间城市多要素高度整合的一体化特征。

多要素整合的一体化特征，首先体现在部分私有产权地块的开放和地上下一体化。伴随着这些地块开放性的增强，促使了准公共空间的增多，特别是在这些区块中设置一定规模的准公共空间对市民限时开放，既增加了商业空间的人气，也有利于增强这些私有产权空间使用的持续性，比如上海陆家嘴国金中心的下沉式广场与苹果旗舰店、国金中心地下商场统一规划，使得城市空间与地下商场有机结合，有效避免周末该区域空间活力的下降，如图 2-16 所示。

多要素整合的一体化特征也体现在不同类型空间在垂直层面的有机结合，通过公共空间与使用空间的叠合进一步挖掘地铁周边空间的使用价值，比如上海轨道交通 2 号线和 7 号线换乘的静安寺站下沉广场区域，在下沉广场的上部是静安寺公园，而公园下部则为伊美地下商业广场，这大大提高了城市空间的使用效率，如图 2-17 所示。

图 2-16　陆家嘴国金中心下沉广场

图 2-17　上海轨道交通静安寺站下沉式广场[4]

3. 催化了以多层面步行路径为纽带的公共空间体系化(public network)趋势，并推进形成整体规划设计、分步骤实施的区域空间网络

伴随着地铁站域催化出的以步行化为核心的交通环境和多层次换乘体系的建立，以步行路径为纽带，通过步行活动串联起购物广场、市民中心等内部对市民限时开放的准公共空间，这些准公共空间成为了步行网络的有机组成部分，逐渐呈现出以多层面步行路径和空间节点为核心骨架的公共空间体系化特征，并依据这一特征，带动整合地铁区域地下、地上的功能空间整体式分步骤开发。比如在上海五角场—新江湾地铁站域中，以五角场站和江湾体育场两个车站之间换乘体系为基础形成了多层面步行网络，使得百联又一城、万达广场、苏宁电器、东方商厦和合生国际广场内部的准公共空间联系更加紧密，也推进了五角场区域功能性空间地上、地下整体开发的局面，如图 2-18 所示。

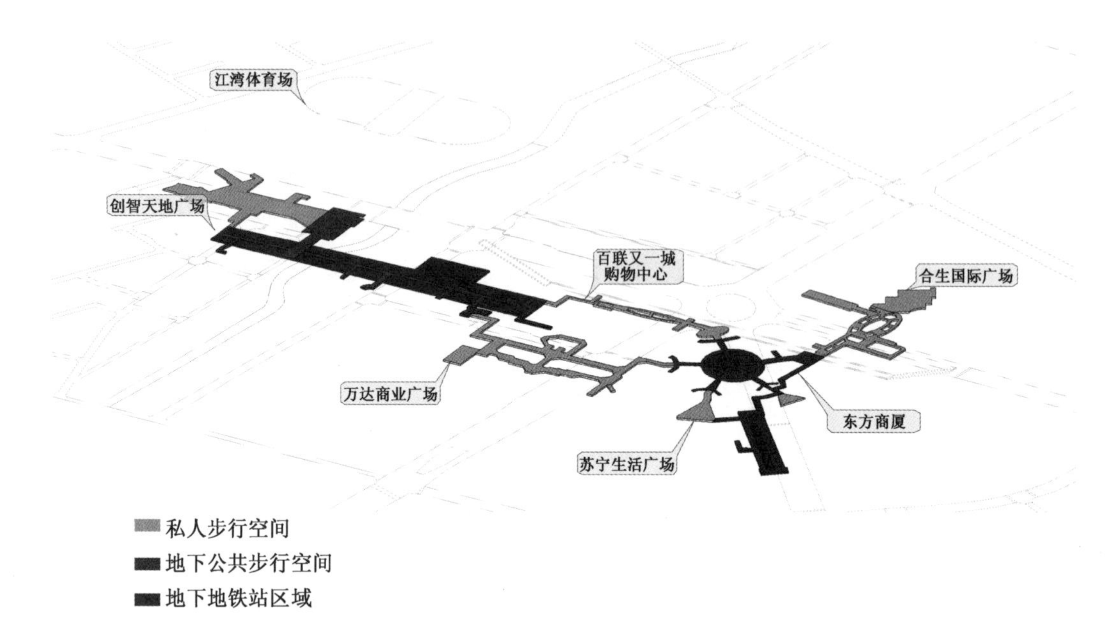

图 2-18　上海五角场-江湾体育场站域地下结构网络

2.2　地铁站引发的地下公共空间活动行为

城市空间主要是为市民的生活服务的，城市中的人群主要存在两种基本行为：一种是视觉行为，一种是活动行为，充分重视和研究人的行为特征是城市设计的重要切入点，同时，在地铁周边区域汇聚了大量不同类型的使用者，也涵盖了丰富多样的各类公共活动，因此研究分析地铁站所引发的公共空间活动对于周边区域的功能空间和公共空间设计具有支撑作用。

2.2.1　地下公共空间的活动行为类型

1. 支撑站域基本活动的步行行为特点

在大多数地铁周边的地下公共空间区域，由于车站的引入使得区域的步行活动增多，它逐渐成为站域大部分地下活动的最基本支撑。人们对步行活动具有耐受性要求，这种耐受性可以作为判断人群是否选择步行活动的重要依据，对于耐受性的分析主要体现在步行距离和步行时间两个指标上。通过对上海 10 个站点出站人流步行活动的动线观察后发现，在一般情况下，人们对步行的接受程度可分为三个等级，步行 5 min（或者 200～250 m）为适宜，10 min（400～500 m）为合理，15 min（600～750 m）为忍耐。

外部环境刺激①和人群类型不同会引起耐受性的差异，在某些外部信息的刺激下，地下步

① 影响步行者耐受性的外部因素除出行目的外，还包括天气、步行环境、周围人群活动、步行者个人心态等多种因素。

行路径边的壁画、电视广告墙、商铺等能够提高其耐受性的阈值，如图 2-19—图 2-22 所示。日本大阪地下商业街的壁画、东京地下公共通道的沿街零售商铺、加拿大蒙特利尔地下步行路径的广告墙、上海徐家汇站绚烂的“七彩换乘通道”等，通过这些城市设施和功能空间，有效地延长使用者的步行时间和步行距离。

图 2-19　日本大阪地下街通道边的壁画

图 2-20　日本东京地下公共通道周边的零售商铺

图 2-21　加拿大蒙特利尔地下公共通道边的广告墙

图 2-22　上海徐家汇站绚烂的“七彩换乘通道”

在地下公共空间中，基于步行行为主要有三类基本活动行为，即通勤活动、换乘活动和消费活动。不同的活动类型也会适度影响耐受性的阈值：对于通勤活动而言，人们的步行活动可以接受到“忍耐”等级，即在特定条件下可接受步行 15 min(600～750 m)到达工作场所；对于一些目的性较强的消费活动，如到达服务类业态、大型购物中心，人们多接受到“合理”等级；但是对于换乘活动或者目的性较弱的顺路消费活动和休憩活动，人们大多只能接受到“适宜”这个等级。

2. 三类基本活动行为

1) 通勤活动

通勤活动是地铁站域最基本、最大量的城市活动之一，它主要是指人们在地铁站域内以工作为出行目的的一种必要性活动，既包括从其他地区到达这里的写字楼、学校和其他办公场所等，也包括下班后回到该区域居住空间的活动。通勤活动通常以点到点的方式呈现，行为目的性明确，不易受其他目的地（如大商场）的干扰，如图 2-23 所示。由于地铁在通勤活动中的关键作用，人们会进入地下公共空间，但时间和距离的长短则完全依赖于地下公共空间网络的发达程度，一般而言，由轨交车站延伸到目的地在步行耐受性“合理”等级（10 min 或者 400～500 m）的通勤活动受到欢迎，在特定条件下可接受“忍耐”等级（步行 15 min 或 600～750 m）；超过这个距离人们会感觉距离过长和疲劳，但是，如果在地下步行区段内有相关信息和场所（如商业街、景观中庭等），这个距离则可能根据空间和信息的吸引力大小而相应增加。

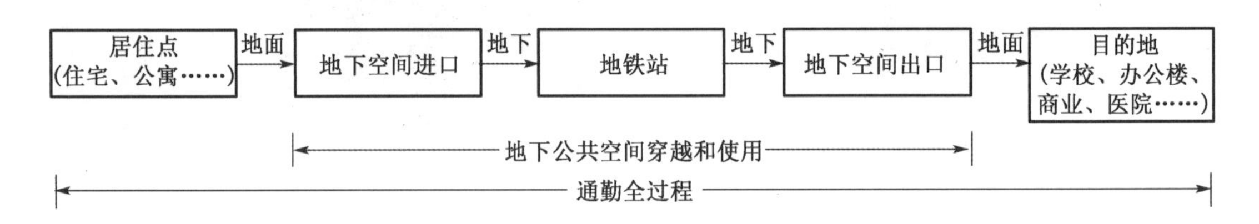

图 2-23 通勤活动的全过程及其对地下公共空间的使用

2）换乘活动

换乘活动也是地铁站域的基本行为，主要是指人们在不同交通方式之间的转换，如图 2-24所示。它也是一种必要性活动，换乘活动的顺畅与否对轨道交通的利用效率有至关重要的影响。一般情况下，对换乘活动而言，地铁之间的换乘在“适宜”等级内（3～5 min），而地铁与其他交通工具的换乘不超过“合理”等级（10 min 以内）。

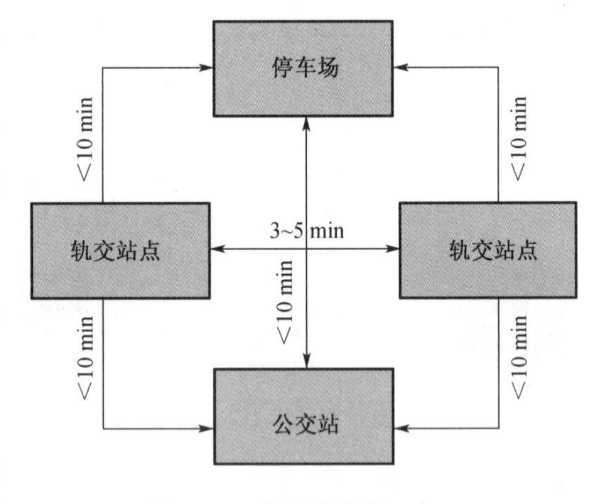

图 2-24 换乘活动的组成

3）消费活动

消费活动是地铁站域中最具弹性和诱发性的活动，它主要指人们以日常购物、休闲娱乐等为目的的自发性活动，对于消费活动还可进一步分为顺路消费活动和目的消费活动，与之相匹配的空间如图 2-25 所示，前者是由通勤和换乘活动衍生的，比如上下班途中进行的消费，后者是以消费为直接出行目的，如逛购物中心等，消费活动特别是顺路性消费活动是刺激地下公共空间活力提升的有效途径，同时对提升区域的总体活力也具有重要价值。消费活动的发生状态最容易受到天气、距离等多种外界因素的影响，深受各年龄段欢迎，但消费活动发生的强度与地铁站出入口距离有正相关关联（在可比业态情况下）。

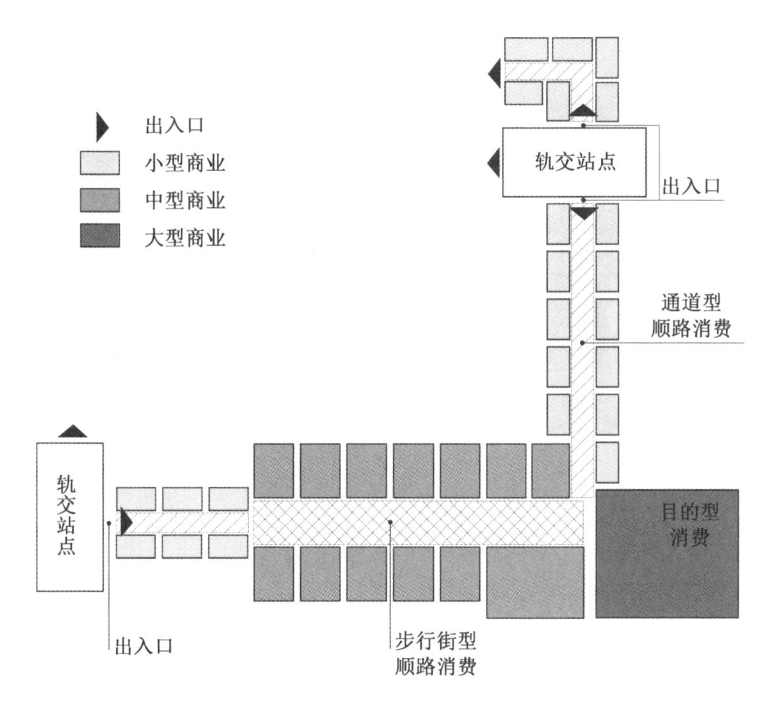

图 2-25　通道型、步行街型顺路消费和目的型消费的空间示意图

顺路型消费在地下公共空间网络中主要呈现通道式和地下街式两种空间布局方式，它们都是沿着地下步行路径两侧发展，但商业空间进深和通道宽度有明显差别，前者以较小进深（通常在 2～3 m，极限时甚至仅有 0.6 m），依附在宽度有限的通道两侧，通道式的商业业态主要集中在休闲餐饮、快餐、饰品、小百货等低消费能级的业种，布置在地铁站厅内及换乘路径上，如图 2-26 和图 2-27 所示；后者则以较大进深（4～10 m 不等）与较为宽敞的步行街和地下街（6～8 m 以上）相对应，商业业态范围更广，主要为中小型餐饮、专卖、服饰等中低消费能级业种，也会布置在主要通道或专设路径上，如图 2-28 和图 2-29 所示。在日本和香港很多地下空间中，通道和地下街模式是地下空间的主要布局方式。

图 2-26　上海的通道型顺路消费

图 2-27　大阪的通道型顺路消费

图 2-28　上海的地下街型顺路消费

图 2-29　东京的地下街型顺路消费

目的型消费在地下公共空间网络中会以主导地位的商业空间方式出行，即便邻近 18 h 开放的公共通道，也会以橱窗方式与之毗邻相隔，确保自身的 12～15 h 的营业时间与地铁公共通道各自独立。目的型消费往往呈现大百货、大型超市、家电、娱乐城、影城等核心业种或综合业态，以大容量地下或地上空间呈现，消费能级与所在区域位置高度关联。

新消费时代下，多模式的消费活动（空间内的物品消费、空间体验类消费以及空间产品型消费）可以大大拓展地下公共空间的使用，地下步行路径、通道、下沉广场、庭院、垂直空间等空间节点均可作为消费活动的载体甚至消费对象，使得这些地下空间与消费活动紧密结合，创造出丰富的空间文化，这将更有利于吸引更多消费者在地下活动，在充分发掘地下空间价值的同时也提升地下空间和区域的整体活力。

2.2.2　地下公共空间的活动行为特征

1. 时间特征

通勤活动、消费活动是地铁站点公共空间区域最基本的两类城市活动类型，由于它们在时段上本身存在着差异性，因此，地下公共空间的活动在时间上亦呈现出规律性的波动特征，一般分为活动高峰时段和平常时段（有时也呈现出明显的波谷时段），在波峰时段主要是7:00～9:00与17:00～19:00，这个时段是以换乘、通勤活动等的必要性活动为主，强调通行的高效性；而平常时段除开少量的换乘活动外，大多则以自发性的消费活动为主。选取 2014 年某工作日上海中心城区 185 个站点和核心城区 10 个中心型站点的日出行数据进行统计，在不同时段的站均人流量分布比较如图 2-30 所示。这种时间特征不仅体现在一天的不同时段，在一周的周期中，工作日和周末地下公共空间的活动也呈现出差异性，工作日以通勤活动为主体，而周末以消费或休憩活动为主体。总之，为了避免在一天或者一周中出现明显的波谷时段，需要通过合理的功能配置和空间布局来尽可能地避免较大起伏的波谷出现，充分体现峰谷兼顾的原则。

2. 地区特征

不同类型站域的主要使用者在组合上存在着差异性，由于不同年龄、职业、目的的使用者

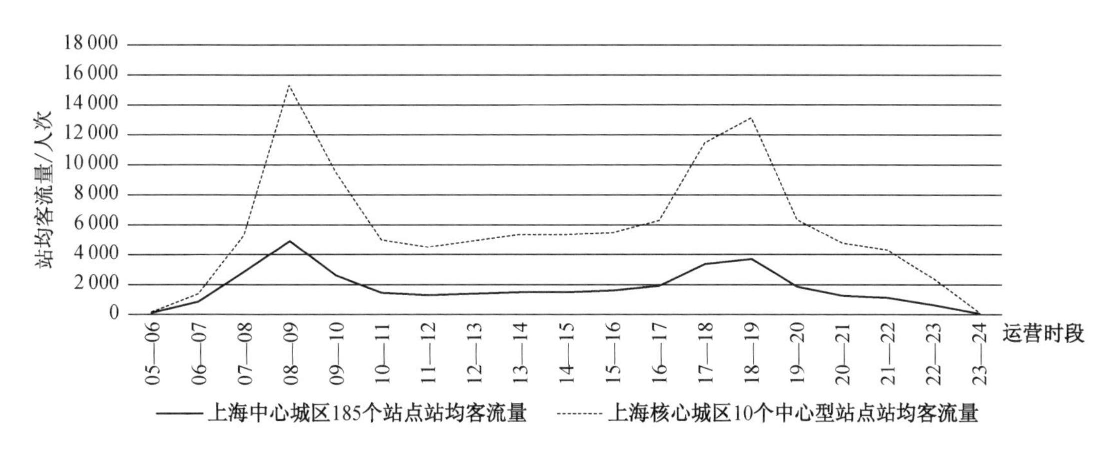

图 2-30 上海中心城区和核心城区的站均客流量分布比较

呈现出各自的行为特征，对空间通过效率、空间品质等的诉求也不同，因此不同类型地铁站域地下公共空间活动呈现出的整体特征也有一定差异。按照地铁站域的主导功能特征，可分为商务主导型、居住主导型、商业主导型、交通主导型等几种基本类型。在商务主导型的地铁站域，其地下公共空间活动以通勤活动为主，并兼有消费、休憩活动等，如上海轨道交通 2 号线陆家嘴站；在商业主导型的站域，其地下公共空间活动以各种消费活动为主，如上海轨道交通 10 号线南京东路站、天潼路站；在交通主导型的站域则是以换乘活动为主，并诱发出顺路消费活动，如上海轨道交通 1 号线上海火车站站、10 号线虹桥火车站站；在居住主导型的站域以通勤、消费活动为主，而且消费活动更多的是顺路消费活动，如上海轨道交通 4 号线临平路站、鲁班路站，如图 2-31 和图 2-32 所示。总体而言，在那些功能专门性较强的站点，如办公、换乘功能主导的站域，地下公共空间活动是以效率和目的性活动为主要特征。除了这四种基本站点类型外，还有大量二元主导或者混合使用的站点地区、这些站域的人群活动呈现出高密度、多类人群、峰谷结合的综合特征。

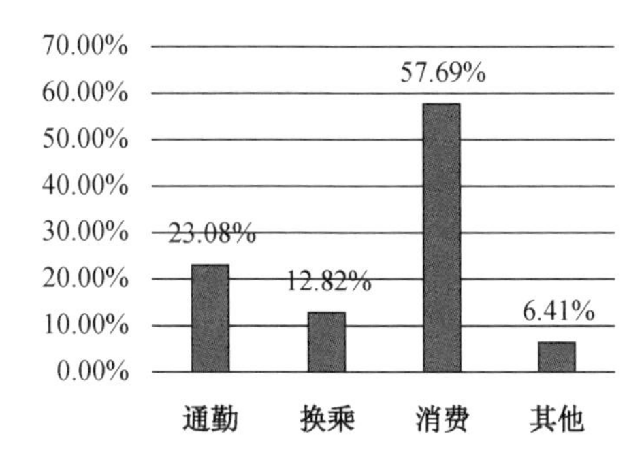

图 2-31 商业主导型站域(天潼路站)的活动调查

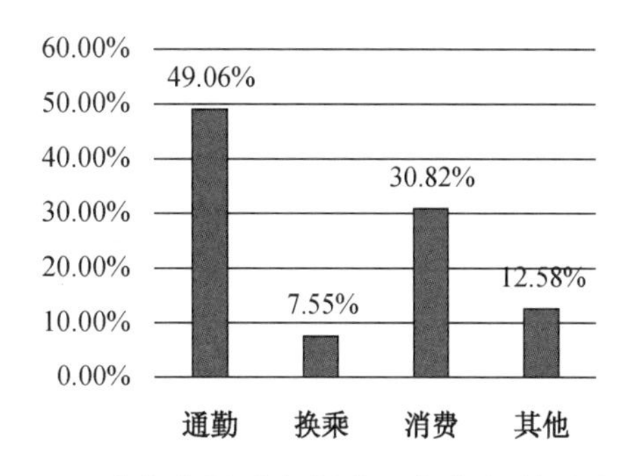

图 2-32 商务主导型站域(世纪大道站)的活动调查

3. 人群特征

在地铁站域不同类型的使用者其空间需求存在差异性，因此这些群体在轨交站域地下空间中的活动也自然不同，比如按照年龄可将使用者群体分为老年人、中年人和青年人三种，由于这三种群体年龄的差异性，他们在地铁站域的活动呈现出群体分异特征。一般而言，选择轨道交通作为主要出行方式的老年人，其出行目的是以换乘和消费活动为主，如逛逛超市、拜访亲友等活动，时段主要集中在平时时段；青年人以通勤活动和消费活动为主，通勤活动时段主要集中在上下班高峰时段，但是在消费活动上目的型消费和顺路消费兼有，活动时段选择也更为灵活，一般在 19:00—22:00 地铁站域的地下公共空间以这个群体活动为主；而中年人在地铁站域的活动总体以通勤活动为主，时段主要集中在上下班高峰时段，消费活动多以目的性消费活动为主，部分中年人群体兼有老年人和青年人的一些活动特征，这三种群体的活动特征分析如图 2-33 所示。

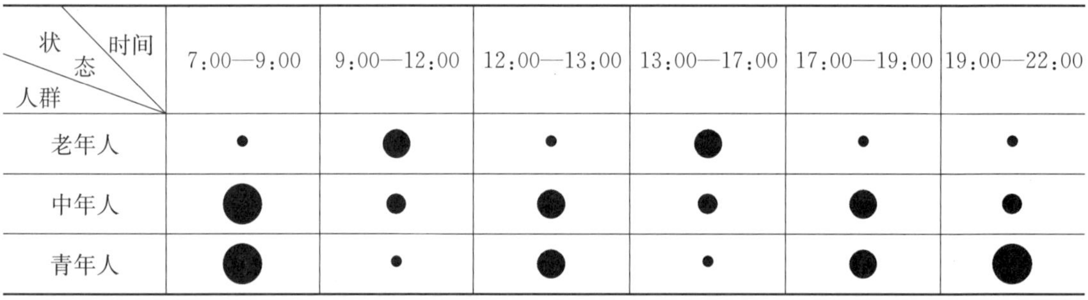

状态 \ 时间 / 人群	7:00—9:00	9:00—12:00	12:00—13:00	13:00—17:00	17:00—19:00	19:00—22:00
老年人	•	●	•	●	•	•
中年人	●	•	●	•	●	•
青年人	●	•	●	•	●	●

注：不同大小的圆点表示群体活动发生的比例排序，圆点越大比例越高，反之亦然。

图 2-33　不同类型使用者的活动特征分析

4. 流量特征

轨交站点作为最重要的人流发生源，每天有几万到几十万人通过站点疏散，轨交站点的不同流量使得该区域地下公共空间活动总体强度呈现出差异性，总体而言，在站点流量越大的区域，由于这类区域聚集了更大的人流量，其地下公共空间活动的强度也越大，而站点流量越小的区域，其地下公共空间活动的强度也越小，站点流量与公共空间的平均活动强度呈现正相关性。

2.2.3　地下公共空间的行为组织

地铁站域地下公共空间的行为组织是周围功能性空间合理布局的基础，因此首先需要在兼顾城市经济、交通和活力三个维度的基础上对这些行为进行有重点、有层次的组织，并基于行为特征和空间需求的不同再对功能性空间进行合理布局。地下公共空间的行为组织主要分为以下三个阶段。

1. 首先以实现站点区域的通畅步行为首要目的，形成降低外界干扰的初级步行网络

轨道交通每天带来了大量人流在站点周围集散，如果这些大规模的人流组织不好，则不仅不能有效地解决城市交通问题，导致轨道交通使用效率的降低，甚至会影响到区域功能性空间使用状态的恶化，致使区域整体活力的下降。因此，首先要以实现区域的通畅步行作为地下公共空间行为组织的首要目的，通过实现无(少量)阻隔点、冲突点的步行路径，并在通畅步行的基础上叠加换乘点(区)和通勤目的点来形成初级步行网络，只有在这个目标得以实现的基础

上，才可能进一步对其他行为进行有效组织。

2. 通过组织顺路型消费和部分吸引点消费，形成以商业活动为主的基础行为网络

在初级步行网络建立的基础上，需要进一步通过消费活动的引入来为站点地下公共活动区域带来持续的活力和一定的经济效益，一方面在地下公共活动节点上布置一些诱导性强的吸引点消费空间，如餐饮、影剧院等业态，另一方面需要充分开放地下通道、步行路径界面，植入中小型零售、服务类商业空间，以增加顺路型消费活动，在地下公共空间中建立起基础行为网络。

3. 植入目的地型消费区和吸引点来塑造各具特色的地下公共空间活动区域，形成多种活动交替发生的复合行为网络

在基础行为网络建立的基础上，再通过发展客流量大、开发强度大的目的性消费区，或者结合办公区、城市公园出入口等建立各具特色的目的性吸引点，通过这些吸引点来积极引导人流流动，进一步刺激地下公共空间的生长并带动区域地下公共活动的丰富，以形成各具特色的公共空间区域和更为复合的行为网络。比如加拿大多伦多市中心的地下步行 PATH 系统，它的建设对于多伦多市中心的经济、交通及活力影响很大；这个系统自 Young Street 地铁在 1960 年代开通后，逐渐发展成为连接 27 km 的零售、服务和娱乐设施，1 200 家商店及服务设施，125 个出入口的庞大地下城；有 50 多个建筑与 5 个地铁站通过此网络连接，每天服务于 10 万以上的上下班人群，并承载着多伦多市中心区数千旅游者的活动，这个系统使得人们每天不用担心恶劣气候影响，舒适地在地下空间环境中工作和生活，如图 2-34 所示。

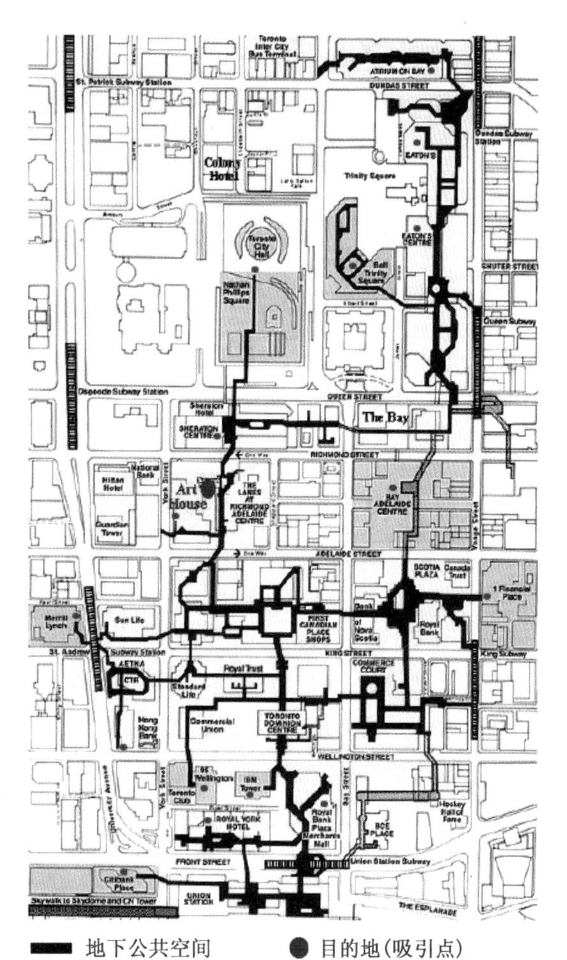

图 2-34 加拿大多伦多地下步行系统

资料来源：http://www.tourisme-toronto.org

2.3 地铁站地区的地下公共空间构成

2.3.1 空间构成要素

对于一般的地铁站区地下空间而言，它由地铁车站、步行路径、节点空间、功能空间、垂直联系等构成。其中，作为地下空间系统核心的地铁站，是整个系统的动力之源。如图 2-35 所示。

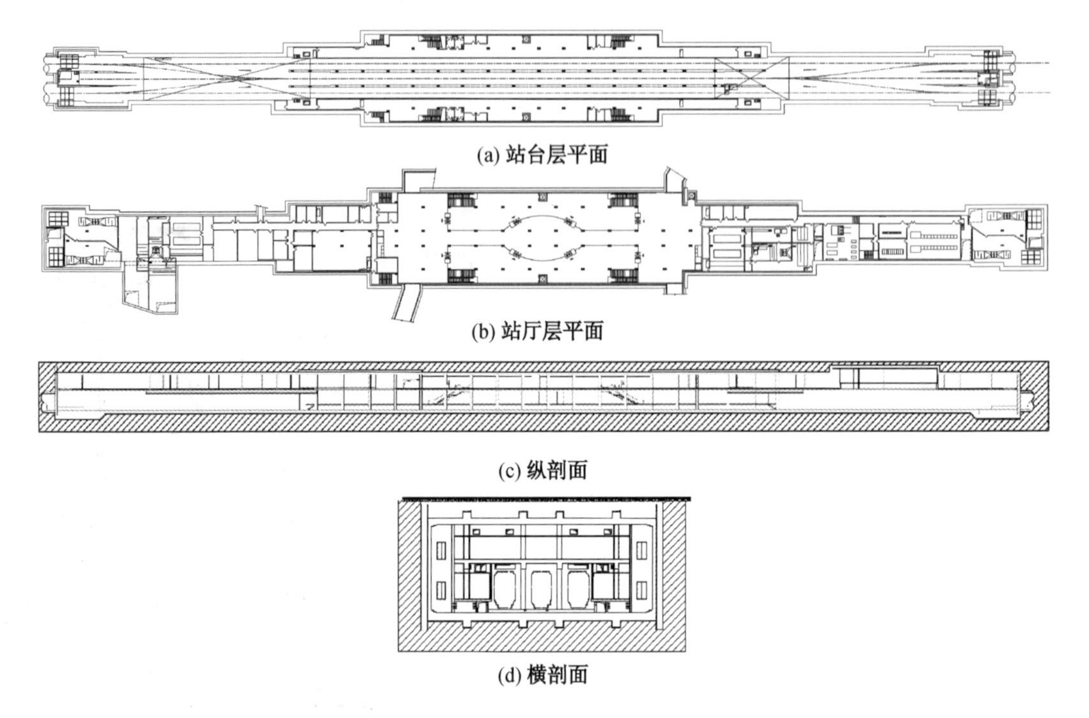

(a) 站台层平面

(b) 站厅层平面

(c) 纵剖面

(d) 横剖面

图 2-35　地铁站点的通常做法

1. 地铁车站

地铁站的埋深可分为浅埋(轨道标高为地下 7～15 m)，中埋(轨道标高为地下 15～25 m)，深埋(轨道标高为地下 25～30 m)。通常地铁站点由站厅层、站台层两层构成，站点两端是地铁设备区，包括设备室、监控室以及地面的风井、冷却塔等地铁设施；中间(岛式站台)或两侧(侧式站台)为乘客通行区，由闸机分割为付费区与非付费区；一般站台宽度，侧式站台为每边 4～7 m，岛式站台为 6～12 m。

地铁站点总长度则按列车编组长度决定，一般为 150～200 m。当地铁站位于城市中心区，客流量较大时，站点规模会大一些，如上海轨道交通 1 号线的人民广场站，由于地处上海城区最中心，商业、旅游活动量大，其车站全长达 300 多米。

典型的地铁站通常是一个 20～30 m 宽、100～200 m 长、10 m 多高横亘于地下的大型设施，其通常做法如图 2-35 所示。

2. 步行路径

人的活动在地铁站点区域表现为各种各样的动线，是人们在行走过程中动态的、连续的空间路线，而人流动线的主要物质支撑就是路径，它是使用者潜在的移动通道，被用来输送大量人流至不同功能空间。地铁站地区地下路径主要有以下两种类型。

1) 公共路径(18 h 以上开放)

该路径的空间产权(或土地使用权)属于公共的，18 h(如早 6 点至晚 24 点)以上开放，且

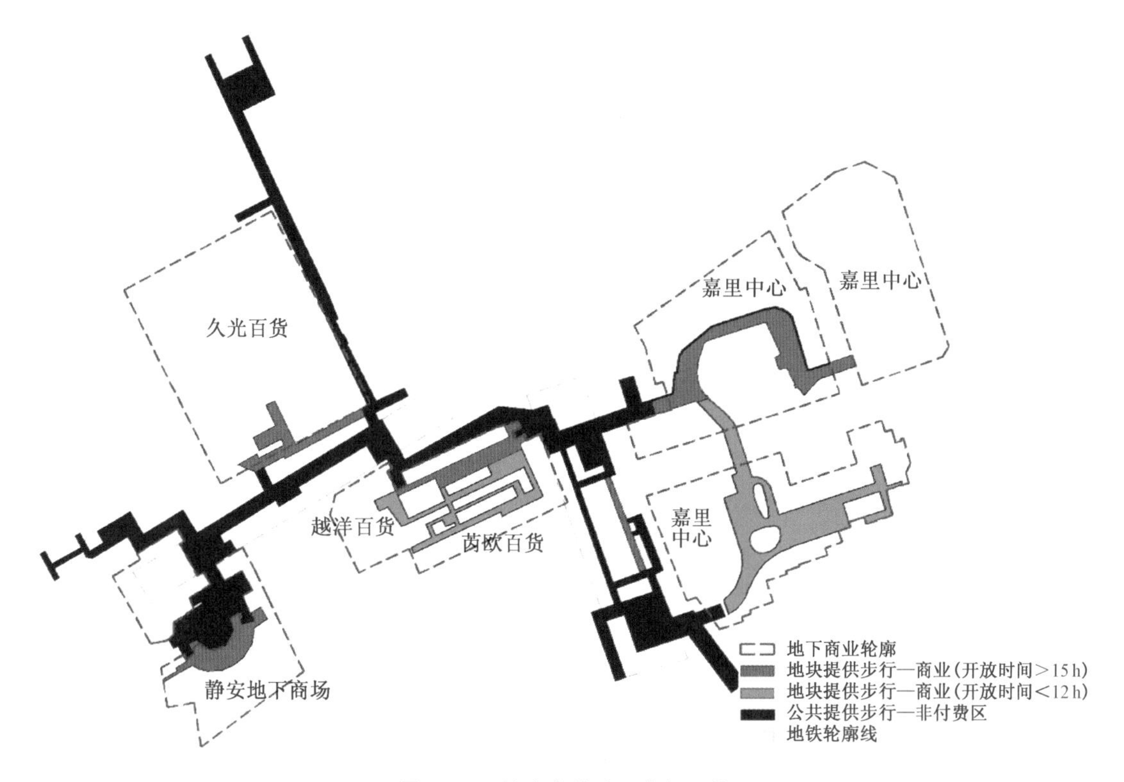

图 2-36 静安寺站地下步行网络

为公众自由免费出入。公共路径是连接地铁站收费区与城市街道及其他功能空间(如零售、餐饮、文化等)的通过性步行路径。

2) 准公共路径(12 h 以上限时开放)

该路径的空间产权(或土地使用权)属于私人的,12 h 以上限时向公众开放及自由免费出入。其中,15 h(7:00～22:00)及以上开放的路径对应了办公等的通勤时段,公共使用的效率更高。准公共路径容纳通过性步行活动和商业、休憩等活动,呈现混合性使用状态。通常在私人开发的项目内,与公共路径或轨交站直接相连。(注:本书提及的私人开发包括国营或民营企业及个人的开发项目。)

以上海静安寺站地区地下步行系统为例,如图 2-36 所示,除了地铁站付费区、非付费区(公共)、连接通道、静安寺下沉广场等公共步行空间以外,还有多个私人开发商提供的商业建筑内部的半公共地下步行空间——久光城市广场(10:00—22:00)、芮欧百货(7:00—22:00)、静安嘉里中心(7:00—22:00)等的地下商业部分。这些步行空间由地铁站非付费区连接通道联系,形成集换乘通道、商业街等为一体的连续的步行路径系统。

3. 节点空间——下沉广场、下沉庭园、地下中庭等

不同于路径的线性特征,节点空间以点状要素为特征,具有或连接或集中的特点,它可以是步行路径中局部突变的空间,也可以是整个步行系统的焦点和核心。在人流动线中灵活布置公共空间节点,不仅可以聚集公共活动、有效打破过长路径的单调感,还可以为使用者提供

定位、联系、转换的空间,所以节点空间是路径结构的重要支撑。形成节点空间的广场、庭院等也因空间权属不同分为公共和准公共两种,一般而言,公共空间为 18 h 以上免费开放,准公共空间则为 12 h 以上限时免费开放。

地铁站区地下步行系统中常见的节点空间有下沉广场、中庭等(图 2-37—图 2-39)。如在上海静安寺站,结合地铁出入口设置了下沉广场,广场主标高降到地铁站厅层的高度,并通过自动扶梯与大台阶有效连接了地面与地下的人行流线;广场周边布置商业店铺,方便地铁乘客顺路消费的需求;西南侧布置半圆形露天舞台,可组织多种文化活动,创造了真正的市民广场。

(a) 静安寺下沉广场鸟瞰

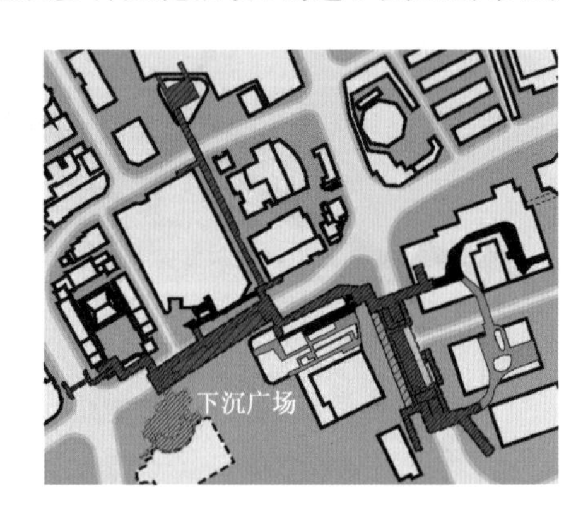

(b) 公共空间体系

图 2-37　上海静安寺站步行系统

(a) 美国芝加哥Thompsan中心的
地下室内广场(Pedway步行网络)

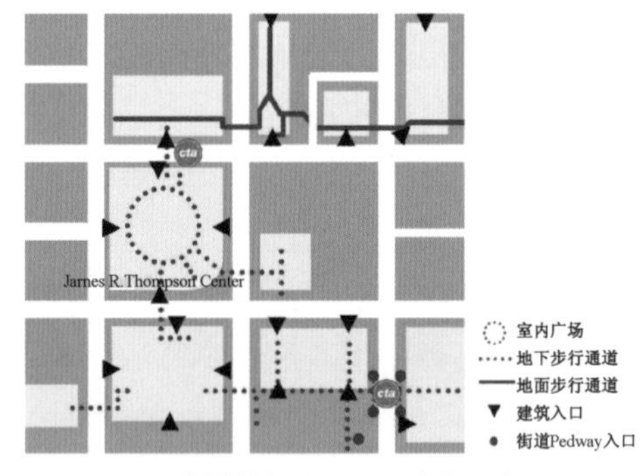

(b) 美国芝加哥Pedway步行网络
(中间圆形即为下沉室内广场)

图 2-38　美国芝加哥 Pedway 地下步行街室内广场和在步行网络中的位置

资料来源:www.chicagodetours.com

4. 功能空间——商业等

由于地铁站的人流量很高,因此地下步行系统的功能空间主要为依托人流的零售、餐饮等商业空间。地铁站区地下商业有两种形式:一种形式是在地铁站通往其他建筑物的连接通道两侧设置店铺,商店一般进深不大,主要供乘客顺路消费;另一种则是与地铁站直接相通的周围建筑物的地下商业空间,通常规模较大。地铁站地区地下步行系统也可连接其他城市功能性空间,如交通枢纽站、办公、文化、健身、停车等,提升活动多样性,从而形成有活力的步行系统。

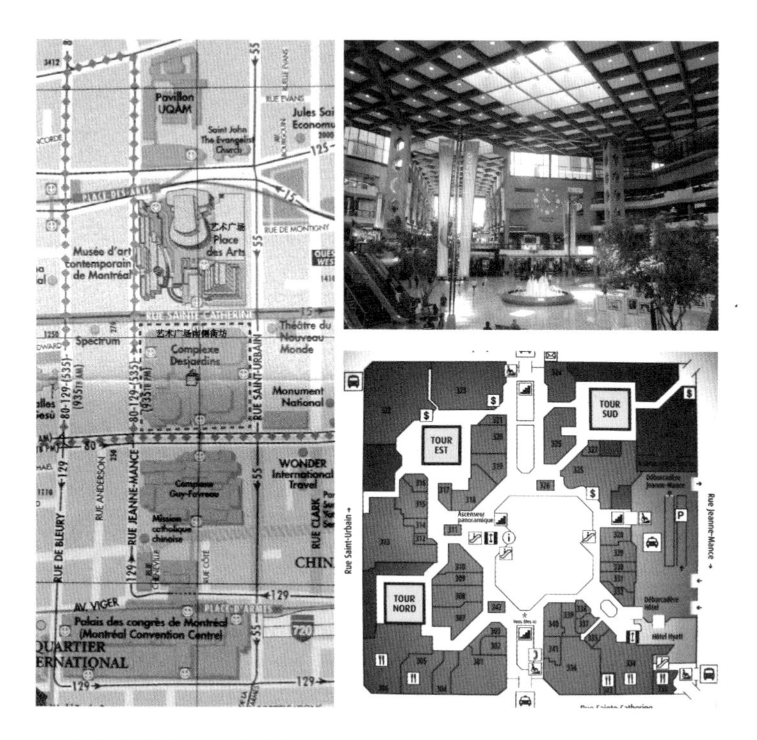

图 2-39　加拿大蒙特利尔艺术广场街区南侧街坊利用下沉中庭组织四个开发项目

美国芝加哥自 1950 年代开始，依托轨道交通的发展，着手进行了地下步行系统（Pedway）的研究和建设。借助私人资金和公共投资的联合，芝加哥中心区内的 Pedway 系统大多不是沿街道下方建造，而是从已建成建筑或新建项目的地下层穿过或串联（如 Macy's 百货公司），其中部分建筑提供了地下中庭与 Pedway 系统直接连通（如 James R. Thompson Center）。经过几十年的建设，芝加哥中心区的多层面人车路径系统已经成为世界上最具系统性和多元性的多层面系统之一（图 2-40）。

(a) 芝加哥Pedway系统中的地下大型商业体 Macy's百货边上的公共步道

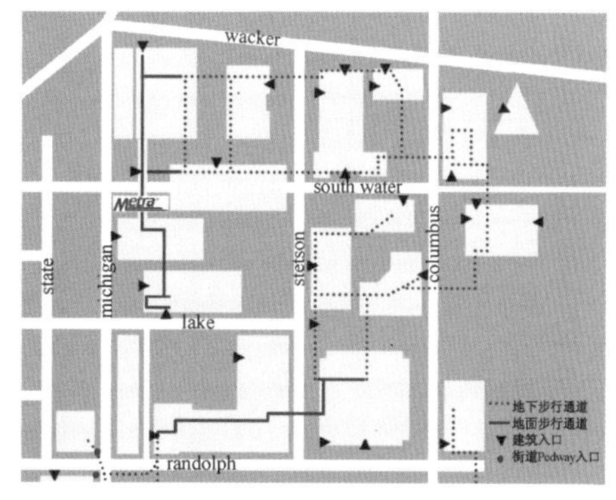

(b) 芝加哥Pedway系统的地下步行网络和相邻地下空间群

图 2-40　芝加哥 Pedway 系统 lakeshore east 片区

资料来源：www.chicagodetours.com

5. 垂直联系

台阶、坡道、各类楼梯、自动扶梯、升降机等垂直联系是联系地下地上的媒介(表 2-1),它与步行路径、节点空间、功能空间相互结合,共同构成地铁站地区多层面的公共活动区域。其中,对于大人流的地下公共空间而言,经过多个案例样本的观测实证,双向自动扶梯是最为重要的垂直联系要素,其次为单向自动扶梯、电梯、大台阶和普通楼梯及坡道。

表 2-1　　地铁站区的垂直联系

垂直联系类型	相关案例
大台阶	 上海静安寺站区与 5 号出站口相连的静安寺广场大台阶
坡道	 美国波特兰市中心半下沉广场坡道与大台阶的组合
楼梯	 上海中山公园站域金诚福安下沉广场与地面联系的楼梯

续 表

垂直联系类型	相关案例
自动扶梯	 上海中山公园站域由凯德龙之梦购物中心地下层通往地面层的自动扶梯
升降机（电梯）	 上海静安寺站区 2 号线出站口附近的无障碍电梯

2.3.2 地铁站点地区的地下空间构成类型

由地铁站衍生的区域地下空间构成类型按其演进顺序分为以下几种。

1. 孤岛式(图 2-41)

地铁站在初期呈现出独立的形式，地下公共空间是以通道形式的非付费区。这种类型是应用最为广泛的，通常站点的开发先于周边地区的建设以用来带动地铁沿线的发展，而在演变过程中呈现出可与建筑、景观、市政等结合在区域网络的组织中。

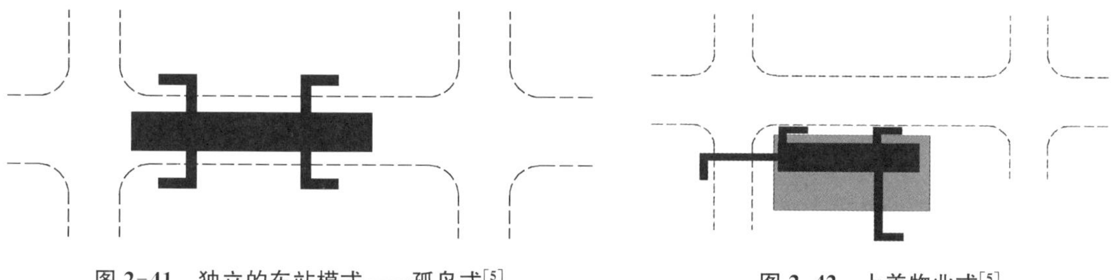

图 2-41　独立的车站模式——孤岛式[5]

图 2-42　上盖物业式[5]

2. 上盖物业结合式(图 2-42)

随着城市的发展,城市用地日益紧张,为提高城市土地资源利用效率,开始出现了对地铁上空权进行开发的案例。在地铁上盖物业开发模式中,地铁站与其上商业或办公相衔接,有些通过其上盖物业再经过天桥等设施与周边其他物业建立便捷的联系是其最大特点。

3. 通道结合式(图 2-43)

这是相邻物业开发较常见的模式,相较于上盖物业结合式,其地铁与周边物业的关系显得更为独立,但是开发项目内部可以通过地下通道等方式直接联系地铁。大多数情况下,地铁与周边项目都拥有至少一个直接的连接通道或接口。这种开发模式相较于上盖物业的开发,在地铁与其他物业的施工配合上远为宽松,因此也更容易实现。

4. 网络整合式(图 2-44)

当地铁站点周边有多个相邻开发项目时,将这些项目的地下空间通过地铁站相连,可串连成初步的地下公共空间网络。

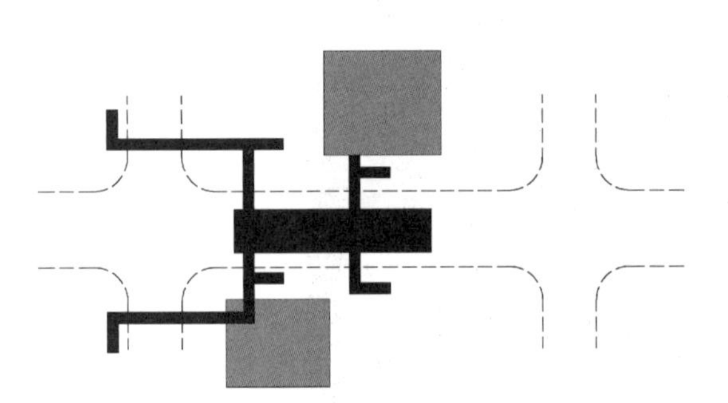

图 2-43　与相邻物业开发联通的开发模式——通道结合式[5]

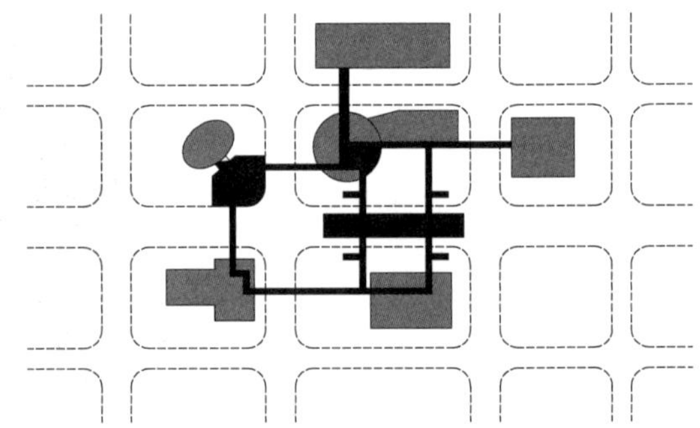

图 2-44　地铁站与多个相邻物业开发联通的开发模式——网络整合式[5]

5. 多站整合式(图 2-45)

在城市(副)中心地区,由于轨交站点密集且各类开发强度大,此时可围绕多个地铁站,整合相邻购物、餐饮、交通、休闲等功能,将区域内的各种设施以步行系统连接成整体,形成较完善的地下公共空间网络。

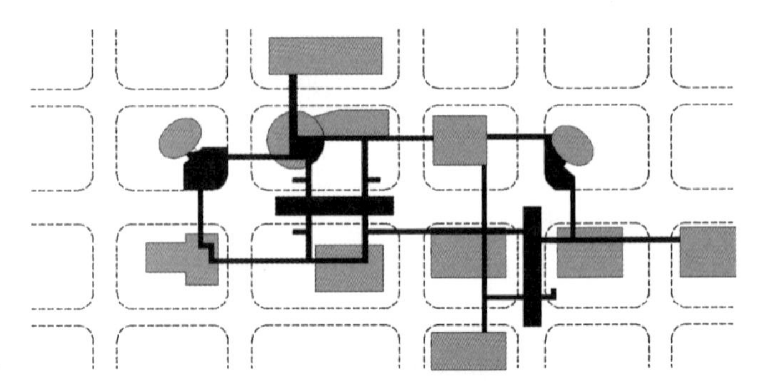

图 2-45　多个地铁站与相邻物业开发联通的开发模式——多站整合式[5]

由此可见,地铁站地下空间构成的建设发展经历了不断演进的过程,各个阶段有不同的特点,但与建筑、景观、市政等的结合程度逐步提高,相应地对于城市发展的促进作用也发挥得愈加充分。

2.4 上海地铁站点区域地下公共空间发展的现状和趋势

2.4.1 发展现状

自20世纪80年代末开始，包括上海、北京、天津、广州等特大城市在内的多个城市陆续开始了大规模的轨道交通建设。上海自从1995年建成第一条轨道线路后至2013年12月29日①，其轨道交通线网已开通运营14条线、329座车站，运营总长525 km，位居世界第一②。其中，位于上海中心城区范围内(上海内环线以内以及4个城市副中心——真如副中心、徐家汇副中心、五角场副中心、花木副中心，二者并集所包含的地区)正在运营的有11条地铁线路——1号线、2号线、3号线、4号线、6号线、7号线、8号线、9号线、10号线、11号线、12号线(图2-46)，共计85座

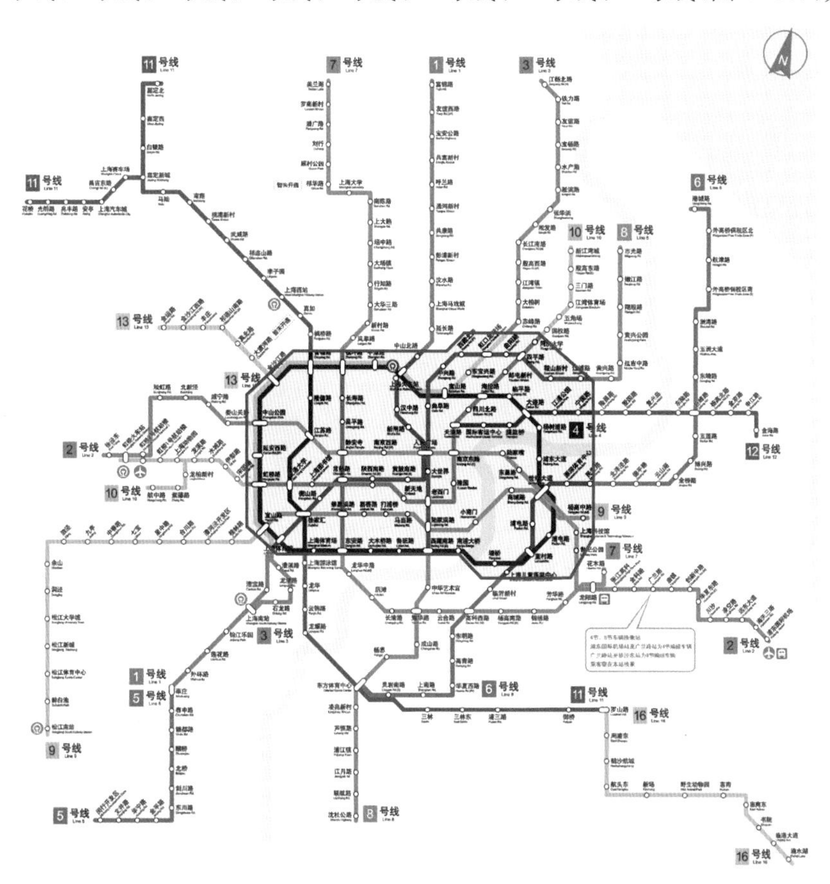

图2-46 上海市轨道交通中心城区站点(截至2013年12月29日)

资料来源：http://www.shmetro.com/

① 2013年12月29日，上海轨道交通12号线天潼路站—金海路站段开通。

② 资料来源：维基百科，http://zh.wikipedia.org/zh-cn/上海轨道交通。

地铁站点。在这 85 座地铁站点中，共有 31 座换乘车站，其中两线换乘车站 22 座，三线换乘车站 8 座，四线换乘车站 1 座；换乘站点占了总数的 36%。这为上海中心城区结合地铁站开发利用地下公共空间提供了机遇，也对地铁站域地下空间的高水平开发与利用提出了挑战。

在上海核心城区（内环线内及四个城市副中心所在区域）的 85 座地铁站中，采用孤岛式的有 72 座，占站点总数的 82.5%；上盖物业式的有 2 座——新闸路站，打浦桥站；通道连接式的有 6 座——上海体育馆站、陕西南路站、南京东路站、上海科技馆站、四川北路站、黄陂南路站，占站点总数的 7%；采用网络整合式的地铁站有 1 座——五角场站；采用多站整合式开发模式的有 4 座——人民广场站、徐家汇站、中山公园站、静安寺站，整合式开发仅占站点总数的 5%。

采用多站整合式开发模式的 4 座站点均为换乘站，而换乘站点共有 31 座，在所有 85 座地铁站点中所占比例为 36%，可见换乘站点更有利于地铁站地区地下一体化步行网络的建立；同时，这 4 座站点均位于 1 号线、2 号线，这也体现了这两条地铁线路沿线的商业繁荣程度以及周边的城市活力。

1. 独立出入口（孤岛式）——9 号线商城路站

上海轨道交通的大多数站点建在道路下面，站厅层横跨道路，由 2～4 个标准独立出入口直接连接地铁站厅层非付费区与城市道路两侧人行道，兼具有地下过街功能，如轨道交通 9 号线商城路站（图 2-47）。

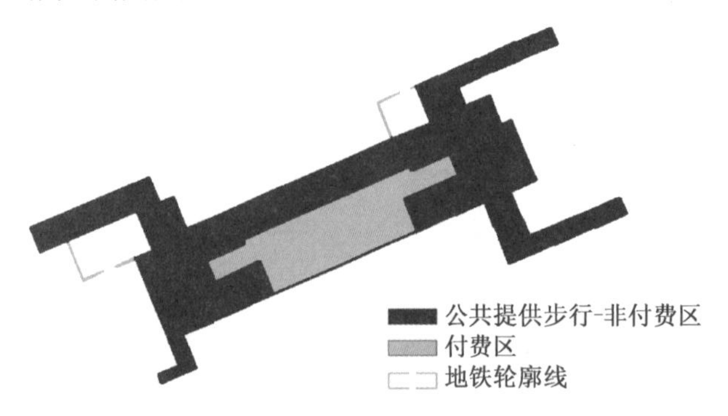

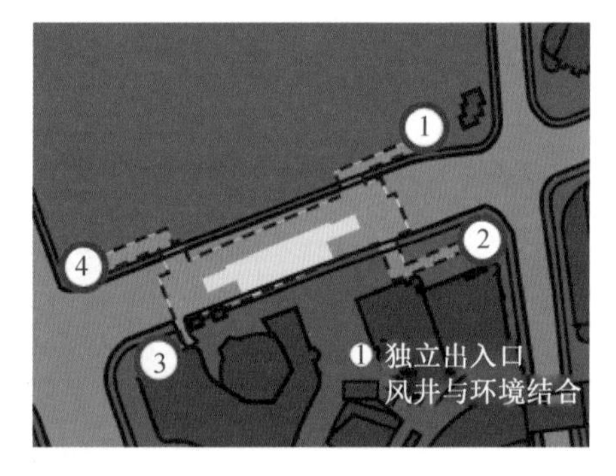

图 2-47　独立出入口模式：商城路站

采用独立式出入口方式的地铁站地下空间往往以交通疏散功能为主，地下公共空间开发规模较小，往往以快速高效地完成地铁乘客通勤行为为设计目标，满足地铁系统基本的通勤需求；权属明确，管理维护简单，所需投资少，建设周期短。但这种布局方式未能充分利用城市轨道交通站点积聚人流所带来的发展机会，而因周边地下开发与车站主体保护间距和地界退距等原因造成地下可开发空间资源的浪费并与周边地下空间开发隔离，对推动站点区域地下空间的利用形成较大制约和局限。

2. 上盖物业结合式——9 号线打浦桥站

以上海为例，城市道路上方及下方空间的物权归属为公共区域，而对于地铁站上方的空间权属却未有过具体规定;另一方面,地铁车站上盖物业开发若不是地铁投资开发主体,则在规划、设计、施工、运行等多个时序安排上较难协调。因此,物权、使用权、管理权的明晰以及不同开发主体的协调是地铁上盖物业开发成功的关键。(注:这里的上盖开发不仅包括地上部分,也包括地下部分。)

对此类地铁上盖(含地下)空间开发实际案例相对较少,它通常也要求地铁部门与上盖物业开发商在结构、功能上要达到很高的协调度。

而上海地铁9号线打浦桥站是地铁站位与上盖物业整合开发的典型实例之一(图2-48),由开发主体力推的该地铁站以及上盖物业“日月光中心”,由1栋甲级写字楼、2栋住宅及14万m^2的商业组成,商业从地下二层到地上五层共7个楼层。地铁站采用与上盖物业一体化开发模式,不仅为其上的商业办公物业带来了便捷的可达性,还同时包括出入口、风井、冷却塔等地铁设施都与上盖物业结合设置,消除了对城市环境的消极影响。

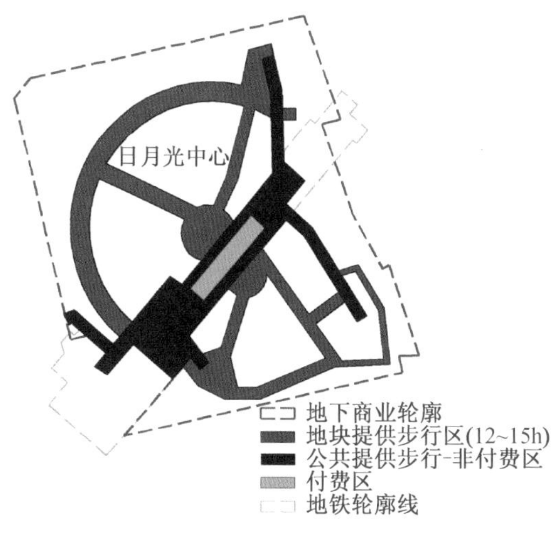

(a) 地下步行网络

(b) 出入口与地下步行网络及建筑结合

图2-48 打浦桥站

3. 通道结合式——1号线黄陂南路站

当地铁车站周边有大型商场时,可通过连接通道使地铁出站通道经过或直接通往地下商业区域。如在上海地铁1号线黄陂南路站(图2-49),2号出入口直接与太平洋百货相连,东北角站厅层(无编号)直接与K11购物艺术中心相连,地铁站厅层在此处也充当了过街地道的作用;另外,1号出入口由一条长约100 m的过街通道通往四明里休闲广场。

由于一个地铁站的辐射范围有限,当连接通道的长度超出行人舒适步行范围时,地铁站的人流量对所连接的商业/设施的活力起到的作用就会减弱。在黄陂南路站,经由较长过街通道前往四明里休闲广场1号出入口的人流量较之经由2号出入口通往太平洋百货、由站厅通往K11购物艺术中心的人流量明显偏少。

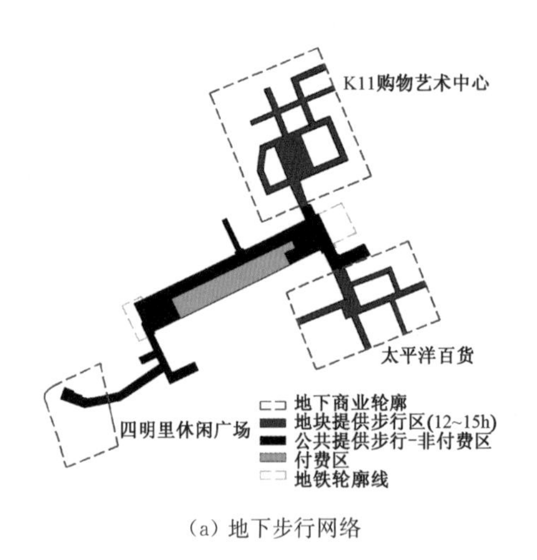

(a) 地下步行网络

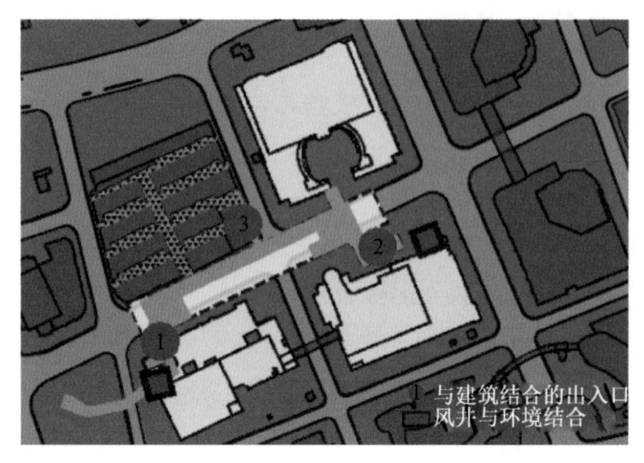

(b) 出入口与地下步行网络及建筑结合

图 2-49 黄陂南路站

4. 网络整合式——10 号线五角场站

当地铁车站周边有多个相邻开发项目时，可通过地铁车站的非付费区及连接通道将这些在地面层被城市道路阻隔的设施串联起来。上海地铁 10 号线五角场站依托轨道交通的建设，连通地铁站站厅层与周围的地下公共空间，已形成较完整的网络整合式地下步行系统[图 2-51(a)]。

五角场站设有 4 个出入口，均能兼做过街人行通道，北段西侧直通苏宁电器广场，可通往五角场环岛下沉广场。地下步行系统以五角场环岛下沉广场为中心，沿着广场圆形长廊边的 5 条道路口设有 9 个出入口，分别可到达邯郸路、四平路、黄兴路、翔殷路、淞沪路五条主干道的路口处；由环岛下沉广场出发，地下步行通道可直接通往苏宁电器广场、万达广场、百联又一城等商业综合体的地下商业空间。

实施中的江湾—五角场地区将结合五角场站、江湾体育场站与地下空间开发，在地下一层为行人提供更大范围的公共活动空间，形成“两站一区间”的地下步行系统。五角场站点将与东方商厦、苏宁电器广场的地下通道连通，而江湾体育场站则会和百联又一城的地下通道及创智天地的下沉广场连通，公共建筑、地下商业、公交站点以及地铁站点将形成可直达的一体化步行系统[图 2-50(b)]。但由于项目开发周期配合上的原因，与万达广场的地下商业空间联通虽然近在咫尺却难以联通。

5. 多站整合式——徐家汇站

当市中心地铁车站经过城市商业、文化中心区等开发面积较大的区域，周边有大量地下商业或其他公共设施时，若能利用地铁通过地下公共空间与周边功能进行整体开发或与未来开发空间预留连接通道，形成与周边项目地下空间一体化开发的步行体系，则可以有效地引导地铁站人流，使城市空间的基面由地面层扩展到地下层，从而形成具有活力的地下空间体系。上海的 4 座已形成或初步形成一体化开发模式的地铁站点如人民广场站、徐家汇站、中山公园站、静安寺站等，均采用与周边商业一体化开发模式，形成地下步行网络。

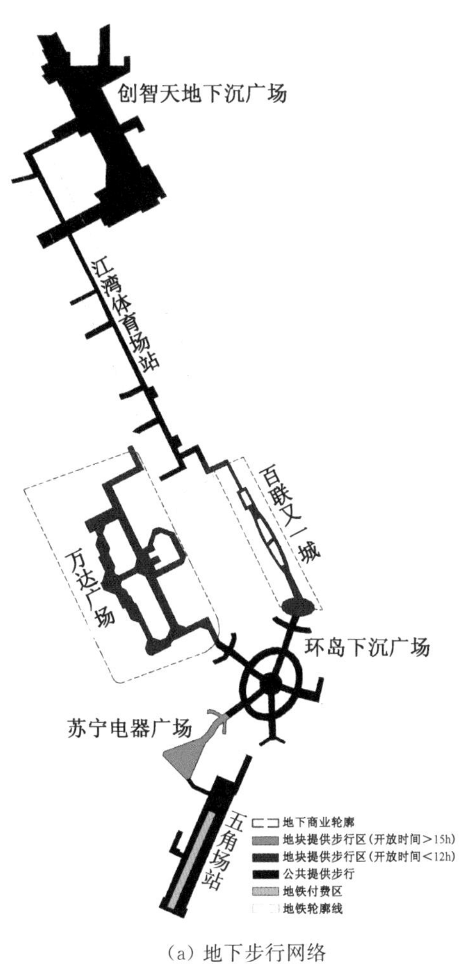

（a）地下步行网络　　（b）出入口与地下步行网络及建筑结合

图 2-50　五角场站

以地铁徐家汇站为例（图 2-51），该站地处上海市中心城区西南部，位于徐汇区漕溪北路下方，为 1 号线、9 号线、11 号线三线换乘站，目前共有 19 个出入口，这些出入口大部分直接或由换乘通道与周边地下及地面商业设施相联系。由于地处徐家汇副中心的核心，徐家汇站区域周边聚集了大量商业、办公大楼，各条道路的交通流量均很巨大，因此人行道系统的联系较少：仅有港汇广场与东方商厦之间的虹桥路、港汇广场与太平洋百货之间的华山路上保留了人行横道线；在太平洋百货与第六百货之间的衡山路由于采用了立体下穿，其地面人行道得以联系；其他道路则不允许地面人行过街。此外，在第六百货、汇金商厦与美罗城之间的肇嘉浜路上设置了一座人行天桥。因此，地铁徐家汇站站厅与地下的衔接通廊除了连接地铁站与商场之外，还成了商场与商场之间的重要联络通道，有效缓解了地面人行车行的矛盾。

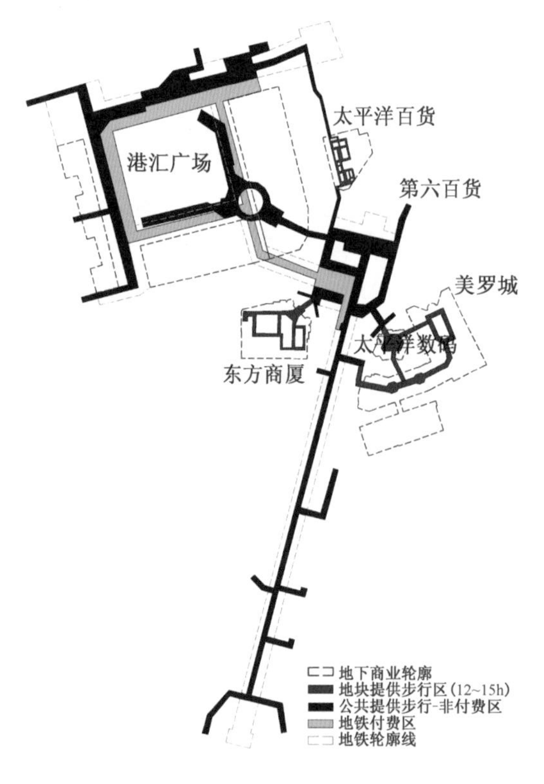

(a) 地下步行网络

(b) 出入口与地下步行网络及建筑结合

图 2-51 徐家汇站

2.4.2 发展趋势

从全球范围来看,在高密度城市中地下公共空间发展成熟的城市有美国的纽约和芝加哥、日本的东京和大阪、法国的巴黎、加拿大的蒙特利尔和多伦多以及我国的香港等,其具有代表性的地下公共空间实践充分显现了普遍的发展趋势:就是通过紧密地协调公共和私人的开发积极性,地下空间以地铁枢纽站为起点,向空中、地下和周围地区辐射发展。以日本为例,其地下空间开发经历了由地下街围绕车站布局—规模化阶段—向城市公共空间的转化—进一步与城市再生相结合(整合城市交通枢纽、周边设施、功能空间、公共空间等)四个阶段的发展。目前,我国的城市地下公共空间发展以轨道交通发展为契机,正在从规模化阶段向城市公共空间转化,尽管轨道交通在中心城区对地下公共空间发展的极大推动作用已经得到充分认识,但地铁站地区地下空间的体系化开发仍然处于初级发展阶段,主要体现在以下几个方面。

(1) 在出入口流线设计上,除少数站点外,绝大部分站点都为独立的地下车站,在地面设置独立的出入口,疏于兼顾周边区域的地下、地上步行网络建设,与公共空间和商业等相关功能空间的关联等体系化发展欠缺。

(2) 在具有体系化发展初步特征的商业站点中,其周边项目也主要是通过与站点设置连接通道直接进入其地下空间,这些被连接的地下空间之间各自独立,整个站点的地下公共空间较为分散、不成系统。

(3) 相当多的站点未充分考虑出入口整合、地铁设施与城市环境的协调,外露的风井等设施破坏了城市景观,也阻碍相关地块的有效开发。

从国外的发展经验来看,城市地下、地上空间一体化将会是我国轨道交通站点地下步行空间发展的趋势,并极大地影响着城市的更好发展。总体来看,当前地铁站点区域地下公共空间发展的趋势有以下几点。

(1) 地铁站与地下公共空间体系力求无缝整合,充分发挥站点对地区发展的推动作用。地铁站是地下人流量主要发生源,而地下空间的经济价值主要是由行人活动带来。一个完善的地铁站区地下步行系统应既能保证快捷疏散地铁站域集聚的大量人流,又可以通过引导这些人流带动临近地块的空间价值,同时可以改善区域环境。因此,开发和利用城市地下空间、发挥土地价值,不应仅限于某个地铁站点,而应通过连接地铁站点与周边地下公共空间,形成以站点为核心,以点带面的城市活力区域,提升城市区域竞争力。

(2) 地下公共空间开发依托步行网络的建立,可整合地面过街活动,减少人车交织矛盾。地下空间开发的体系化很大程度上依赖于地铁站及其衍生的步行网络,从而使得多个独立的地下开发能够连成一体。地铁站点往往跨越地面交叉路口,能够整合地面步行过街活动,形成优质的地面、地下乃至地上步行网络。地下步行系统作为地面交通的补充,可有效降低街道上的人车交织,使步行者远离地面拥挤嘈杂的机动交通环境,在地下高品质的步行环境中既解决过街问题又促进空间活力;另一方面,地下空间中的步行网络可与地铁站点、地下停车库、公交枢纽等交通设施紧密联系,使得步行者无需到达地面即可实现步行与车行的转换。

(3) 充分发挥地下公共空间作为城市立体基面的作用,推进城市立体化的发展。由于城市可建设用地越来越匮乏,地下及空中的空间利用越来越受到重视,向地下和空中要空间,提高土地利用的集约化程度,成为缓解城市用地压力、适应城市可持续发展的必然选择。多层次的基面及功能空间与城市交通网络连成一体,可以在有限的基地里创造出尽可能大的公共空间和实用功能空间,城市功能布局也不再受限于它们在地面上的传统位置,地下公共空间作为城市的地下活动基面,是城市立体基面的组成部分,重视公共空间的立体化建设,有利于实现地下、地面、地上一体化建设,高效利用土地资源,激发城市活力。

(4) 地下空间开发的法规制定和管理机制是地下公共空间发展的重要保证。"虽然许多城市都曾经提出需要一个总体规划来控制地下系统的发展,但还没有哪个城市实施过这样的规划"[6]。我国的地下空间规划体系尚未健全,尽管 1997 年的《城市地下空间开发利用管理规定》明确了地下空间"谁投资、谁所有"的原则,开始了对地下空间的规划、建设和管理,但迄今为止,地下空间规划尚未成为城市总体规划、分区规划和控制性详细规划的强制性内容。地下公共空间的发展与地上开发建设息息相关,形成体系涉及不同的开发主体,有公有私,城市规划管理必须创新,打破常规,推进其发展。

为了加强对地下空间开发的规划和建设的管理,促进地下空间资源的合理利用,适应城市现代化和可持续发展的需要,上海市自 2014 年 4 月 1 日起正式开始施行《上海市地下空间规划建设条例》(以下简称《条例》)。《条例》对地下交通设施之间、地下交通设施与相邻地下公共活动场所之间的互连互通作出了具体规定;并明确指出,应对重点地区地下空间开发范围、开发深度、建筑量控制要求、使用性质、出入口位置和连通方式等作出具体规定。此外,《条例》倡导集中开发区域的管理机构可以对地下空间实施整体设计、统一建设,建成后的地下空间,可以单独供应,也可以结合地上建设用地使用权一并供应。这使得地下系统发展过程中出现的问题与利益冲突可以得到有效调整,实现资源最优化。

3　地下街

——城市公共空间的主要形式

3.1 地下街概述

3.1.1 地下街的起源

"地下街"源自于日文的直译,从汉字的字面上可解释为"位于地下的街道",但日本学术界中地下街的英语却是采用 underground town,从英语的字意即可看出日本期待地下街成为在地下生活扩展的"城镇"——town,并非只有 street——"街道"。欧美对地下街的解释与日本有些差异,大英百科全书对地下街的解释为"专指在车站、广场或建筑物地下所施工的建筑物,用以供作店铺、饮食店为中心,旁边围设办公室或仓库,并以面临人行步道的总和者。"所采用的名称为 underground street、underground arcade 或是 underground shopping center,从字意上来看大英百科全书采用的 street(街道)、arcade(意指有拱廊的街道,即地面的商店街)与 shopping center(购物中心),都是商业空间使用的名词,从中可看出欧美在理解地下街时,非常强调其内部的商业与活动。

目前都公认地下街是由地下人行通道发展而成。刚开始地下通道只单纯提供给行人穿越道路的选择方式,内部并无商业,但某些人发现如果利用通道空间,有可能创造出商业效益,于是开始在通道两侧设置广告、橱窗与广告灯箱。此阶段地下通道只作商业信息交换,而无进行商业交易,之后随着规模扩张,才开始设置展台与商店。自此,商业行为也正式与地下通道结合,渐渐演变为地下街的雏形。也就是因为如此,地下街一开始就是定位为复合型态的空间使用,一种结合"安全步行"与"商业行为"的开发模式。以后的地下街都以此概念作为开发的最基础理念,并以此主导着地下街演变的方向。其中,"复合"一直是影响地下街发展的重要理念。基本上,可以发现所有地下街都是多目标结合使用的开发模式,不是和地面空间共同开发,就是结合其他地下空间一起开发。因此,也可说地下街是一种借由复合的概念,进而创造出本身价值的一种空间开发模式(图 3-1)。

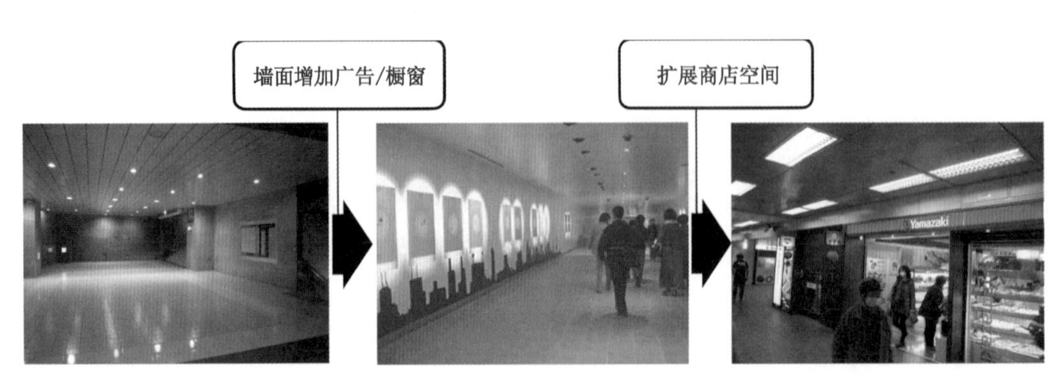

图 3-1 从地下通道演变到地下街的过程

3.1.2 推动地下街多样性发展的因素

商业与地下通道的结合，是地下街的基本雏形，而地下街会演变成我们现今看到的多样性发展，主要是由于其他因素推动所致。以下是影响地下街朝多样性发展的主要推动因素。

1. 车站与地铁站的功能扩大

随着城市规模的扩大，城市居民需要利用复合的大众交通系统，才能在城市间顺利进行移转。为有效进行转乘，现今车站多为结合数种交通系统的交通枢纽或是综合体。与早期车站相比，旅客停滞的时间较长，活动与行为显得更为复杂，小规模商店已不能满足各种目的与需求，于是人们开始将小规模的"站体＋商店"的模式，扩大为"站体＋商店街"的聚集型商业。在考虑不影响交通枢纽正常运作的前提下，交通枢纽的商业多设在二层以上非主要运作的空间，或是地下层以地下街形式出现，也促使地下街与交通枢纽进行结合。

另一个推动因素，是地铁的功能产生变化。如同交通枢纽的发展，地铁站也尝试以扩充商业机能来满足地铁商业发展的需求。此外，地铁站在开发的过程中，在轨道周边或是轨道与地面之间常有连带开发的经济效益，同时城市规划单位也常将"轨道站"＋"地下街"作为区域的发展核心，成为城市地下空间常见的开发模式。

2. 城市更新

城市更新也是促使地下街多元化发展的因素之一。由于城市更新的过程中，常会调整城市区域的商业密度，若只将扩充的商业容量设置在地面，地面的环境可能又因土地压力而无法有效提升。此时，开发地下街就成了一种有效的解决对策，也是能确保地面环境朝正面发展的合理开发策略。

另一种情况是站前广场更新，将非法摊贩移入地下街，成为合法商家进行管理。此方式能解决地面混乱的非法商业，同时满足乘客商业需要，社会反对舆论较少。因此，在二战后日本各地的站前广场开发，便以大量建设地下街来解决地面非法商业的问题①。

3. 土地需求的压力

土地需求的压力对地下街多样性发展，具有密切的因果关系。在前文也提及城市更新常利用开发地下街作为商业移转的选项，但这只是其中一种解决对策。而土地需求的压力却是直接造成地下空间的快速发展，并直接影响地下街与周边城市设施能形成城市空间的紧凑发展。城市土地需求通常主要在交通、城市商业发展与停车问题等三方面，因此也影响城市管理者，希望能够借由地下街开发一并解决上述的城市需求。

1）在交通问题方面

主要希望解决逐渐被侵蚀的城市步行空间与地面车行的问题。由于地下街是由地下通道演变而来的，因此只要扩大地下街与地面区域的衔接点，很容易能形成区域的地下步行系统，确保城市居民步行以及安全消费的权益。在解决地面车行问题方面，则可将快速道路与交通

① 1950 年代日本的地下街多以此概念兴建，具代表性的有涉谷、名古屋的大型车站，佐世保、冈山等地方车站的站前广场地下街设置。

枢纽移入地下，并与地下街共构开发，借此减缓地面车行的交通压力，减少地面交通的土地需求。交通土地压力的舒缓，亦进一步改善了城市的空间环境。

2）在城市商业发展方面

由于市中心商业长时间的发展，地面空间已达到饱和，为使城市经济持续发展、创造利益，继续对市中心投入开发是城市唯一的选择。而在土地不足的状况时，扩大商业容量只能借由发展立体化一途解决，相对于高架的环境，地下空间更容易塑造出与地面连续的商业环境。因此发展对应地面各种商业类型的地下街，也成为城市解决商业需求的主要策略。

3）在停车问题方面

自20世纪60年代起，小汽车数在各城市不断以倍数成长，造成市中心产生大量的停车空间的需求，而发展到最后，一些核心区的商圈甚至会因为无法停车而逐渐衰败，可以说停车空间量已成为城市商业区能否存续的决定性因素。由于经济性考虑，市中心多倾向采用立体化的停车塔，或地下停车场来解决停车问题。但兴建地下停车场只专供停车使用的收益有限，为更有效创造经济效益，出现了"地下街＋停车场"的开发模式，借彼此优势来增加开发价值，由此形成了地下街的多样性发展。

3.1.3 地下街的定义

地下街最基本的定义，就是"在城市的地下空间内部，划分与设置各种店铺的商业街"。同时，也有部分学者将地下街定义为："修建在大城市的核心区地下或车站广场底下，由许多商店、通道和广场等空间所组成的综合性地下建筑。"

上述的基本定义，强调了地下街位于城市中心的"地下建筑"与"商业"的特性。大致将地下街的所在区域，以及具有商业功能等两大重要特征进行表述，但也相对出现了一个误区：国内不少开发方以为将商业设置在地下，就是地下街开发，因而忽略地下街其他的特征，包括内部功能、设施以及地下街扩张等内容，造成开发产生缺失。建议在上述的定义外，加入三个补充，完善对于地下街的定义。

1. 日本对地下街的定义

1）劳动省对地下街的定义

日本劳动省对地下街的定义为："在建筑物的地下室部分和其他地下空间中设置商店、事务所或其他类似设施，即把为群众自由通行的地下步行通道与商店等设施结为一个整体。除此类的地下街外，还包括延长形态的商店，不论布置的疏密和规模的大小。"

2）消防法认定的地下街

日本消防法第八条第二款中对地下街的叙述："设置于地下工作物内之店铺、事务所及其他类似设施，呈连续状态邻接地下通道及地下道本身，均称为地下街。"

3）地下街基本方针

日本《地下街基本方针》中，对地下街的定义为："指位于公共使用道路或是站前广场（包括施工中之土地重划或都市更新事业内之道路或站前广场）下，供公共使用的地下步道（含地下车站检票口外之通道、川堂等），与面向该地下步道而设置之店铺、事务所或其他类似设施，构成一体之地下设施而言（如一并设置地下停车场，亦包括）。但面对地下步道而设之店铺、办公事务所及其他类似设施，为专供公共设施之管理营运使用者（如站务室、机房等），有可能移动或仅为临时性者，则不在对象范围内。”见图 3-2。

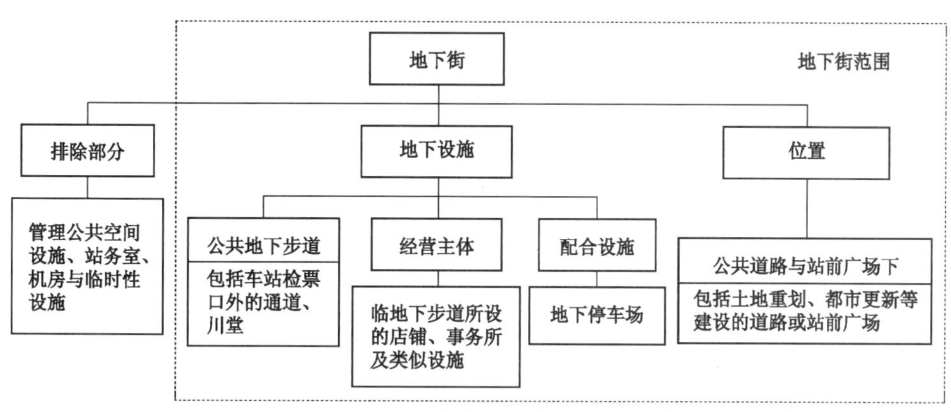

图 3-2　日本基本方针对地下街的定义[7]

2. 地下街定义的补充

上述地下街定义都偏重功能与空间方面的叙述，内容多强调地下街所在位置、组成内容、设备等功能与空间方面的说明，但是与现今的地下街的现状早已出现差异。事实上，在地下街发展数十年之后，不少地下空间都借鉴地下街的概念设计，也具备类似的特性，也常使得一般人对地下街与地下商场、地铁站内部商场之间，产生认知上的混淆。

为了符合与说明地下街的现状，建议应再加入三个定义补充。

1）地下街应是城市系统的组成部分

除商业功能外，地下街也提供城市居民从任一点出发，便捷及安全到另一端点的公共步行服务，是地面步行系统的延伸及城市系统的一环。只在地下层而不与城市系统相连、不能提供公共服务的地下商场，不能认定为地下街。

2）地下街是整体的设施

地下街组成包括内部步道、商店、办公室、通向地面的垂直与水平通道、节点广场、维持地下街的运作设备及其他服务设施，是具永久性、固定与整体特性的建筑。局限在地下层站体大厅的附属商店，或是独立、不与地下公共系统相连的地下层商场，也不能认定为地下街。

3）地下街拥有主体经营权

地下街经营是以地下街为主体单独进行，并有自主管理能力。缺乏主体经营权力的地下商场或是只附属于综合体地下的商店，也不应该被认为是地下街。

3.1.4　常见地下街类型

1. 以形态分类

根据形态可分为街道型与广场型两种基本型，以及跨街区型及聚集型两种衍生型。

1）街道型地下街

街道型地下街主要在城市主干道底下，以出入口衔接主干道两侧的步行系统，有时会与地铁通道、横穿过街地下道与周边地下空间相连。通道型地下街多建在地铁线至地面道路二者之间的空间，整体范围大致与地面主干道、地铁线的宽度大致相同，商店通常布局在地下街中央通道的两侧(图 3-3)。

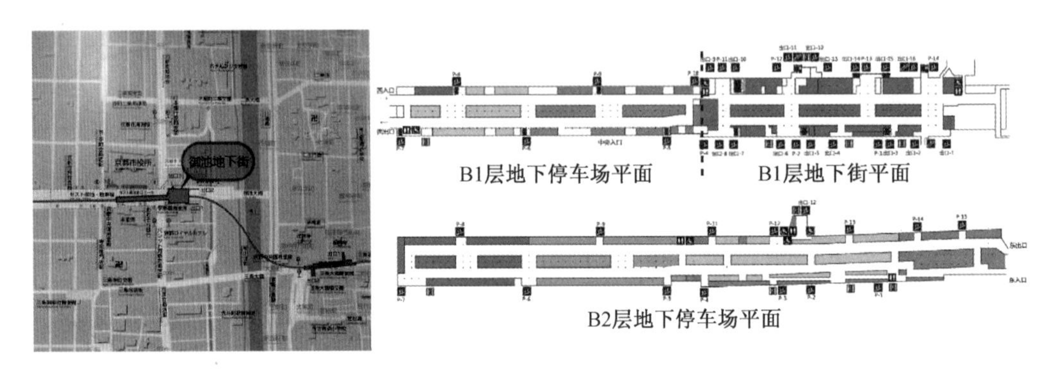

注：御池地下街的地下街部分只在 B1 层东侧，B1 层西侧与 B2 层整层为地下停车场。

图 3-3　街道型地下街案例：日本京都御池地下街[8]

2）广场型地下街

广场型地下街位于站前广场、城市广场的底下，借由地面出入口、垂直通道、地面下沉广场与地下街衔接，再由地下通道与交通枢纽相连。广场型地下街的规模通常较大，商店的布局比较自由，不像街道型地下街是在通道两端设置商店，而是多采用大堂式的布局。另外，也常借助与地面环境的共同开发，让地上、地下在景观、动线、机能之间，形成更多的功能整合与更高的使用效率(图 3-4)。

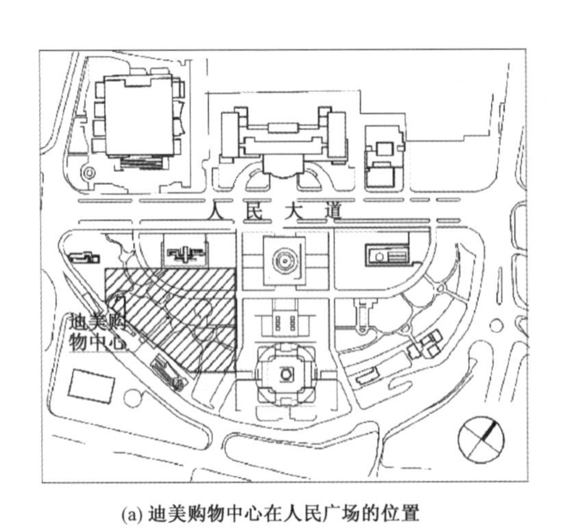

(a) 迪美购物中心在人民广场的位置

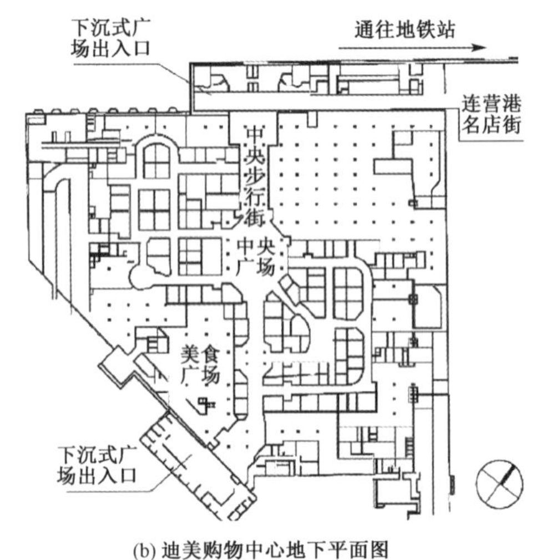

(b) 迪美购物中心地下平面图

注：斜线部分为迪美购物中心的位置。

图 3-4　广场型地下街案例：上海人民广场下的迪美购物中心[8]

3）跨街区型地下街

跨街区型地下街是街道型地下街的衍生型态。与街道型地下街相比，跨街区型地下街的范围不只是局限在单一道路底下的区域，而是借由地下空间的连接，将地下街扩大到两至三条街区的范围。因此，跨街区型地下街可以理解为街道型地下街的一种扩张，并形成如L形、T形的大型地下街。而此类的地下街若是与地下步行通道进行共同开发，就有机会形成城市区域的地下步行网(图3-5)。

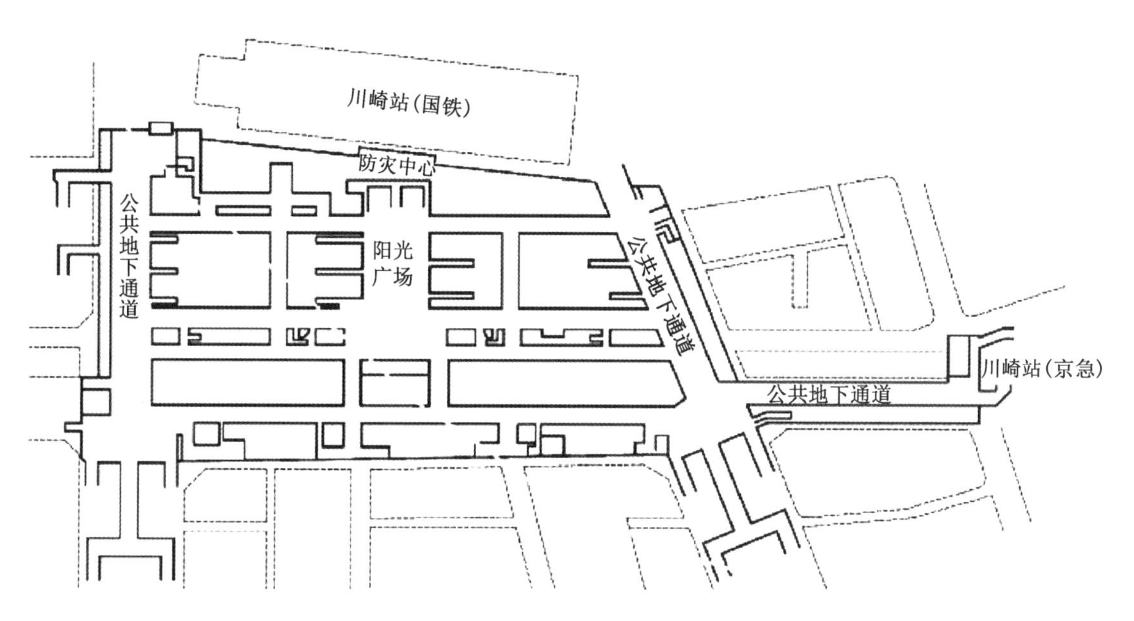

图3-5　跨街区型地下街案例：日本神奈川县川崎地下街[8]

4）聚集型地下街

聚集型地下街是由多条地下街所组成，通常是以交通枢纽为核心，而多条地下街均与交通枢纽结合形成地下商业带，组合的地下街通常包括广场型与跨街区型地下街，或是兼有二者的型态。聚集型地下街是地下街发展成熟期才会出现的型态，出现此类型态也代表着城市地下已形成地下空间体系(图3-6)。

2. 以城市发展需求分类

1）作为步行通路的地下街

作为步行通路的地下街兼有提供地下通行的功能，出入口多在地面道路两侧的人行道上，行人可从地下街安全穿越道路到达相邻街廓或地铁站。此类兼有步行功能的地下街多在因城市大量扩宽道路，导致城市步行被快速车道分割的地区。服务对象主要为周边社区的生活圈，消费群为周边居民，并多以经营日常生活用品为主要业态。

2）扩充地面机能的地下街

此类地下街多在城市发展的成熟区域，需要机能补充或扩大化商业容量，因此诱发地下街的开发。由于地面有成熟的商圈，因此这一类的地下街在商业经营方面通常采用与地面商圈

图 3-6 聚集型地下街案例:加拿大多伦多地下空间

差异化的营业项目,并以低于地面商圈的店铺租金吸引商家入驻,形成地上、地下共荣共存的立体商圈。通常此类地下街以经营餐饮、日常百货等独立小型店铺为主,主要服务对象为地面商圈购物的消费群。

3) 补充城市中心的地下街

此类地下街分为副中心型与核心区型两类。副中心型地下街多位于城市新开发的车站、地铁站周边。由于城市在新的核心区新建密集、大型商业建筑群,需由地面商业与地下街、地铁的整合商业带支持副中心的整体发展,导致副中心型地下街出现。核心区型地下街位于城市中心商业带,通常是老城区,多与地面商圈设定为相同等级,甚至更高等级的商业,其贩卖商品以奢侈品为主,并有高级餐厅、精品店等高消费业种,由于具有高投资价值,此类地下街通常会随着城市更新一并开发。

3. 其他分类

地下街可以按城市管理实际的需要进行分类。例如,依据规模与店铺数量可分为小型、中型、大型的地下街[①];为了直观管理地下街,则由平面形状进行分类,可分为线形、面形两种基本形,及从基本形发展出来的衍生形等三大类,进而可再发展出其他类型(图3-7)。

---

① 小型地下街:面积 3 000 m^2 以下,商店数不足 50 间。中型地下街:面积 3 000～10 000 m^2 以下,商店数 50～100 间。大型地下街:面积 10 000 m^2 以下,商店数 100 间以上。

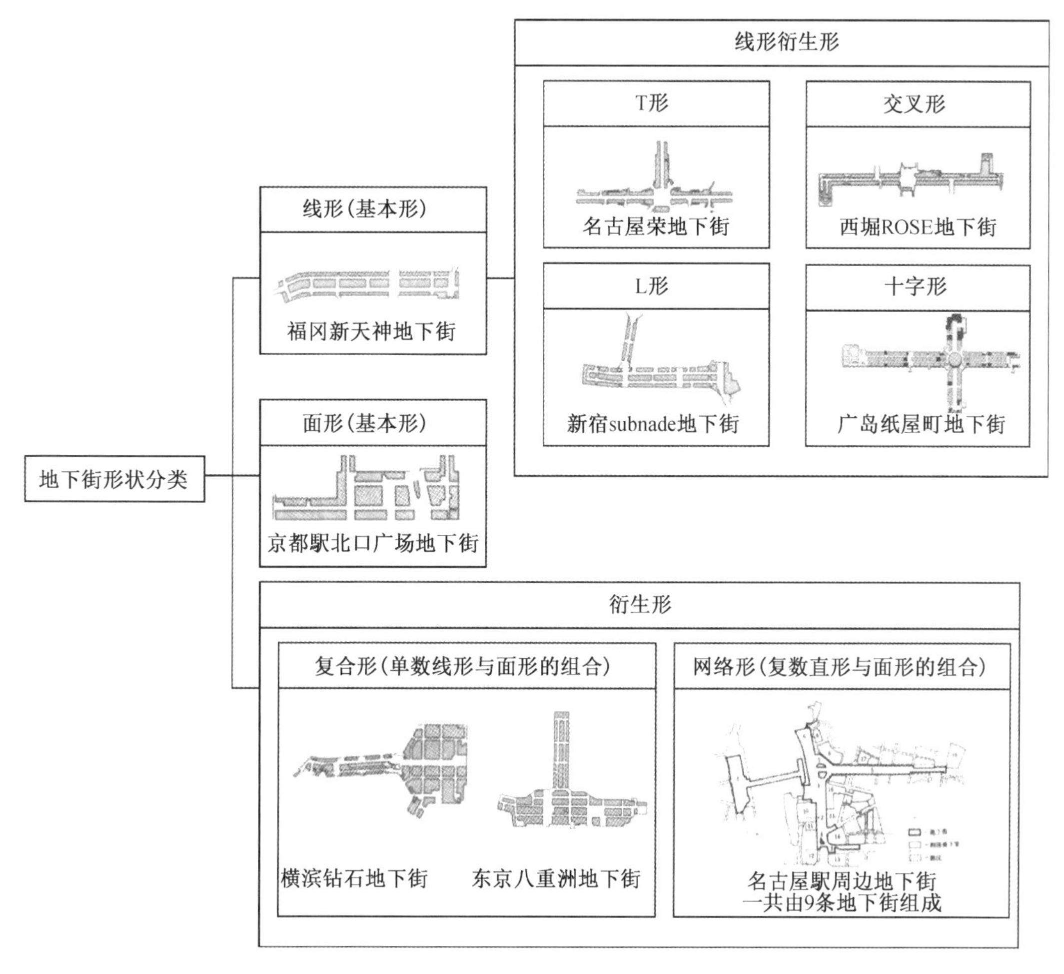

图 3-7　以形状进行的地下街分类[9]

3.1.5　地下街的空间构成

地下街的空间构成如图 3-8 所示。

1. 营业空间

地下街的营业空间是由商店区、服务与辅助设施所共同组成。商店区包括店面及仓储、广告等附属空间,为地下街主要商业活动区域。服务设施是让营运更完善所增设的部分,通常提供各类的服务,如市政功能(包括邮局、市政服务处、咨询等),或是商业服务功能(包括小型银行、ATM 提款机等)。辅助设施则是管理办公室、防灾管理中心、机房等,主要管理及维持地下街的正常营运。

2. 公共区域

公共区域是指地下街主要营业空间外的活动区域,如节点广场、转换区、水平与垂直通道等区域。这些区域内通常有地下街主要商业以外的活动,包括广告、展示、休憩、销售等,用来辅助地下街营运,以及人与货物移动,包括各类楼梯、电扶梯与升降梯等上下移动转换、与内部及外部连接通道的水平移动转换。通常地下街要显示其本身的特色,都是强化此区域的空间设计。

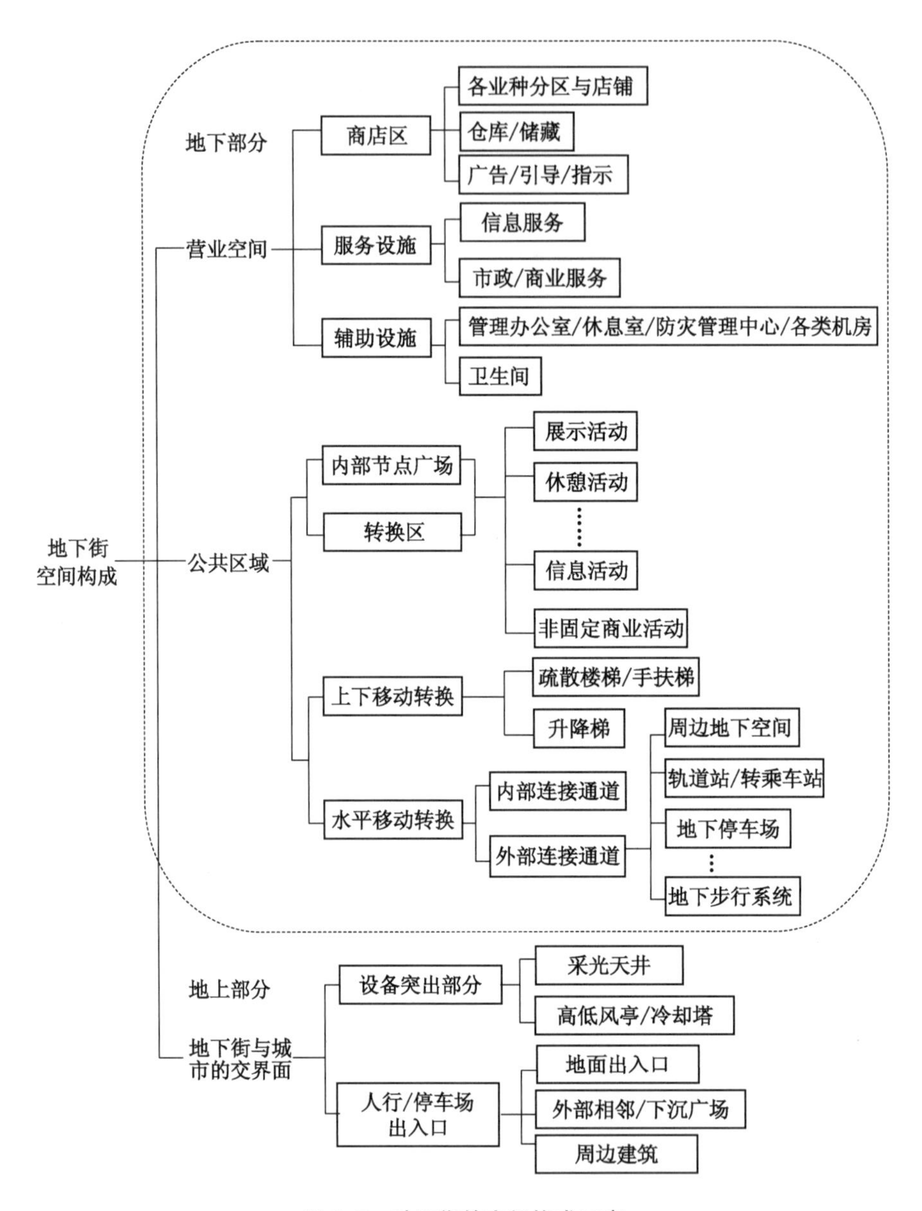

图 3-8　地下街的空间构成示意

3. 地下街与城市的交界面

地下街与城市的交界面，是指地下街突出于地面的空间，为二者环境的转换部分。此界面让地下街在地面产生识别性，主要为地下街出入口、高低风亭、冷却塔、天井等突出部分，以及出入口相邻的地面广场、下沉广场等空间区域，这些交界面均会对城市地面的环境产生一定的冲击与影响。

3.1.6　地下街的空间特征

基本上，地下街的空间特征可以归纳为下列五点。

1. 隔绝外在环境的影响

由于能隔绝外在环境的影响，地下街因而能进行全天候的商业消费活动，且由于能控制内部环境，因此能在内部设置大量的雕塑、装置与艺术品，或举办展览与各类集会活动，并让地下街能在较极端的寒冷与高温地区，或是多雨、环境污染严重等外在环境不佳的地区具有开发上的优势。

2. 完全安全的步行环境

地下街购物可以不被车行或是停车所影响，购物的环境也比较单纯而且非常安全，也不容易产生消费中断的情况。但是完全的步行环境也代表着地下街的购物范围受人步行体力而产生限制，同时空间的变化量也有限，因此地下街更需要考虑空间的人性化设计，否则容易让人产生内心烦闷感与视觉疲劳，造成消费者不愿长时间停留。

3. 建筑的不可逆性

如同其他地下建筑，地下街也具有建筑不可逆性的特性。当地下街完工后，想要进行机能、高度或宽度扩大，或是增加衔接通道与界面等空间整合，甚至是在电力、空调、上下水等管线布置方面的调整，相对地面商场，地下街在处理上也更为困难。因此，与其他商业街相比，地下街在前期需针对各种可能出现的问题，进行详细的商业综合评估，并在土建设计上预先保留弹性的设计，才能避免后期建成后，想对地下街进行变更，却缺乏调整余地的窘境。

4. 空间封闭性

地下街绝大部分主体都在地下，先天就是以封闭空间为主，由于长时间有大量人潮停留在地下街，造成地下街在开发上有两个特点。首先，地下街需要全靠人工控制来维持运作，无法利用自然环境来调节，为了维持正常运作，长时间的人工照明、空调与温湿度控制等环境控制也导致地下街产生高耗能的成本；其次，空间封闭性这个特殊条件，也成为地下街开发时需要突破的重点，这些突破的重点包括如何解决迷路感、不安全感以及视觉疲劳等因为空间封闭性导致的问题。

5. 地面不易感受

地下街的主体通常结合建筑、地面、道路、绿地与公园共同开发，形体与外在轮廓被隐蔽在地下之中，这造成在城市地面很难感受到地下街存在，此特征常使地下街被忽略于城市环境系统的大概念之外。然而，作为城市公共空间的延续，地下街的此空间特征亦为设计提出严重的挑战。

上述地下街的五个空间特征，也可被认为是地下街的先天限制。早期地下街的开发，一般都只是顺应地下街的先天特征，加上对商业价值的创造高于空间质量要求，最后的结果就是形成隐藏在城市地下、隔绝于地面的最大商业面积的空间。

但是，随着经营理念的变化，也为了吸引更多的顾客到地下街消费，地下街空间特征也出现了变化，包括开始调整地下街隐藏与封闭于地下的空间模式，适度引入自然空气与照明，达到降低营运耗能的目标；地下街开始通过创造各种空间变化，突显上下空间的转换层空间、设置大小不一的节点广场、塑造大型地标及高科技引导标志等手段，改善其内部单调和封闭的问题；同时也利用与地面建筑、下沉广场的大面积整合，扩大与城市的交界面，让地下街在城市环境中与人形成视觉联系，并增加在城市地面的存在感。上述的种种改变的累积，最终让地下街出现革命性的转变，成为城市中公共活动的平台。

3.2 地下街在各地区的发展

3.2.1 日本的地下街

日本是亚洲最早进行地下街建设的国家，也是地下街发展最为完备的地区。根据日本总务省消防厅在 2009 年所统计的数字，至 2005 年 3 月日本政府认定的地下街共有 70 个，总面积达到 113 万 m^2(图 3-9)。

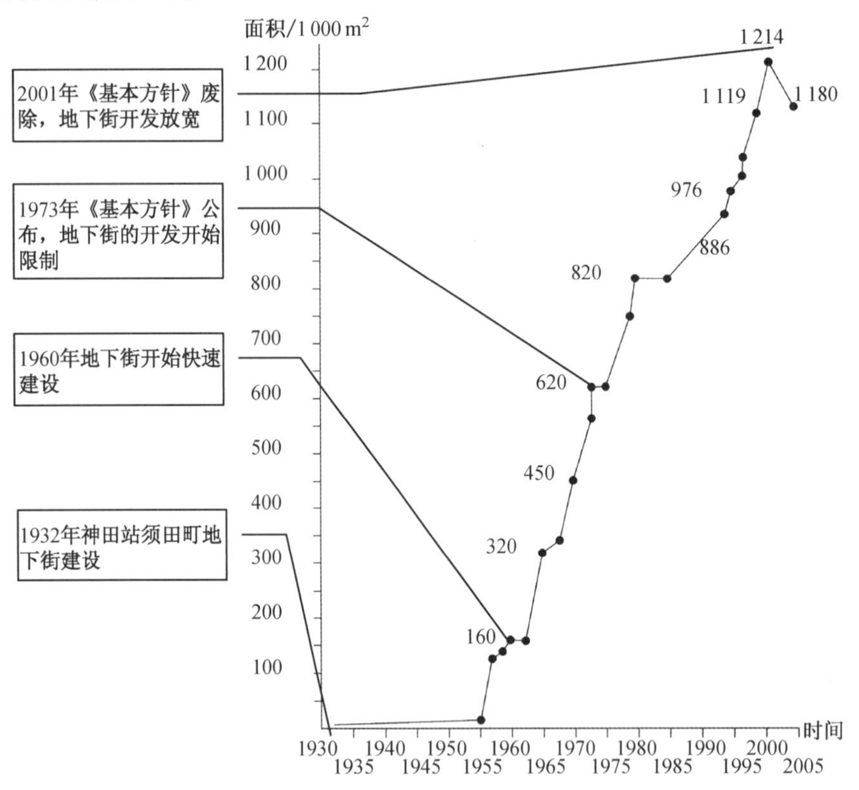

图 3-9 日本地下街发展规模的情况[9]

1. 各时期的发展状况

日本地下街的发展，可分为下列五个时期(图 3-10)。

1) 1955 年之前(昭和 30 年代以前)

一般公认日本最早的地下街，是 1932 年在东京地铁中银座线的神田站须田町地下街与京桥地下街。到了 1940 年到 1950 年之间，因为二战的缘故，日本一度停顿了地下街的开发。直到 1953 年后才开始又将公共投资投入地下街建设，1953 年兴建的银座三原桥与石川地下街中，银座三原桥地下街是为安置地上的摊贩，石川地下街则是配合地下铁与车站所进行的共同开发。日本自此将地下街开发列为城市建设的重点项目，正式进入地下街的发展时代。

年代	代表地下街	开发特征	内部照片
1955 年以前	须田町地下街、京桥地下街、银座三原桥 、石川地下街等	前期从车站大厅延伸的商业街，规模都不大，主要为了服务旅客所设置。到了后期则是为了安置车站地面广场的摊贩设置	 须田町地下街
1955—1964 年	东京涉谷名店街、东京银座浅草地下街、名古屋站前地下街等	地下街内部的宽度都很窄，并以最大商业面积进行空间布局，多是直线形的地下街	 浅草地下街
1965—1969 年	东京八重州、新宿西口、名古屋樱通Unimall、札幌大通地下街等	结合地铁或站前广场共同开发的地下街计划，地下街的规模也随之变大	 八重洲地下街
1970—1980 年	新宿南口、福冈天神、名古屋荣中央公园地下街等	地下街内部出现主题空间的作法，同时规模与数量开始被抑制，开始提高地下街安全要求	 天神地下街
1980 年以后	长堀地下街、京都御池地下街、池袋地下街、汐留地下街等	地下街内部具备高防灾功能、高安全性与优良的环境舒适度。地下街的开发结合城市更新与再生计划	 长堀地下街

图 3-10　日本各阶段地下街发展情况一览

2) 1955—1964 年(昭和 30 年代)

1955 年到 1964 年的 10 年间是日本地下街的萌芽期。日本发展地下街的一个主要原因，是因为各地车站开始重整站前广场，需要解决占用地面广场的非法摊贩以及停车问题，只好在广场地下开发地下街与停车场，带动了地下街开发的热潮。

此时期地下街的特征，是内部的宽度都很窄，并采以中央通道结合两侧商铺的空间布局，因此地下街多呈现直线形。此时地下街缺少业种分区的概念，所以多采用混合业种经营模式，让地下街成为城市消防安全的隐患，此时期建设的地下街在后期逐渐被整改与拆除。

3) 1965—1969 年(昭和 40 年代前半)

该时期也是日本经济的高度成长期，日本政府对公共建设投入大量的资本，带动各地出现地下街与地铁或站前广场共同开发的计划，使得建设地下街成为一种新兴的城市事业。此时期不论在数量与规模上，都是日本地下街发展的最高峰，现今日本 80%以上的地下街都于此时期开发完毕。

4) 1970—1980 年(昭和 40 年代后半至昭和 55 年)

此时期地下街开始大量与轨道交通进行共同开发，初期虽然延续上个时期的高速发展，但由于出现 1970 年发生的大阪天六地铁地下街瓦斯爆炸事件和 1972 年的千日前百货大楼地下街火灾的事故，此时期反而成为地下街发展的转折点，之后地下街的规模与数量开始被日本政府抑制，地下街的各类法规体系与相关规范开始健全。

5) 1980 年至今(昭和 55 年至今)

这时期日本政府以发展安全的地下街环境为主要目标，同时提高了地下街开发审查的门槛，造成地下街的开发计划大量减少，直到 80 年代中期才有所转变。到 80 年代中期，日本政府开始准许地下街开发者在能提出确保市区连续性、完整性，以及提高舒适性、安全性的新建与扩建计划的前提下，允许在站前广场、广场周边地区，以及寒冷积雪的地区进行开发。

由于放宽限制，日本各地又开始了建设地下街的风潮，虽然在数量上已经不如从前，但是规模比以前更大，动辄都达上万平方米，并重视地下街内部的防灾功能、安全性与环境的舒适度。日本政府也将地下街的开发结合城市更新，并推动已建成的地下街进行内部改造与重新设计。自此，日本地下街开发的发展方向就转变为追求地下街的品质提升。

2. 日本地下街管理体制的发展

当地下街发生一连串的灾害之后，日本政府在 1973 年制定管制地下街的《基本方针》，同时成立“地下街中央联络协议会”，规定之后地下街的开发都需要由协议会同意才能执行。1979 年所发生的静冈车站站前黄金地下街瓦斯爆炸事件，更促使日本将地下街的管制扩大到准地下街。之后由日本的建设省、运输省、警察厅、消防厅和能源部等 5 个部门联合下达颁布的《地下街基本方针》，则提出比基本方针更严格的规定，加高地下街开发的门槛。日本也开始思考地下街内部的各种管理，包括让各地方政府、消防单位参与地下街的监督体制，并鼓励地下街成立管理公司，形成地下街的自主管理。

严格管制地下街的结果，造成 1980 年到 1990 年的 10 年间，日本只通过京都车站北口和川崎车站东口两个地下街的审核。直到 1988 年重新开放了地下街的开发限制，之后 1988 年提出的“推动公共利用地下空间基本计划策略”、1995 年的“规划缓和推进计划”及 2001 年的“地下分权推进法”，都是属于放宽地下街开发的规定。日本政府也解散了地下街中央联络协议会，并废除《地下街基本方针》，将开发许可与安全管理权限都交付地方自治团体。

从发展过程来看(图 3-11)，可发现日本地下街管理体系发展有两个关键点，一个是 1973 年公告的《基本方针》，另一个则是 1988 年再度放宽地下街开发。整体而言，管理态度由初期放任转为严格限制，再发展完整的法律体系；管理体系则由初期无体制制约，改由中央管理，再改由地方政府分担权责；法令从《基本方针》出台后的条列式法规，转化到弹性大的性能式法规。

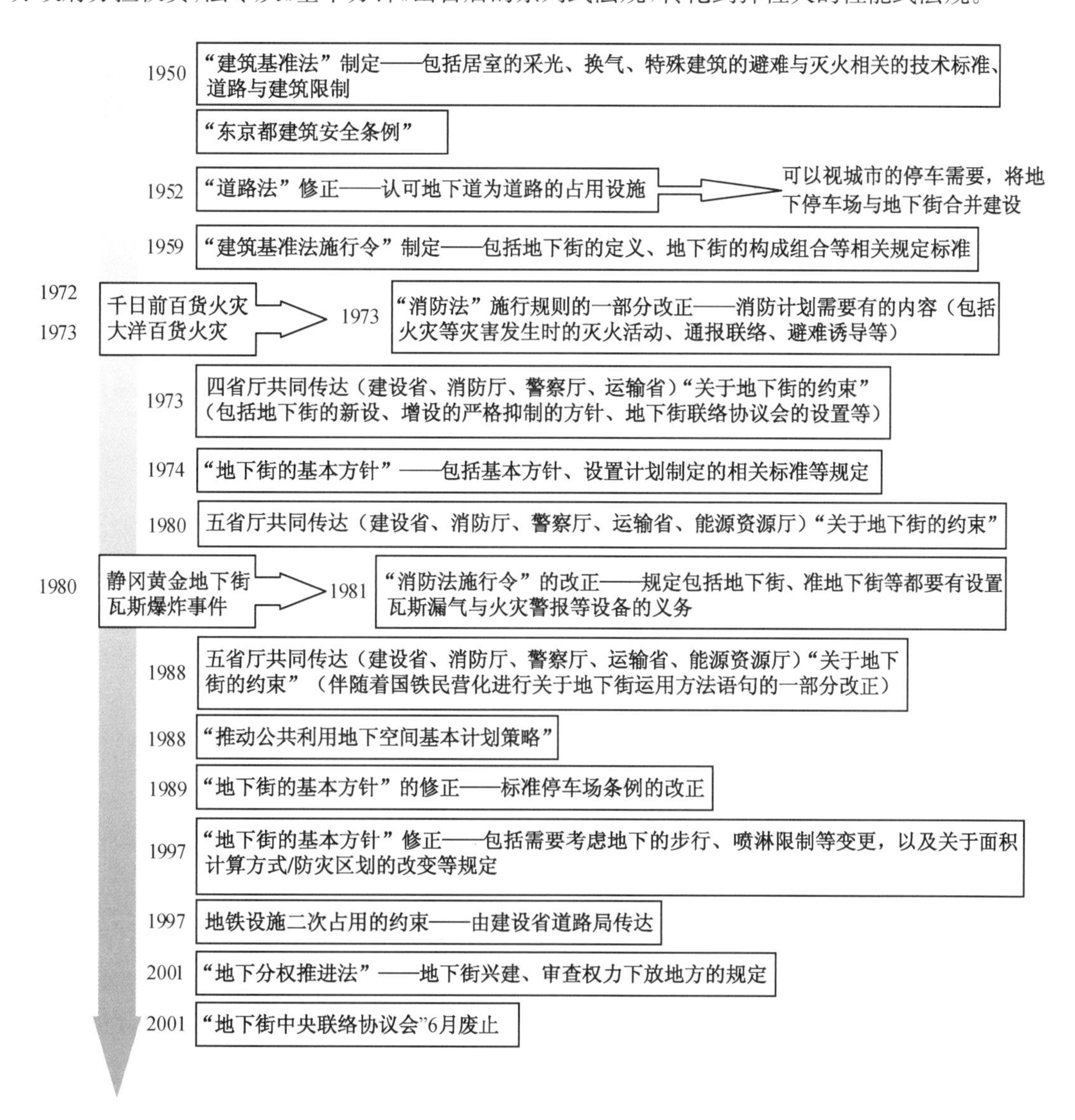

图 3-11　日本地下街相关法令的演变过程

资料来源：参照粕谷太郎于 2014 年第四次国际地下空间大会中演讲稿内容重新整理

3.2.2 欧美的地下街

1. 发展过程

从1863年伦敦地铁建设开始到21世纪,欧美国家已开发出大量与多样化的地下空间。欧美国家地下空间发展基本可以第二次世界大战作为分水岭,二战前,欧美等国对地下空间的开发,主要是防空与地铁建设,虽然有建筑师提出利用地下空间形成城市立体化的想法,但限于技术以及战后城市土地无急迫的需求,并未开展大量开发。

二战之后,欧美等国利用战后重建的机会大量进行地下空间开发,并于1950年至1970年,出现了地下空间的多样性发展与大规模利用,使得欧美等国有机会发展出不同以往的地下商业空间。但欧美等国较少单独开发地下街,而是采取搭配商业综合体、市中心改造的开发模式。此时期欧美著名的地下街,包括联邦德国慕尼黑市中心再开发的地下街、加拿大蒙特利尔与多伦多的地下城、法国巴黎列·阿莱地区再开发的地下街、美国曼哈顿地下高密度空间、费城市场东街、芝加哥市中心等。

1973年的石油危机是欧美地下街发展的转折点,由于全世界的经济景气低迷与经济危机,造成欧美等国自20世纪70年代中期之后,一度减缓地下街的开发与建设。到了70年代中期后,由于市中心的改造已基本完成,新建的地下街则改以小规模开发为主;同时,地下街由创造商业效益、解决交通问题等传统开发目的,转变为保护地面环境、整合地铁空间开发等新的开发目的,例如法国巴黎的罗浮宫、Haussmann Saint-Lazare、Magenta车站等,都是以此概念所开发的地下街项目。

2. 各区的发展状况

图3-12是笔者整理的欧美地区地下街开发的著名案例,由于各国开发地下街的侧重点有所差异,基本可将欧美地区地下街分为北欧地区、中南欧地区和北美地区三类。

1)北欧地区

北欧地区人口密度不高,土地问题并非发展地下空间的主因,反而是出于保护地面城市环境及永续经营,才将城市设施大量移入地下空间,也带动了地下街的发展。此外,地下街能够克服严寒气候、延长城市居民的活动时间,是北欧地下街发展的主要动力。北欧地区地下街主要集中在市中心更新区域,并结合地面环境、商场、地铁、停车场的共同改造。

2)中南欧地区

中南欧开发地下街主要是为了解决传统城市文化与城市发展二者的矛盾问题。因此,中南欧的地下街从解决小区域内的文化保护、改造城市环境及活化市中心等单一层面,扩大成为支持城市更新、新建计划及地铁建设等地下空间开发的子系统。现今中南欧地区的地下街,则多采用整合城市功能的大型综合体开发模式。

3)北美地区

由于没有欧洲历史保护的限制,北美地区的地下街的发展更为自由,开发规模相对欧洲也较大。其中,美国的地下街发展是由城市环境美学运动及能源危机所促成,美国一开始发展地下街就尝试引入联合开发制度,借此引进民间资本,这也成为美国地下街开发的特色。同时,联合开发制度也让地下街担任大型商场、地铁站与公共活动中心等公私部门空间之间的联接载体，并成为城市地下网络中的发展核心之一。

		项目名称	开发目的	内容概述
北欧地区	瑞典	赛格尔(Sergels Forg)广场再开发(1970) 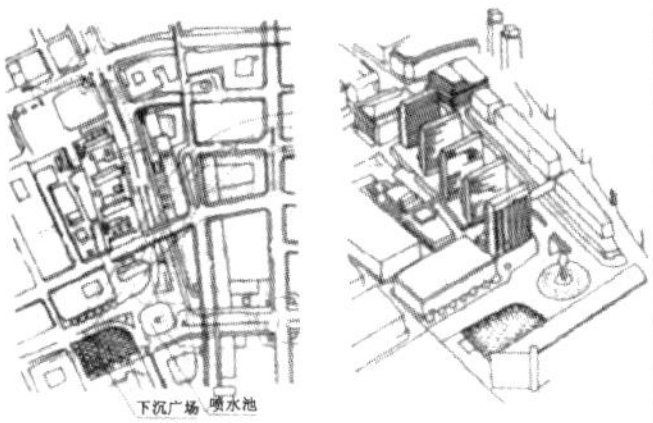	保护原有景观，并配合新的市中心发展	1. 市中心空间保持地面广场完整景观，商业与地铁交通，在地下空间发展。 2. 地面广场景观与地下街采光设备整合。 3. 完善地面至地铁的功能分区
中南欧地区	法国	列·阿莱(Les Halles)广场地区再开发(1979) 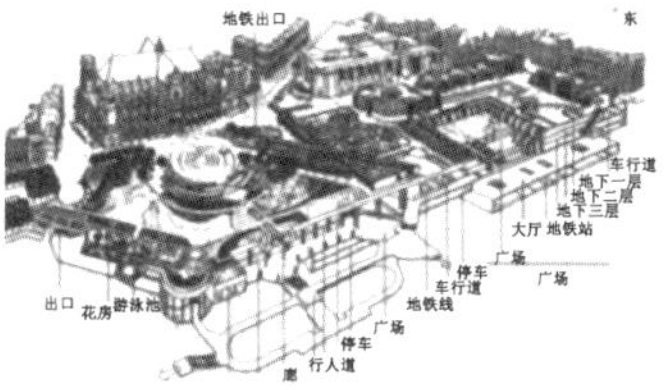	利用地下空间再开发城区	1. 原食品交易中心改造成以绿地为主的公共活动广场，同时商业、文娱、交通、体育等安排在广场地下，形成大型地下综合体。共四层，总面积超过 20 万 m^2。 2. 为市区提供新功能，同时更新市中心景观，与周围古建筑取得协调。 3. 借由地下空间成功解决在密集市中心区集中活动和交通
	德国	慕尼黑市中心立体化再开发(1966) 	旧市区更新	1. 结合成都市中心的更新与立体化交通改造，重点对 3 个广场进行立体化开发。 2. 地下商业、车站与地面广场、步行街的功能重新分配与整合。 3. 形成城市中心的大型综合体
北美地区	美国	费城市场东街(1970) 	旧市区更新	1. 位于费城中央地带市场东街。 2. 利用建设“走廊”来连接两大百货公司与地铁站，走廊为地下 4 层的地下街，建筑面积为 20.5 万 m^2。 3. 旧城更新成功运用联合开发机制案例

		项目名称	开发目的	内容概述
北美地区	加拿大	多伦多地下城(1954 起) 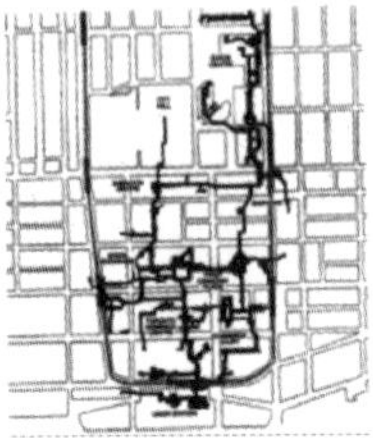	城市能于严寒气候中正常运作	1. 长 20 多公里,又称为 PATH。 2. 从东北角的伊顿百货所属商店以 5 条地下通道连开始,后来随着车站与地铁建设,形成连通 30 个地下室、3 家旅馆、20 个地下停车场、2 家电影院、2 家百货公司,1 000 家商店的地下街。 3. 运用联合开发扩大地下街发展
		蒙特利尔地下城(1962 起) 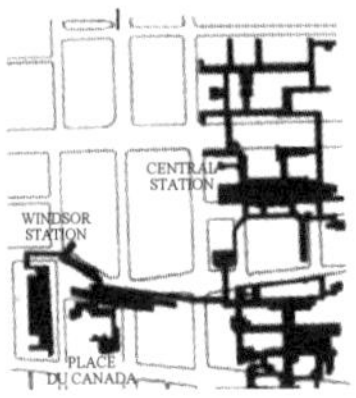	城市能于严寒气候中正常运作	1. 建筑面积达 400 万 m^2,共连接 10 个地铁站、2 000 个商店、200 家馆店、40 家银行、30 家电影院、2 所大学、2 个火车站和 1 个长途车站。 2. 成功使城市活动期延长至全年。 3. 运用联合开发扩在地下街发展

图 3-12 欧美地区地下街经典案例一览

加拿大则是为了克服长达半年的严寒气候而推动地下街的开发。为了让城市能全年正常运作,加拿大将大量城市机能、城市步行空间与城市活动移入地下空间,并借此创造出舒适、安全与全天候的活动环境。加拿大的地下街发展主要集中于多伦多和蒙特利尔这两个城市,从 20 世纪 70 年代起,这两个城市就开始进行网状的扩张与延伸,同时结合城市地铁、地下步行系统与大型商业综合体等重要空间,并利用步行网络、商业网络与空间节点的建构,运用联合开发机制,最大范围连通周边建筑地下层,成功发展出地下城市的规模。

3. 发展趋势与特征

1) 从点状发展到线状至面状的扩张

欧美等国地下街从分散、单一建筑物向地下延伸的简单利用开始(点状分布),然后藉由与地下通道发展成为相对独立的地下街(线状形成)。地下街形成后,则透过联接其他地下街,并整合其他城市机能、地铁建设、商业综合体,形成复杂的地下网络,进而影响整个城市的发展(面状扩张)。

2) 地下街发展受城市问题影响

纵观欧美等国地下街发展过程,自始便结合旧城再开发、地面环境保护、永续发展、克服气候限制等城市问题。欧美等国开发地下街最根本的目的是为了解决城市问题,后续的发展亦被新出现的城市问题所影响,对应解决新的城市问题。

3) 引导民间资本参与

在发展过程中,欧美等国便尝试使民间资本能积极参与地下街开发,以此降低政府投入成本，并成功地以联合开发机制，在法律体系中替地下街创造民间资本参与的环境。

3.2.3 中国台湾的地下街

受到日本成功发展地下街的影响，台湾地区于20世纪70年代开始有计划发展地下街。经过30年发展，虽然发展过程中并不顺利，但由于持续改进经营、管理与法规体系，并纳入城市设计的机制，终于让地下街成为能持续经营的城市公共基础设施，并拥有一套独特的地下街发展经验。

1. 台湾地区地下街的发展过程

1）发轫时期（1974—1984年）

台湾地区于1974年开始正式规划第一个地下街——“高雄地下街”，并在1978年开始营运。但高雄地下街只持续营运了10年，最终因为火灾而惨淡收场，这也影响了台湾其他县市发展地下街的意愿[①]，造成台湾地区的地下街发展一度停顿。

2）迅速发展时期（1984—2005年）

地下街停顿发展的情形，直到1984年才发生改变。台北市为了配合铁路地下化与建设捷运系统，因此决定对台北车站周边地区进行城市更新与地下空间开发，也首次采用城市设计机制与联合开发并行的“台北车站特定专用区计划”，促使了台湾第二条地下街出现。

此时期为台湾发展地下街的巅峰期，台湾现有的7条地下街都于此时期开发。同时，台湾地区也自此时期着手建立地下街管理与相关法令体系。

3）发展战略修正时期（2005年至今）

由于台北捷运地下街的营运效益不是很好，因此台湾地区在2005年开始从两个方面调整地下街发展战略。第一，由扩大发展改为可持续经营，并重新对地下街的经营进行检讨，减缓地下街开发的速度；第二，借由城市设计机制，强化地下街与城市的关系，包括扩大与其他公共建设、交通枢纽、地下停车场的连通，以及置入地面城市功能、引导城市活动等方式，最大化地活化目前营运的地下街[②]。

台北捷运地下街的成功经验，让台湾地区其他县市又开始兴致勃勃讨论前期所搁置的地下街计划。但鉴于高雄地下街的失败，因此开发态度也趋于谨慎，直到现在除了台北市开发地下街以外，其他地区并没有建设新的地下街。

2. 台湾地区地下街建设经验教训

1）高雄地下街的失败教训

高雄地下街共有3层，地面是拆除体育场后所兴建的中式建筑入口与仁爱公园，地下一层是地下街，地下二层是爱河百货公司，地下三层为歌厅与电影院，共引入258间商家。

初期高雄地下街因为具备新鲜感，所以生意非常好，日来客数甚至一度超过一万人，但后

---

① 1979年时，台湾因为推出《都市计划公共建设多目标使用方案奖励条例》，使台中市与台南市均有开发地下街的意愿，但受高雄地下街的影响，使得此类计划最终都被放弃。

② 台北捷运地下街相关的城市设计调整，包括开发新世界地下街，将台北捷运地下街调整为以台北车站为核心的地下街网络；及2006年提出的台北关计划，将台北地下街、站前地下街由封闭改为开放式广场。

期由于地下街内部环境恶化，到了1985年，来客数已降到开业时的1/5左右，导致商家出现撤离潮，至1988年时原本258间的店家已经只剩80家左右。1989年高雄地下街因为发生火灾正式停业，最后1995年高雄市政府将地下街填平，正式结束了高雄地下街的历史（图3-13和图3-14）。

图3-13 高雄地下街大火状况

资料来源：http://163.32.121.67

图3-14 高雄地下街原址

资料来源：http://pwbmo.kcg.gov.tw

分析造成高雄地下街失败的原因，可以发现高雄地下街在前期规划的决策过程中，都未进行任何的可行性评估与研究论证，未同步规划任何商业、交通枢纽、地下停车场等市政设施与地下街衔接，无法让高雄地下街形成持续的人潮，产生了地下街与城市发展脱节的状况；其次，在之前台湾地区没有任何的地下街开发经验，也没有相关的法律可作为参考；第三，高雄地下街从一开始时，就是想开发公园下的地下空间，加上地下街只考虑商业开发的最大效益，因此地下街内部规划为全地下化，如中央走道两侧商铺的布局，仅有几个出入口能通到地面，也造成了严重的安全隐患。

而在后期经营的过程中，高雄地下街为吸引民间投资，因此允许将产权让予开发商，最终导致开发商将85%以上的产权出售，使地下街的管理权限的认定出现争议，这也造成政府、开发商与店家的三方对立，最后导致地下街虽有管理办法，但管理维护松散，也缺少监督的机制；其次，高雄地下街也缺乏有经验的专业管理单位，造成各业种混合使用、店面设计混乱、商品粗糙与店家占用通道与内部广场等环境问题，最终造成地下街的失败。

2）台北捷运地下街的成功经验

从1990年台北捷运大街开始，台北市目前已经开发7条地下街，并能成功持续经营。台北捷运地下街分布集中在台北车站周边，其中的4条地下街台北捷运大街、台北地下街、站前地下街与新世界购物中心，均与台北火车站互相连通，形成台北车站周边区域的地下街网络，其他的3条地下街则分布在捷运系统南港线与西门线（图3-15）。

除了结合捷运系统之外，台北捷运地下街也与城市更新的议题相互搭配。其中，台北车站周边的地下街，正是借拆除地面的中华商场，以兴建地下街的方式，重整恶化的交通与地面环境，并以此安置中华商场的原有商家。而西门地下街与龙山寺地下街也是希望利用地下街开发，重振西门町与万华艋舺地面商圈；东区地下街则是为强化地面商业环境，并借此解决土地的使用压力。

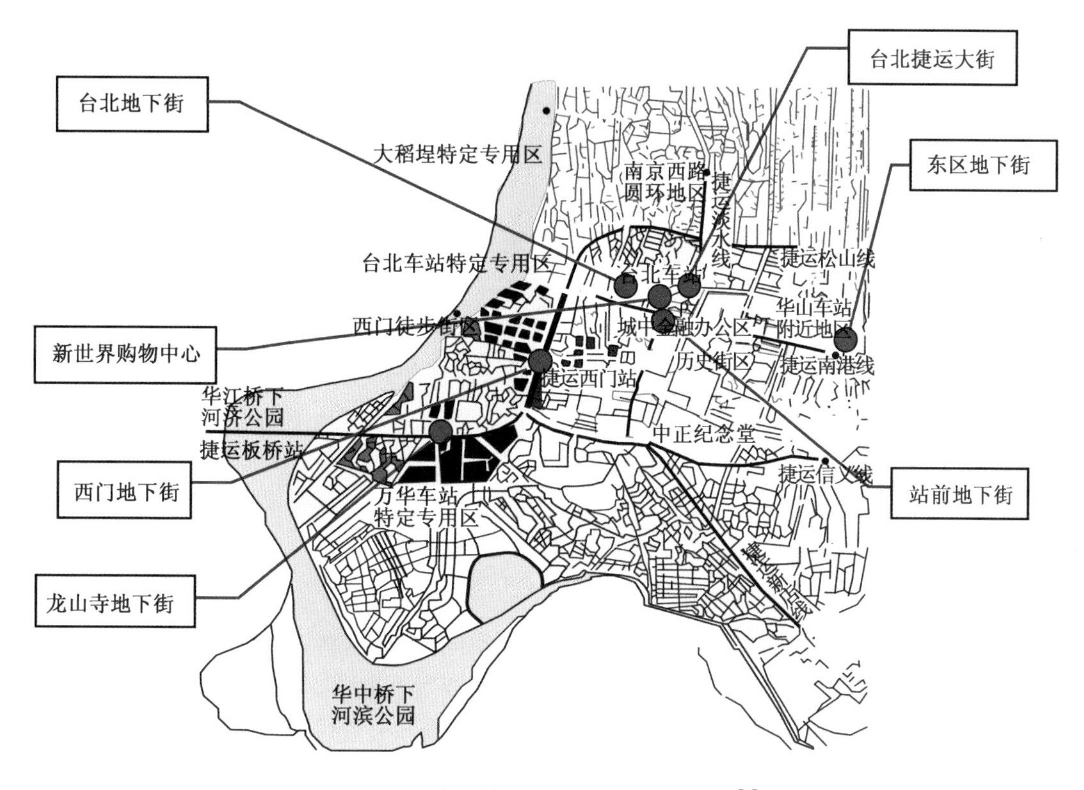

图 3-15　台北捷运系统各地下街分布图[9]

台北捷运地下街能成功，最大原因是吸取高雄地下街的失败教训，并在规划背景与经营管理两方面有所不同。在规划背景方面，台北捷运地下街是先对日本与高雄地下街的经验进行研究，结合轨道交通开发，形成便捷的可及性，并结合城市设计的机制及经验，将开发目标与城市问题契合，并利用城市设计机制与划定特定区计划的方式，同步将城市环境、需求、相关配套规划与地下街开发紧密结合。此外，台北捷运地下街是在捷运计划开始之初就密集制定相关的开发、设计、管理与相关法规，因此在正式开发地下街时，就有完整的法规体系可以执行。

在经营管理方面，台北捷运地下街采用经营优于开发的方针，并利用城市管理体系不断修正经营问题；其次，产权由政府全控，只将经营权委由民间专业管理公司进行；而最重要的一点，是台北捷运地下街在管理、维护、安全要求方面都已经有完整的经营管理体系、明确的法律权责划分与监督体制，使得在经营的过程中能够有效地被控制。

3. 台湾地区的地下街法律体系发展

台湾地区地下街的法规体系发展，是从高雄地下街失败之后才开始进行的。在此之前，台湾地区对地下街的设计与开发均没有任何法律与规范，而高雄地下街所产生的问题，也促使了台湾地区建构与地下街相关的法规体系。

台湾最早只在《建筑法》与《建筑技术规则》设计篇中，对地下建筑物有相关的规定。至于地下停车场、地下商场等地下空间规定，到 1970 年才在《台湾省奖励兴办公共设施实施办法》中出现，可说地下空间在早期台湾建筑法体系之中，也是属于被忽略的部分。

为让地下街配合台北捷运系统进行开发，台湾以修正各层法规来完善法律体系，最终形成综合性立法。

台湾地区地下街的法律体系发展，包括下列 3 部分：

(1) 以《都市计划法》指定特定区的方式，划定台北车站周边范围为细部计划与城市设计机制来规范地下街。

(2) 以 1988 年制定的《大众捷运法》为法源，延伸制定整个地下街法律体系。

(3) 进行建筑法体系、都市计划法体系与土地法体系的修正。

至此，台湾地区的地下街法律体系才逐步成型。后续为完善地下街法律体系，也以地方法的专项制定将地下街管理、设施等纳入体系中。当然，与日本的法规比较起来，台湾地下街的法律体系在全面性与完整性上尚嫌不足，但较初期而言已具有相当大的成长。

3.2.4 中国大陆地区的地下街发展与矛盾

20 世纪 30 年代我国大陆地区就开始进行地下空间开发，但真正积极开发地下空间，是到 2001 年《十五规划纲要》公布后，才将其列为城市的重要发展战略。虽然我国发展地下街历史与欧、美、日等国相比相对较短，可是如今不论在开发规模与开发量上，都可以说已经是地下空间的世界大国。其中，地下街开发在政府积极鼓励发展下，也取得了傲人的成绩。

1. 发展历程

1) 人防工程为主体时期(20 世纪 80 年代前)

我国地下空间利用起于 20 世纪 30 年代的人防工程。到了 20 世纪 60 年代与 70 年代，由于和美、苏之间的关系紧张，人防工程达到高峰期。此时期我国是以人防工程体系领导地下空间的开发，因此在城市地下兴建了一大批工厂、人防工程和铁道，但基本不鼓励地下空间的商业利用，因此并未进行地下街的发展。

2) 探索时期(20 世纪 80 年代—2000 年)

在 20 世纪 80 年代初期，由于第三次全国人防工作会议提出了“平战结合”的概念，强调我国防空设施应在确保战备效益的前提下，兼顾社会效益、经济效益。因此，我国开始尝试将部分人防工程改为商业利用，例如南京夫子庙地下商场与成都地下商业街，这也成为我国地下街发展的起源。到了 80 年代中期之后，各大城市为了扩充城市的商业空间、配合地铁建设与解决城市问题，开始兴建大型的地下街。此时期开发的地下街，具有代表性的有沈阳市车站广场地下街、上海人民广场迪美地下街和吉林、长春、哈尔滨等城市的地下街。

此时期虽然地下商业街大量建设，但未意识到控管地下街发展的重要性，因此并未同步建立地下街体系，缺少法规制定和统一管理体制等应有的配套制度，导致此时期建设的许多地下街出现失控与不合理的现象。

3）发展战略重新调整时期（2000—2010 年）

2001 年出台的《十五规划纲要》[①]，改变了我国对地下街控管的消极态度。与前期放任态度不同，此时期我国地下街开始走向法制化与体制化。

此时期较具代表性的地下街相关项目，有北京中关村西区、广州天河区与珠江新城 CBD 计划、杭州钱江新城、南京鼓楼与湖南路的地下街等，由这些项目的内容来看，我国地下街已进入新的发展高峰，并朝着多元化、综合开发、重视内部环境与安全问题的方向发展。

4）紧密结合城市发展时期（2010 年至今）

此时期我国的地下空间研究开始与国际接轨，包括国际地下空间学会的成立，以及国外新的地下街开发概念也被引入我国，我国开始利用地下街开发解决城市问题，与旧城改造、中心区再开发、保存地面传统风貌、整合交通枢纽等城市重要议题进行结合，而非只将地下街视为单纯的商业空间。整体而言，此时期地下街的发展战略，已由单纯进行的商业开发，进而开始紧密结合城市发展战略，同时也将其视为公共空间体系的一环，并纳入城市管理体系之中。

2. 发展的特性

1）发展背景的复杂性

我国国土跨越寒带、温带与亚热带三大气候带，加上内地与沿海城市化的差异，需要面对的城市问题不同，让我国全境的地下街几乎囊括各国地下街面对的问题。例如，对抗严寒气候影响而发展地下街的，包括哈尔滨、沈阳、大连的地下街等；为减低沙漠影响而发展地下街的，包括新疆乌鲁木齐市、阿克苏、哈密市的地下街；为保护原有城市环境而开发地下街的，则有西安钟楼广场地下商场等；受地铁发展影响而扩大地下街建设的，则有北京、广州、上海、南京、天津、苏州、无锡等大型城市地下街；为配合站前广场整建而发展的，有哈尔滨的车站地下街；利用原有人防工程所扩充的地下街，有鞍山市站前广场人防地下街等。也由于我国地下街相对复杂的开发因素，导致了我国地下街在控管上的困难。

2）人防与城建的双轨制管理

我国大陆地区地下街一直都是人防与城市建设部门双轨制管理，在对地下街的主导、投资、工程体系与管理上长期都是二者重叠。由于彼此管理概念在方向与权责有很大的差异，造成地下街在设计与开发的过程中产生许多矛盾，无法从城市角度进行全方位规划。

3. 我国大陆地区地下街所面对的核心问题

尽管近年来我国地下街发展迅速，但由于忽略整体体系的发展，目前还存在许多阻碍正常发展的问题。虽然层面很广，但仍可归纳出以下两项核心问题。

---

① 《十五规划纲要》中，明确指出前期地下空间管理方面的问题，包括下列三点：1. 管理体制存在“条块分割、多头管理、缺乏统一”的问题，造成资源浪费与流失。2. 地下空间开发利用的政策和法规的研究、规划、建设起步较晚与不配套，使得损失了地下空间开发利用最佳时机，形成可持续发展的障碍。3. 地下空间缺乏多系统的综合、城市空间的竖向设计，以及城市地下空间的发展规划和建设规划。

1）体系建构的问题

我国大陆地区地下街体系建构的问题，出现在管理体系与法规体系两个主要方面。

（1）在地下街管理体系方面。我国大陆地区地下街管理体系有缺乏协调机制、与人防体系形成双轨制管理两个问题。而这两个问题都指向一个方向：我国大陆地区地下街管理体系缺少明确的权责划分，并没有统合机制。在日本与台湾地区，都是由中央到地方的统一管理机制，并很明确将地下街归为城市体系，都以城市设计机制作为统合二者的端点，并将监督功能含在其中。

（2）在法规体系方面。由于相关法规起步晚，现只有《城市地下空间开发利用管理规定》《城市规划编制办法》两个相关法律，相较于日本与台湾地区的法律体系，我国大陆地区地下街的法律体系发展显得不完整。而法规体系的完善与否，正是能否有效控管地下街的关键。

我国地下街由于在管理与法规体系上缺乏完整性，使地下街开发并不能有效配合城市管理体系的运作，对于我国地下街的发展产生很大的阻碍。

2）专业领域整合的问题

我国将地下街开发归属在地下空间工程领域，亦视为是一个相对独立的空间系统。近年随着地下街型态的改变，地下街已经扩大到与周边各类机能的建筑、其他地下空间的整合，甚至考虑是否需要结合城市问题去进行开发策略的制定。而我国的地下街设计还是将主体放在地下建筑与技术这个领域，虽有部分个案开始用不同的视角进行地下街的设计，并尝试以具有能力的城市设计来同步进行地面与地下街的设计，但毕竟还是少数的案例，大部分的地下街开发者仍未认识到整合设计的重要性，自然也没有概念建立地下街整合设计的平台。这使得地下街无法从所在城市区域范围的角度进行论证，不但在开发上增加了难度，也让地下街无法突破传统独立于地面城市系统的发展格局。

3.3 地下街的转变——处在地下的城市公共活动平台

与上一节所提到的传统概念地下商业空间不同，现今的地下街在经过多次的尝试后，也出现了本质上的转变，而促使这个转变最大的动力，就在于地下街开发由纯商业目的，开始演变为处在地底下的一个“公共活动平台”。而在借由地下街对使用本质的改变之后，地下街的公共性也使得地下街需要在空间组成上产生突破，最终产生出有别于传统地下街的新形态地下商业空间。

3.3.1 影响地下街转变为城市公共活动平台的原因

影响地下街出现质变为公共平台的主要原因，大致可以归纳如下三点。

1. 对地下街效益的看法出现改变

早期地下街的开发目的大多很单纯，例如扩大城市核心区的商业容量、利用地铁开发的上部空间或是有效利用公有地的地下部分，所以能否创造最大商业面积一直是主导着设计与开发地下街的主要理念。打破此种局面的重要契机，则是在城市管理者对地下街的开发期许出现变化。这个变化主要在于城市管理者开始思考地下街开发的获利，是真的只能局限在商业空间收益，还是有可能将其扩大的影响力也纳入地下街的效益之中？而当对地下街收益的观念开始转变之后，对应于地下街的规划与设计，就开始尝试去找出地下街在商业收益以外的价值，并尝试创造出比商业收益影响更长远的社会效益。此外，这也影响了地下街开发从原本只专注在地下空间的层面，转变为需要切换至城市中宏观的层面，重新审视地下街设计的合理性，并进一步改变了地下街与城市公共空间要素整合的可能性。

2. 由封闭系统转变为开放整合

地下街由封闭的、单一的商业空间，开始开放界面，并与周边的城市要素进行整合，这也是造成地下街产生质变的一个动力。同时，这也和人类发现地下空间开发的发展潜力巨大有密切关系。当城市尝试将重要的市政工程如道路、铁路等交通工程，移入地下空间开发之后，就很顺势需要在这些地下交通网的各节点，为人流聚集与疏散的城市活动开发据点，也带动了地下街开发的建设。而为了与这些据点形成更有效的紧密结合，地下街也开始开放，与城市要素进行各类的整合。

早期的地下街整合大多采用多目标开发。所谓多目标开发就是在地下街所在的地面，建设公园、道路、停车场等其他城市机能，此种模式很符合地下空间开发的特性，也容易形成地上与地下隔绝的封闭通道形态地下街开发模式。但随着地下街整合概念的提出后，地下街的整合界面就由顶部改变到侧向，这时候地下街也才有机会出现空间上的质变。地下街甚至是需要一次与两个以上的城市要素进行整合，这也影响地下街产生出多元性的型态变化。虽然地下街开放整合让地下街设计朝向复杂化发展，但也因而促使地下街的设计摆脱传统的通道式布局、独立封闭的环境等传统设计思维，进一步让地下街演化为新型态的城市公共空间。

3. 经营概念出现转变

地下街能有机会转变为城市公共空间，与经营者的心态变化有很大的关系。早期地下街虽多由公共部门投资兴建，但大都作为地面商业移转的一种手段，或是纯粹满足地下空间的需要（如地铁站延伸设置的商业区）与增加开发收益。但不管是何种目的，都是将焦点集中在商业的经营，并不会特别强调与思考商业以外的用途。而随后出现由私人主导开发的地下商业街，更是将获利作为主要开发目标，更遑论加入城市公共性这种看不出效益的经营方式。

地下街的经营观念出现转变，还是在地下街转向以“公私合营”为主流之后。从政府部门的角度，将有纳税人资本投入的地下街，不考虑地下街是公共资产，完全交付私人经营获利，也会有社会舆论的压力。因此，兼顾公共性的地下街经营模式就成为公私合营经营的最佳选择。当然，以城市公共性的经营概念对地下街的经营也有好处，特别是更为稳定的人流对于经营者有非常大的吸引力，可以降低地下街的经营压力。而兼顾公共性需求的概念也影响了地下街的开发者与设计者，开始关注并且调整地下街内部的公共性质比例。

上述的三个原因的背后，可以发现“经营”是真正影响地下街出现质变的主要动力，就某个角度而言，地下街结合公共性或是加入公共活动，其主要目的还是想借由引入公共活动让地下街的经营更为有利，可以说是地下街为了增加存活率的必然发展方式，但也因而真正改变了地下街与城市之间原本彼此独立与分割的关系。

3.3.2 地下街与城市之间关系的改变

地下街质变之后，其与城市之间的关系，也出现了一定的变化。这些变化稳定了地下街成为城市地下公共活动平台的发展趋势。

1. 地下街与城市之间的界限出现模糊化的发展

界限模糊化是新型态地下街的一个重要特征，是为了改变传统地下街在空间形态方面的封闭性，也让城市活动、地面的自然环境等要素能更顺畅地引入地下街内部。这些被模糊化的界限主要是在地下街与相邻城市空间的部分，在借由界限模糊化的处理后地下街也出现了一些变化。首先，地下街出现和相邻空间产生空间共享的情况；其次，地界限模糊化后被最大限度地扩大，让地下街内部也能够产生令人惊艳的空间。但界限模糊化的最重要意义，则是让地下街与相邻的城市空间之间在视觉、活动与空间上创造各种联系，即使在城市地面也能感觉到地下街的存在(图 3-16)。

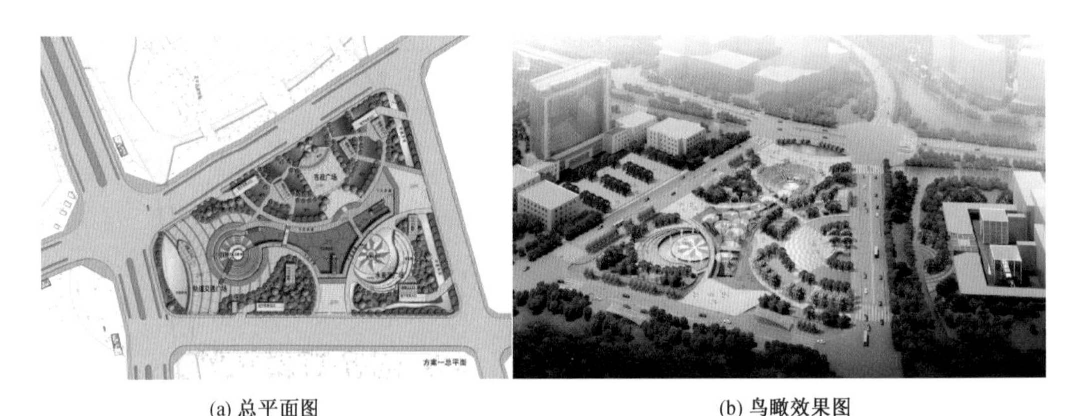

(a) 总平面图　　(b) 鸟瞰效果图

图 3-16　地下街与城市之间界线出现模糊化的案例：苏州吴中区溪江路站地下空间方案

资料来源：中铁第四勘察设计院集团有限公司提供

2. 地下街导入了场所精神

地下街最早会在内部出现场所精神，基本上是因为这种作法能够增加经营的优势。借由模仿地面城市的环境(包括刻意运用 Kevin Lynch 的城市五大要素手法在地下街内部空间重现)，这让地下街人流能够停留得更久，也相对增加了消费，此种现象导致不少地下街开始特意置入一些场所精神在内部空间之中，但大多数还是和提高营业额有关。

随着地下街的本质出现变化之后，地下街导入场所精神的意义也相对出现变化。有别于过去的地下街，新形态地下街导入场所精神主要是为了提高地下街的公共性，而非只是增加经营优势。其中，改变最大的包括地下街调整了商铺以及通道的高度与宽度，打开地下街的顶盖，扩大与周边地块、地面衔接的方式与连接面，以及结合人工地盘形成立体化设计等。这些让设计师致力以各种手段消除地下街原有的空间封闭感，各种设计手法都为了让人们能够很自然地从城市移动到地下街中，让地下街变成类似城市中的活动广场，并在城市空间的系统中被重新定义(图 3-17)。

(a) 地下街中的节点广场　　(b) 地下街的通道

图 3-17　地下街导入场所精神的案例：日本福冈天神地下街

资料来源：http://travel.ulifestyle.com.hk

3. 地下街成为城市空间体系的一部分

新形态地下街的另一个重要特征，就是将地下街视为城市空间体系的一部分。在经过与不同城市空间整合的尝试，并因而加大与周边地块的联系之后，地下街与城市的密切程度已和以往有很大的差异，地下街对地面城市的影响，由点状扩大成面的影响。同时，因为影响被扩大，地下街也开始被赋予其他的功能，包括结合地下步行系统、地下防灾系统、广场、美术馆等商业以外的城市功能，除了让地下街呈现出不同以往的面貌之外，也真正让开发者从城市区域需求的角度去审视地下街的存在，并开始思考怎样让地下街在城市空间体系中产生影响，让地下街从地下也能对城市地面发挥一定的影响力(图 3-18)。

(a) 总平面图　　(b) 地下街中的主要场景

图 3-18　地下街成为城市空间体系的案例：结合地下美术馆、公共广场、商业功能的日本札幌站前通地下步行空间

资料来源：https://foursquare.com/v/札幌站前通-地下步行空间

3.3.3 新形态的地下街案例

1. 案例1：日本名古屋荣地区 Oasis21

在本书前面章节提到过的名古屋荣地区 Oasis21 项目，其所在的地块是与荣公园邻接的爱知县文化会馆以及旧 NHK 名古屋放送会馆，这两块地块的建筑本身都因为老朽而必须要进行改造，因此名古屋市政府便想以此区域为核心，将 Oasis21 地面连带周边两块地块进行区域性的城市更新。于是在 1986 年 4 月，经由名古屋市政府、爱知县文化馆与 NHK 公司彼此互相协调后，决定将两个建筑物、荣公园空地与荣地下街三者进行整合改造。整个构想是将此区域的两个广场空间以及地下空间进行新的空间整合，以建立城市文化据点，形成一个能作为地标的城市公共空间。

上述整合城市机能与开发目标，所涉及的内容包括：

(1) 整合久屋大通公园与荣公园的空间；

(2) 活化荣地区的城市中心；

(3) 设置城市文化据点；

(4) 将巴士总站地下化；

(5) 让地下街与地面形成联系。

这些城市机能与开发目标，所涉及的空间范围可以说是整个区域的立体空间，而最终创造一个空间统合上述的这些机能，这就是 Oasis21 的最基本概念。

Oasis21 最后在 1999 年由大林组名古屋支店所负责兴建，总工程费用约为 147 亿日元。为了贯彻开发目标，从设计之初就强调在地上与地下都必须保有广场与休闲活动的空间，同时在整个中央需要有个能贯穿地上与地下的宽广挑空空间，并且设置一个玻璃屋顶确保可以有全天候的城市活动，地面上也能够与周边地块的广场相连。而最后完成的结果基本也按此构想执行。

完成后的 Oasis21，从地下到城市地面之间共有四层，包括银河广场(B2 层)、巴士总站(B1 层)、绿色大地(地面层)、水的宇宙船“地球号”(屋顶层)。其中，位于地下二层的银河广场，是荣地区中央公园地下街的一部分，也就是说利用此区域的开放以及与荣地下街形成衔接，让地下街出现了一个公共活动的平台；地下一层则利用坡道及大台阶让地下空间、地面空间与地下化的巴士总站相连，使得地下街、地铁(原本地下街就与地铁共构)、交通枢纽与城市地面的步行系统相连接；地面层则抬高地面与爱知县文化会馆及 NHK 放送会馆在地面二层所整合的绿色大地衔接，形成大面积绿地的交通核心；最后的屋顶层则是与玻璃屋顶、水景结合形成一个可供人进入的瞭望平台(图 3-19)。

Oasis21 的出现，对荣地区的发展代表着两个意义。首先，Oasis21 打破了地下环境与地面环境脱离的空间结构与限制，将自然环境直接引入到地下；其次，Oasis21 的作法是以建构公共活动平台为目标，以设置一个贯穿地上与地下的公共空间活动平台，同时建构城市文化活动的据点，扩充了与地下公共活动空间，改变了以往地下街以商业为主体的空间模式。

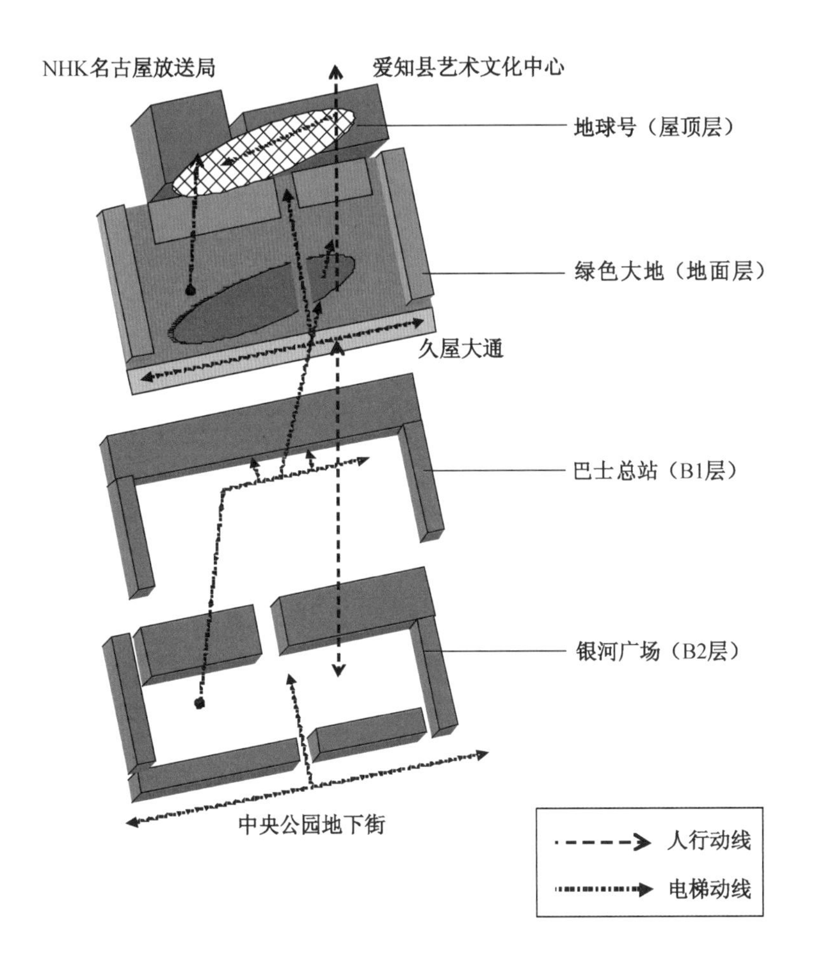

图 3-19 Oasis21 各分层的机能示意与实景[6]

Oasis21 也改变了此区域的城市公共空间布局发展。名古屋荣地区在 Oasis21 前的公共空间布局，其原本是以久屋大通公园作为核心，形成脊状的布局，地下公共空间布局则由 3 个地下街所组成的脊状布局。两个布局的重叠处只在沿街道的出入口与久屋大通公园的“冬青广场”，但由于此处并非是地面与地下活动最密集的地区，且活动的延续性又被道路阻断，因此无法形成区域布局的核心点。Oasis21 则改变了此情况，并让荣地区的公共空间出现新的布局。其以 Oasis21 为核心并作为地上地下二者布局的重叠处，透过大阶梯及升降梯贯通城市地面及地下各层，将城市地面与地下街活动在垂直向形成延续。Oasis21 利用城市大型活动、城市情报中心与新交通枢纽的聚集，成功成为荣地下街与名古屋市共有的新公共空间。此外，由于 Oasis21 屋顶层与名古屋电视塔，两者形成的轴线所延伸的两个方向为名古屋城和名古屋港的所在地，也再现了名古屋市隐没的城市发展轴线。

2. 案例 2:东京都汐留(Sio-Site)地区

汐留地区位于东京都港区,总面积有 30.7 hm^2,是 1986 年废站的旧国铁汐留货物车站的闲置土地。1983 年与 1985 年时,日本就曾组成“汐留货运站活用基本构想研究会”与“汐留站周边地区综合整备计划调查委员会”,并开始有计划地对汐留货物站废站后的土地利用进行研究,并对于整个区域的更新提出基本构想。到了 1995 年,东京都也对汐留地区核定了事业计划与土地重划,并在 2007 年时完成汐留地区的基本开发构架。

完成后的汐留有 5 个区域,11 个街廓,兴建了 10 栋办公楼和 3 栋住宅楼,可容纳就业人口 6.1 万人及居住人口 6 000 人。汐留地区的地下空间,主要集中在轻轨新海鸥线的外围区域。项目主创的美国建筑师 Jerde Partners 想在这个区域打造一个适合成人活动的区域,并让此区有公园城市的效果,因此便将多层步行系统整合发挥到极致。他选定在轻轨新海鸥线下方的空间结合空中步行系统,在空中连接各大楼的公共空间;再以大江户线汐留站与新桥站作为贯穿空中、地面与地下步行系统的结合点;地下则是在江户线汐留站与浅草线新桥站之间的空间,将汐留 A, B, C, D 等 4 个街区的大楼下沉广场与地下街进行整合,这使得整个汐留地区都可以借由步行来连通(图 3-20)。

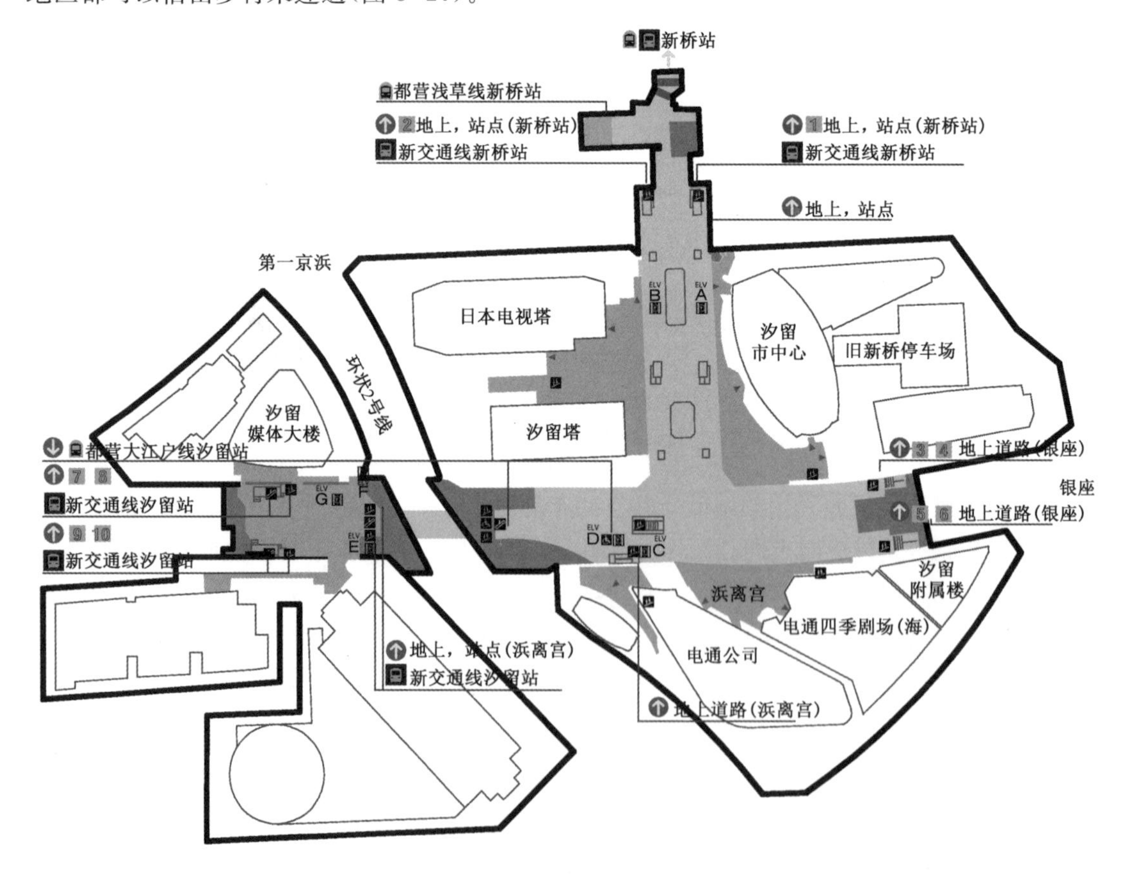

图 3-20 连接四大街区的汐留地区地下街

汐留地区的地下街与一般的地下街不同，功能更像是一个区域的大型活动广场。由于汐留地区地下街也是汐留地区立体化步行系统组成的一个重要部分，下层连接着地铁，每天通过这个地下街的人有几万人次，为了满足人流的过渡，汐留地区地下街在内部宽度达到了 45 m；在规划设计、建材选用、色调构思上，都尽量塑造出淡雅轻松的效果；地下街与地铁的转乘处附近，也设置可四季变化的地标造景广场，作为人们休憩与交流的停驻点；而为了有效引导大量人流，汐留地下街也在面临广场、通道的商店门面装修上方，采用不同方向的波浪造型板，将引导动线与空间艺术效果进行融合。同时，汐留地区地下街也将两侧的墙体开放，将自然光线引入，让整个地下街的空间环境更为明亮，并因此塑造出安全舒适、符合人性尺度、亲和的视觉感受，也冲淡了密集建筑群给人的冷漠感(图 3-21)。

(a) 地下街商店区

(b) 地下街连接外部区域

(c) 汐留地区地下街转换地铁的地标广场

图 3-21　强调视觉引导的汐留地区地下街内部空间

从汐留地区地下街内部到周边的百货公司也非常方便。由于立体化的设计，在地下街周边商场都有两个门厅，一个是在离地面三层高，与立体平台衔接的门厅，另一个则是在地下一层与下沉广场、地下街水平对接的门厅，加上开放的侧墙，游客从汐留地下街到周边商场，能够自由地直接移动，除了商业作用外，更突显其作为公共活动平台的地位(图 3-22)。

(a) 电通四季剧场“海”

(b) 汐留 Tower(资生堂)

(c) 汐留 City Center

图 3-22　汐留地区地下街所连接的周边公共与商业空间

作为公共活动平台的一个主体，汐留地区地下街有效地承担了地区主要人潮的分流与通行任务，也成为此区域最重要的商业与活动集中据点。汐留地区地下街将公共平台的功能置于内部商业效益之上，甚至是区域利益至上的做法，也提供了在进行地下街设计时的一个新思路。

3. 案例 3:安徽蚌埠市淮河路地下街设计

图 3 位于安徽省东北部与淮河中游的蚌埠市，长期以来一直都是安徽省仅次于合肥市的第二大城市。项目所在的蚌山区，是蚌埠市的政治、文化、金融、商贸中心。蚌山区在前期进行了核心区的地下空间规划，并选定以淮河路地下街的开发来带动蚌山区的城市发展。项目整体由淮河路、胜利路、小南山人防地下商业街工程项目所组成，贯穿蚌山区北侧最繁荣的淮河路、胜利路两个商业区，以及南侧的小南山儿童公园和蚌埠市科学文化宫的地下空间，总长度 1.3 km，建筑面积约 29 197.8 m^2(图 3-23)。

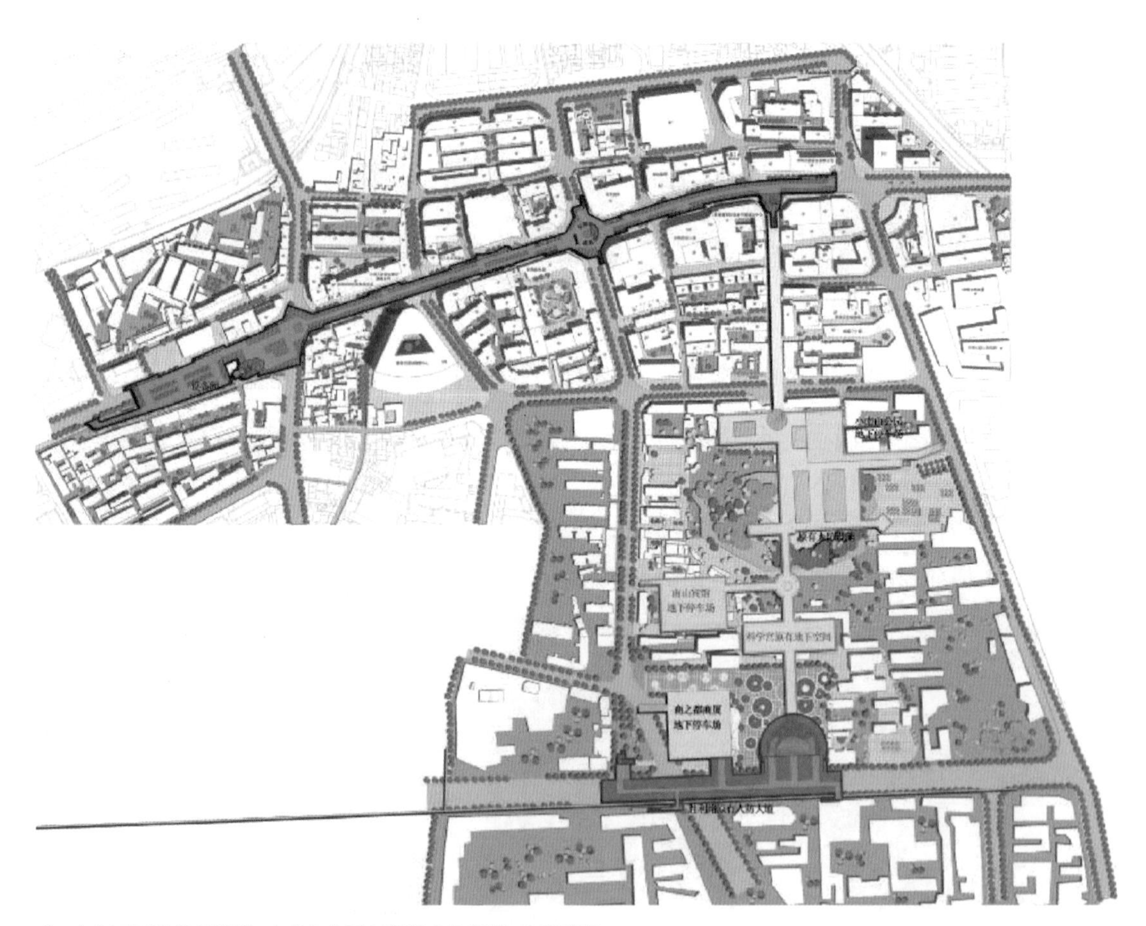

注：由上至下为淮河路段、小南山公园与科学文化宫段、胜利路段。

图 3-23　蚌埠市淮河路地下街的规划范围

资料来源：上海同济联合地下空间规划设计研究院

按照《蚌埠市淮河路商业中心区地下空间概念规划》的想法，是希望以建设主要商圈——淮河路地下街为开端，来整合蚌山区城市的地下空间资源，并带动次级商圈地下空间的发展，同步进行地面的人行道、绿地、广场等城市空间资源综合的开发利用，以此促使蚌山区商业的再度活化，提高土地开发潜力与价值。

不同于传统的地下街设计思路，淮河路地下街借由 1 个核心设计原则与 4 个突破性的新设计思路来引导地下街形成新的城市空间型态，并达成核心区地下空间概念规划制定的主要发展策略。

1) 核心设计原则：扩大城市的便利性

和传统地下街处理最大不同之处，淮河路地下街在考虑商业和防护功能之外，还希望建成最便利的城市平台，并以此作为核心的设计准则。因此，在整个设计研究的过程中，将原本只想将主体设在淮河路道路地下的初步构想进行了调整，即由淮河路向西延伸，与城市绿地进行衔接，并进行地上、地下一体化开发；向北，设置预设的通道，能与蚌端口 CBD 地块连通；向东，延伸至蚌山区重要商圈——国货路商圈；向南，延伸至小南山儿童公园，并与科学文化宫的地下空间进行衔接，同时于此处扩大与胜利路的地下街，形成连通，以此建构区域初步地下空间网络。

地下空间网络化的建立，将蚌山区的两个主要商圈、城市绿地、文教中心等公共空间的资源在空间与功能上都形成通连，打破了因道路分割导致的交通不便与空间割裂的问题，形成了一个完整的立体化公共空间体系。由于建立了完整的地下步行网络，蚌山区的居民亦获得一个自由度相对较高、全天候性质的城市活动消费场所，提高了蚌山区城市的整体活动便利性。同时，也解决了淮河路地面两侧步行交通与停车位不足的问题。

2) 思路 1：重新定义地下街的城市场所精神

淮河路地下街为了具有经营上的优势，在设计前期就强调在地下街内部应具备与地面城市公共空间相同的空间水平，包括注重人在地下街的安全、舒适、感受与彼此间的交流，让地下街与地面的城市公共空间一样，拥有各种环境变化。同时，重视消费者购物心因性与物理性感受与变化，在地下能够重现各种在城市消费活动所应具有的体验。

为了达到上述的目标，淮河路地下街引入了地面的城市环境，扩大地下街空间的开放性，借由强化地下街内部的环境变化、方位感、设置地标参照物与空间主题等方式，尝试在内部节点诱发出不同规模的城市活动，并通过模仿城市的多样性变化，让地下街拥有接近城市的消费环境，并借此重新定义地下街的场所精神(图 3-24)。

3) 思路 2：最大限度发掘出蚌山区的土地潜力

在《蚌埠市淮河路商业中心区地下空间概念规划》中，对于此区域的地下空间开发提出一个很重要的理念，即是希望能够通过地下空间的规划，最大限度地发掘出本区域的土地开发潜力。在开始之初，便先分析区域内的土地潜力，将区域内具有开发潜力的闲置地块，或是有机会再更一步开发的地块罗列出来，并调整地下街的范围，与周边地块形成空间与功能上的衔接，尽量进行联合开发与整合设计。

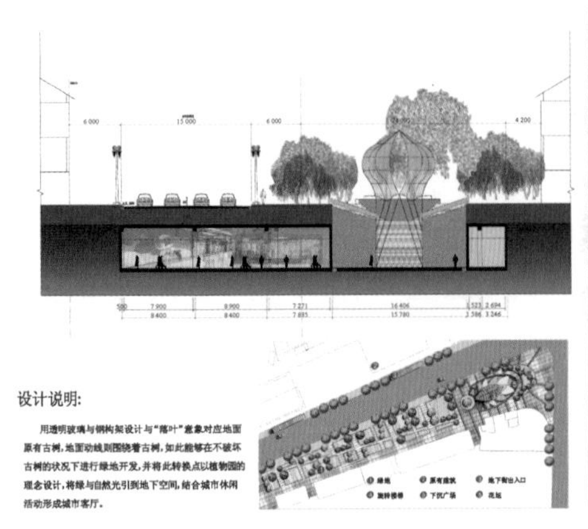

图 3-24　借由引入地面原有绿地与古树扩大地下街的开放性

资料来源：上海同济联合地下空间规划设计研究院

这些调整包括：在淮河路两侧设置 4 处下沉广场，增加邻接地块的商业面积与形成商业活动的机率；利用周边地块与地下街的连通，从地下将人流引入周边地块的商场地下层；此外，也让小南山公园除了绿地机能外，在地下拥有停车场与商业活动，并有效地利用了原有闲置的地下人防工程；在科学文化宫增设广场的地下空间，增加了科研、教育结合商业经营的机会，并与胜利路地下街共构为大型商业节点。整体而言，借由发掘土地的潜力与设计的调整，淮河路地下街的开发连带亦平衡了蚌山区原本“北重南轻”的不均衡发展态势。

4）思路 3：将低碳的技术结合至地下街设计

以低碳为导向，是现代地下街在设计方面的主要发展方向。如何通过设计与改造将地面环境有效地与地下空间结合，达到低碳地下空间建设，这也是淮河路地下街设计的重点之一。在评估本次地下街开发的条件后，发现此地区最具可行性的低碳技术，应该是将自然光线与自然风引入地下街，借由顶部与侧面的开放，降低地下空间中人工照明与机械通风的依赖，以降低能耗来达成低碳开发的目的。因此，淮河路地下街针对周边的节点下沉广场与采光罩的设置提出构想。首先，在地下街周边均布选取节点设计下沉广场，以此为接口进行地上、地下一体化设计。其次，在下沉广场与采光罩的设计上，以最大化开放的原则，设计地面与地下街相连的部分，让地面的光线与自然风能自由地进入地下空间（图 3-25）。

5）思路 4：地面商圈与地下商业的共同发展

淮河路地下街地面的设计范围中，淮河路与国货路已经有成熟的商圈。淮河路地下街一旦建设之后，无可避免会对这两个地面商圈形成冲击，让地面商圈与地下商场彼此间造成营运上的竞争。对此，淮河路地下街采用共同发展的思路，利用设计手法使地上、地下未来成为相互共荣共存的一体化立体商圈。

淮河路地下街采用的设计手法如下：首先，以下沉广场作为转换的缓冲载体，利用活动的布置，避免地上或地下的交换人流快速通过；其次，地下街内部广场与下沉广场的位置选择，都

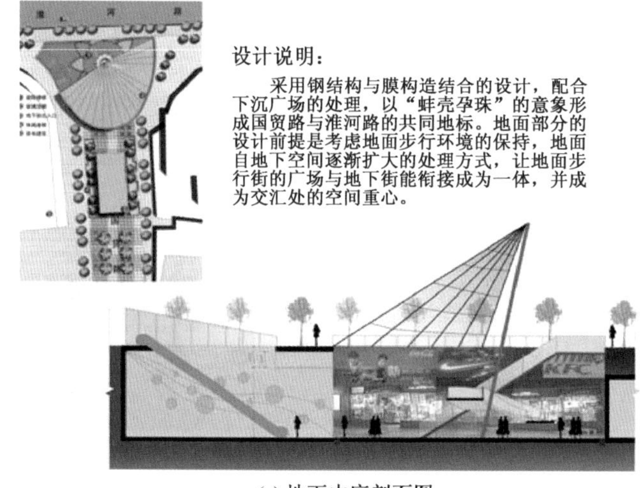

(a) 地下中庭剖面图

(b) 地下中庭效果图

图 3-25　淮河路地下街在国货路与淮河路的交会节点设计

资料来源：上海同济联合地下空间规划设计研究院

是在考虑所衔接周边地块的商业、业种与规模，除了形成内部回游之外，也和连通的周边地块利用节点形成外部回游；第三，地下街业种业态选取地面商圈数量较少，需要增设的市政服务业种或是地面业种的延伸业种，形成与地面商圈的合作发展。

借由上述思路，淮河路地下街在内部根据功能定位及空间序列，形成一个东西与南北轴向交会的地下空间开发，并拥有动态的商场与相对安静的景观区相互渗透。在内部的 6 个节点广场运用不同色彩、空间感变化、动静交错的手法，引导人在内部的活动，也增加了商业的趣味性，并将城市精神、文化与地下街进行结合，让整个地下街形成一个对应地上环境的完整轴线。

为了形成地上、地下同步发展，淮河路地下街选取 5 个地上、地下交会的重要节点，以立体化景观设计加大周边地块联系性，强化整体的导流效果，并利用高低差形成视觉的趣味性，改变了南北侧地块与人行道的城市景观。这种扩大与下沉广场、绿地及地下街商业结合的处理方式，让城市地面交通网能够直接以地下街作为动线的连接主体，不但提高了城区步行网路的丰富性与便利性，也相对提升了地下街的商业价值。同时，这种处理方式还降低了城市与地下街之间的隔阂，丰富了城市空间的变化，创造出区域本身的空间特色。

此外，淮河路地下街也通过综合设计的方式，创造出一个地上、地下一体化的大型公共开放空间，形成一个城市活动中庭。上述 5 个节点就是整个淮河路地下街在竖向的主要转换区域，淮河路地下街通过这 5 个转换节点来统合地面、地下一层的各向人流，容纳地下通道人流与结合地面层的人流聚集与疏散，形成地下街直接与间接的流动回游模式，提高了地下街的商业价值（图 3-26）。

淮河路地下街的竖向设计，同时也考虑了将自然光引入地下层，让地下能拥有自然光线，并确保商场的空间品质，极大丰富了地下空间的视觉效果。此种方式打破了地上、地下原本的分界，并在交会处形成地上与地下之间的融合与延伸。

(a) 地下街和下沉广场剖面图　　(b) 下沉广场效果图

图 3-26　淮河路地下街在科学文化宫段节点的城市中庭

资料来源：上海同济联合地下空间规划设计研究院提供

蚌埠市淮河路地下街的方案设计将城市景观、文化、步行交通与地下商业开发同步进行了一次有机的整合，同时通过地下空间的开发，有效地引出了蚌山区土地潜力，并让城市质量与环境都产生大幅度提升，解决了蚌山区在城市核心区发展上的矛盾。此种不同于传统只考虑地下商业环境，而是从城市角度以地上地下一体，同步解决城市矛盾的地下街设计思考方式，对于多数具有成熟地面商圈环境的城市核心区，会是更理性与合理的选择方向。

4. 本章小结

本章大致回顾了地下街的起源与空间特征、各国地下街发展历程，以及现今发展公共活动平台为概念的新型态地下街等三个部分。在通过对地下街的起源、定义、类型、特征等研究后，我们可大致理解地下街的整个发展轮廓，也能理解地下街是怎样从地下通道型的商业设施，最终形成我们所理解的地下街。

综观世界各国与我国发展地下街的脉络，可以发现地下街虽然有不同的发展方向。但地下街发展的主要议题仍与城市发展议题息息相关，地下街的发展与城市问题之间是紧密结合的关系。从日本与中国台湾发展地下街的经验可得知，持续完备地下街管理与法规体系，是地下街能完善发展的重要关键，这也是中国地下街发展所急切面对的最重要课题。

地下街在演变为城市公共活动平台的过程之中，可以发现地下街与城市之间的关系开始发生了改变，包括城市地面与地下街之间的界限逐渐模糊、地下街开始被注入了城市场所精神、地下街开始变成城市空间体系的一部分等，这些变化都代表着地下街正受到城市发展需求的推动，开始从封闭走向开放，地上、地下也朝向一体化发展。这与我们传统认知的封闭、独立于城市地面系统的地下街，已经出现了很大的差异，也代表着地下街空间并非一成不变，而是会不断在城市发展中借由改变找寻自己新的定位。

同时，在本章最后部分我们选取了 3 个不同类型的地下街案例，来明确何谓是新形态地下街。其中，荣地区的Oasis21代表着地下街怎样突破地面与地下空间之间的界限，从中我们可以知道，地下街设计不再只是局限在地底下，还能连带将地面与地下的公共空间体系联系起来，并提供城市新的活动平台；汐留地区地下街则提供我们另一个思路，当我们把地下街宽度与城市活动基面进行调整之后，地下街就不再只是封闭在地下的商业活动空间，更像是一个区域内的能够自由活动的核心平台；蚌埠市淮河路地下街则尝试用增设节点、区域合理的竖向设计、扩大地上地下交接面，以及地上地下同步发展的方式，希望利用地下街开发将区域的土地潜力发挥出来，形成立体化的公共空间体系，来改变地面的城市环境，进一步达到城市区域竞争力的提升。

4　下沉广场、下沉中庭和下沉街

——城市地下公共空间与地面联系的介质

4.1 地下公共空间与地面联系的介质

4.1.1 地上地下联系的问题与对策

从城市设计角度而言，地下公共空间系统是城市公共空间系统的组成部分，必须与城市地面公共空间系统协同作用才能发挥其城市价值。因此，地下公共空间与地面联系的介质成为整个城市公共空间系统设计的关键节点，其主要形式包括下沉广场、下沉中庭和下沉街。

以生态城市为目标的紧凑城市模式中，城市空间呈现立体化集约利用的趋势，城市空间不断向地下延伸，能够缓解建设用地紧张、减轻地面空间交通压力、增加城市中心区空间容量、促进城市历史保护。城市地铁的建设，使城市生活空间得以延伸和扩展。地铁为地下空间带来大量瞬时人流，促使商业购物、行政办公、文化娱乐空间开始与地铁车站等地下空间结合。城市地下空间通过自身广泛连接形成系统网络的同时，城市地下公共空间与地面联系的问题也日益受到重视。

近年来，我国城市地下空间的开发呈现迅猛发展的态势。然而由于缺乏城市设计层面的引导，城市地下空间的开发利用仅注重地下空间系统的自身完善，城市地下公共空间未能与整个城市公共空间系统有效衔接，致使建设后存在诸多使用问题。这不仅阻碍了城市地下公共空间系统效率的发挥，也未能形成具有活力的城市公共空间环境。其核心问题是城市地上地下空间之间缺少促进联系的介质空间。

良好的地下、地上空间联系的介质空间，可利用地铁交通、商业活动、旧城保护、公共空间等城市建设的契机，在城市设计层面，将大规模地下空间开发与城市广场、商业空间、交通设施以及旧城保护相结合，提升城市地上、地下空间的使用效率，并创造充满魅力的城市环境。

地上、地下空间联系的主要形式包括下沉广场、下沉中庭和下沉街等介质空间。促进城市地下公共空间与地面的联系需要在城市地上、地下空间中引入此类介质空间，才能发挥城市地下公共空间与地面空间的协同作用。

4.1.2 地上、地下联系方法的发展

伴随着城市地下空间的开发利用，城市地上、地下空间联系的方法，大致经历了几个阶段。初期阶段，城市地下空间着重解决地铁站等垂直交通设施的联系；第二阶段，开始重视地上、地下空间过渡的联系，城市地下空间开发利用从原来以解决交通功能为主转为与城市公共生活、商业活动等功能相结合的方式；第三阶段，随着城市空间的进一步集约开发，结合城市立体化，开始重视综合环境组织的空间整合联系。

在操作方法上，城市地上、地下空间的联系空间设计，已经不再局限于建筑或传统规划的层面，而是在城市设计的层面上，整体考虑城市地下空间开发过程中地上、地下空间的联系问题，满足城市发展和公共生活的需要。随着城市地下空间的开发以及可持续理念的深入，城市地上、地

下空间的联系也正朝向介质空间功能复合化、空间层次多样化、地上、地下一体化的趋势发展。

常见的地上、地下过渡空间有下沉广场、下沉中庭和下沉街三种类型。

4.2 下沉广场

4.2.1 下沉广场概念

下沉广场是指广场的整体或局部下沉于其周边环境所形成的围合开放空间。下沉广场是城市地上、地下公共空间联系最为常见的介质形式之一。下沉广场为地下空间引入阳光、空气、地面景观，打破地下空间的封闭感；下沉广场提供的水平出入地下空间的方式，减少了进入地下空间的抵触心理；下沉广场所具有的自然排烟能力和自然光线的导向作用，有利于地下公共空间中的防灾疏散。

下沉广场作为城市公共空间，能够创造舒适的活动场所、形成建筑多层次入口及改善地下空间环境。下沉广场与周围地面的高差，有利于隔绝噪声干扰和寒风侵袭，在城市中心创造一个闹中取静的小天地。由于与地下商业、地下步行系统结合的便利，更可成为市民户外活动、享受自然、社会交往和休闲娱乐的场所。

4.2.2 下沉广场类型

根据建设动机和功能类型，下沉广场可分为地铁车站出入口型、建筑地下出入口型、改善地下环境型、过街通道扩展型和立体交通组织型等类别。

1. 地铁车站出入口型

城市地铁车站与下沉广场相结合，可形成扩大的地铁出入口（图 4-1）。它不仅作为地铁车站的出入口缓冲空间，还能与其他城市功能进行结合，提高城市运行效率和空间环境质量。地铁出入口型下沉广场是下沉广场最为常见的类型，多位于城市中心、交通枢纽站等交通量较大的区域，如瑞典斯德哥尔摩赛格尔广场（图 4-2）、上海静安寺下沉广场（图 4-3）、纽约花旗银行大厦下沉广场（图 4-4）。

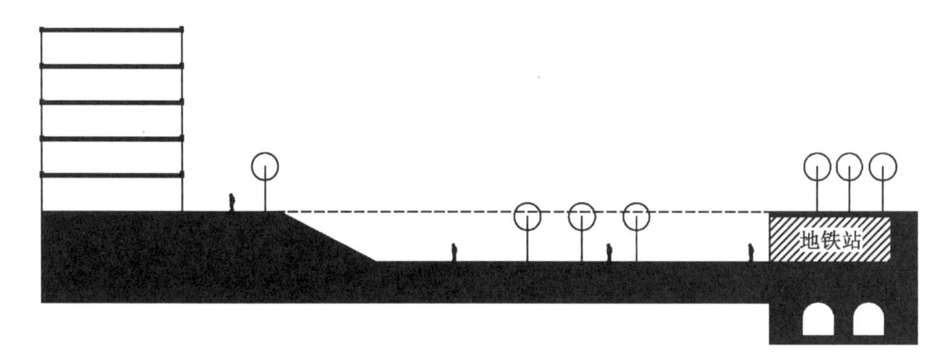

图 4-1　地铁出入口型下沉广场模式图

(a) 赛格尔广场中的城市活动

资料来源：http://www.flickr.com/

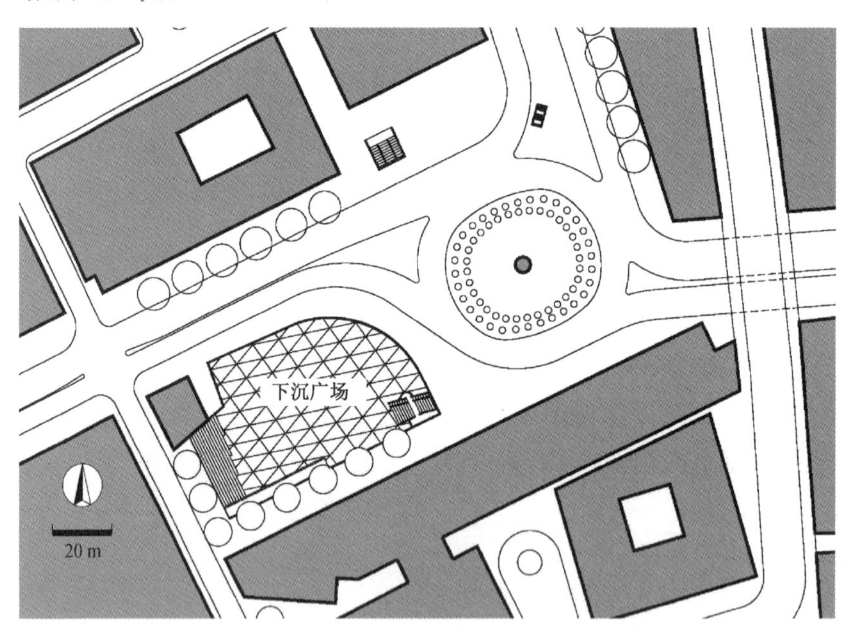

(b) 总平面图

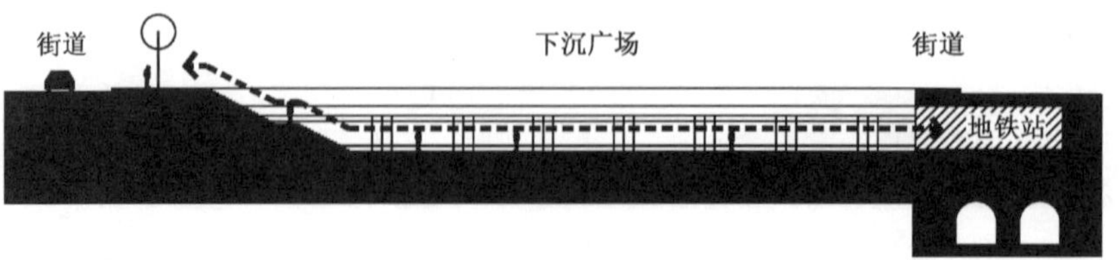

(c) 下沉广场剖面示意图

图 4-2　瑞典斯德哥尔摩赛格尔广场

（a）静安寺下沉广场鸟瞰图

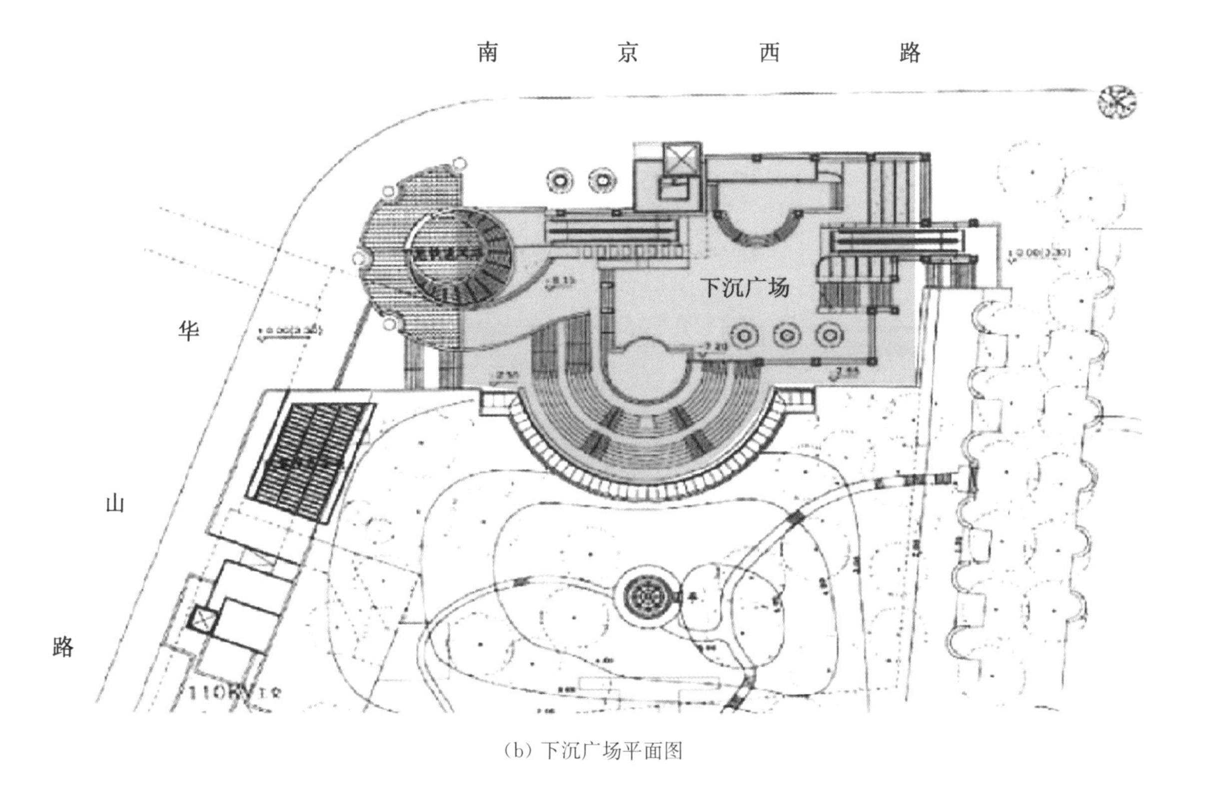

（b）下沉广场平面图

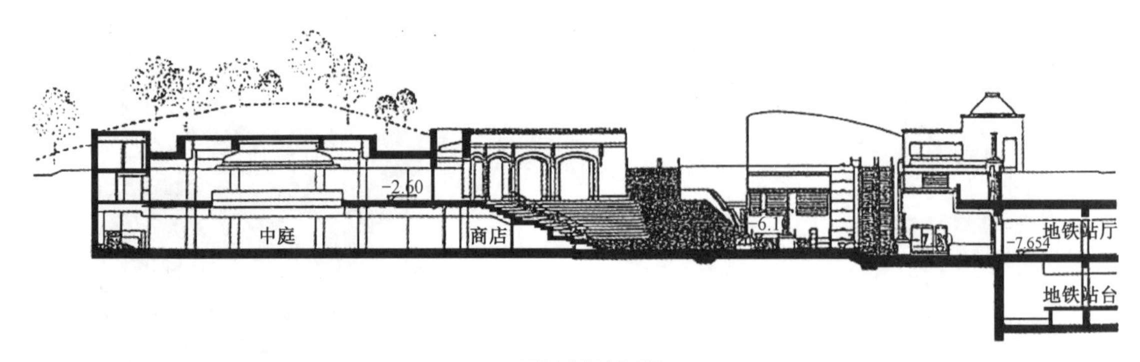

(c) 下沉广场剖面图

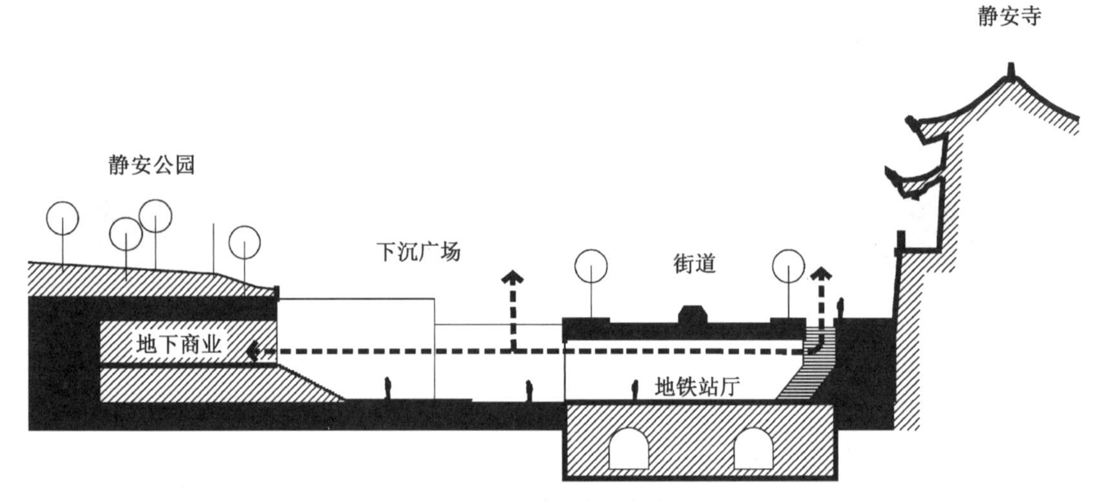

(d) 下沉广场空间示意图

图 4-3 上海静安寺下沉广场[10]

(a) 下沉广场鸟瞰[11]

(b) 下沉广场内地铁站入口

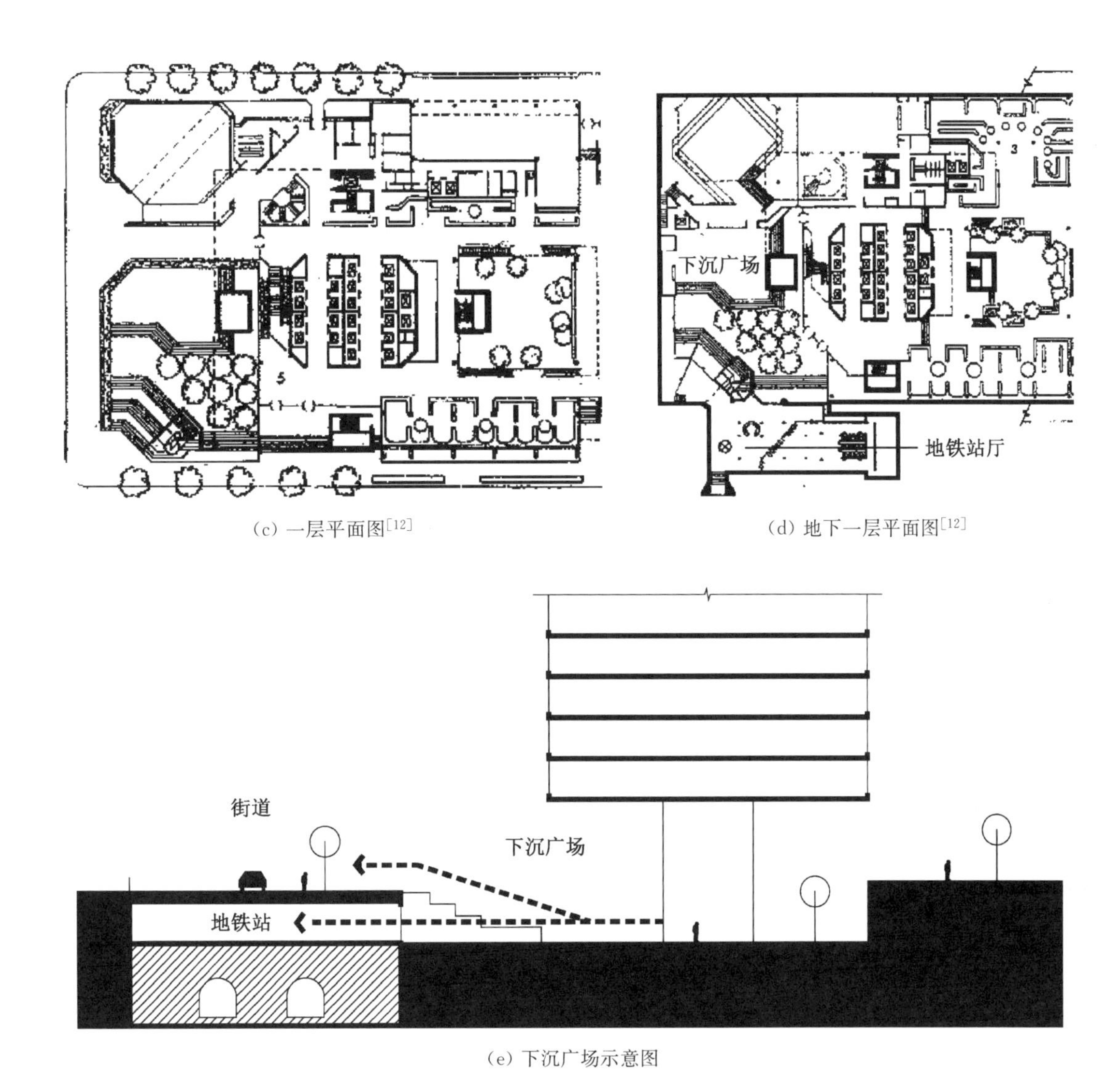

(c) 一层平面图[12]

(d) 地下一层平面图[12]

(e) 下沉广场示意图

图 4-4 纽约花旗银行中心下沉广场

1) 瑞典斯德哥尔摩赛格尔广场(Sergels Forg, Stockholm)

在 20 世纪前,斯德哥尔摩市中心区位于皇宫附近的旧城,随着二战后社会经济迅速发展,汽车的增多使该地区的交通环境日益恶化。政府对赛格尔广场所在的区域进行了两次更新规划,其中第二次规划对该地区交通实行立体化改造,以解决日益紧张的交通和停车问题。

新的赛格尔广场与地铁站结合形成一个大型的交通换乘枢纽,引入了地下商业、地下停车等功能以提升空间容量并解决大量地面停车。广场东侧是一个椭圆形交通岛,内有一座象征国家和城市的玻璃雕塑;西侧是一个面积约 3 500 m^2 的下沉广场。下沉广场作为地铁站的扩大型出入口,行人可通过下沉广场周边的楼梯、坡道等联系构件进出广场进行交通换乘。下沉广场与地下商业结合，不仅为出行带来方便，还增强了广场内的商业氛围，为开敞空间中举行各种公共活动提供了行为支持，激发了城市活力。

2）上海静安寺下沉广场

上海静安寺下沉广场位于静安寺商业圈中心，南京西路和华山路交叉口东南侧。随着上海地铁2号线静安寺站的建设，综合考虑组织地铁交通人流、完善生态环境、平衡开发资金等因素，将建造地铁出入口拆迁所得的近1 hm^2 的用地设计成生态、高效、立体型的城市广场。它包含下沉广场、地下商业、地下过街通道等设施，其中下沉广场面积约2 800 m^2，由小广场、半圆形露天剧场和柱廊、大踏步等构成。此外还在下沉广场的静安公园一侧增加了两层地下商业，其上覆土堆山，成为静安公园自然景观的有机延伸。下沉广场与地铁站厅层、南京路地下过街通道贯通设计，不仅为地铁站厅层引入了自然光线和公园景观，实现地铁人流的快速疏解，还为静安区中心的高密度地段开辟出一座闹中取静的市民活动广场。这儿经常举办形式多样的社区市民活动，成为一个广受市民游客欢迎的城市活力中心。

3）纽约花旗银行中心下沉广场（图4-4）

纽约花旗银行中心坐落于纽约曼哈顿区，为一幢65层、高278.6 m的办公楼。建筑位于城市高密度中心区，为保留基地内的教堂和获得更多地面开放空间，由4根7层高的大柱将主楼支撑起，为建筑获得宝贵的通透角部空间，解决建筑基地较为狭小的问题。配合附近地铁站，底层开放空间向地下发展形成下沉广场，创造立体进出建筑的通道。景观绿化、装置小品、座椅布置等处理将下沉广场打造为人们可进行日常就餐、交往等活动的开放空间，增强了城市空间的活力。

2. 建筑地下出入口型

对于本身拥有大型地下使用空间的建筑而言，以下沉广场作为扩大的地下层出入口，可以增加地下空间的地面感，提升地下部分的使用价值。大型建筑交通高峰时段需要较为开敞的空间对人流进行快速疏解，下沉广场能够为建筑带来多层次的出入口空间（图4-5），如东京筑波中心大厦下沉广场（图4-6）、芝加哥第一银行下沉广场（图4-7）、西安钟鼓楼广场（图4-8）、巴黎蓬皮杜艺术中心下沉广场（图4-9）。

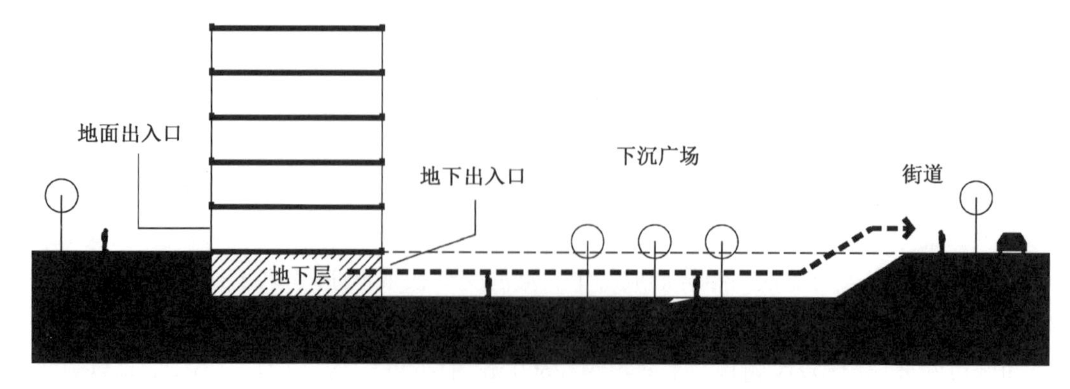

图4-5 建筑地下出入口型下沉广场模式图

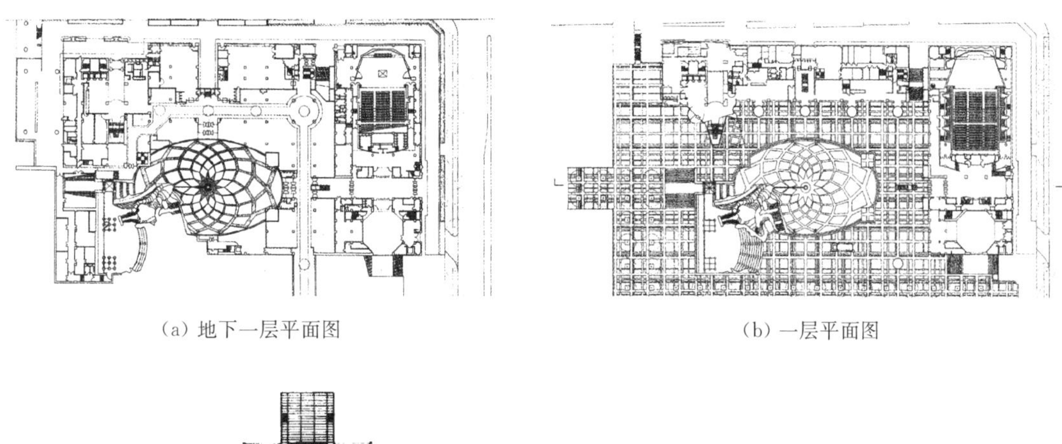

(a) 地下一层平面图　　(b) 一层平面图

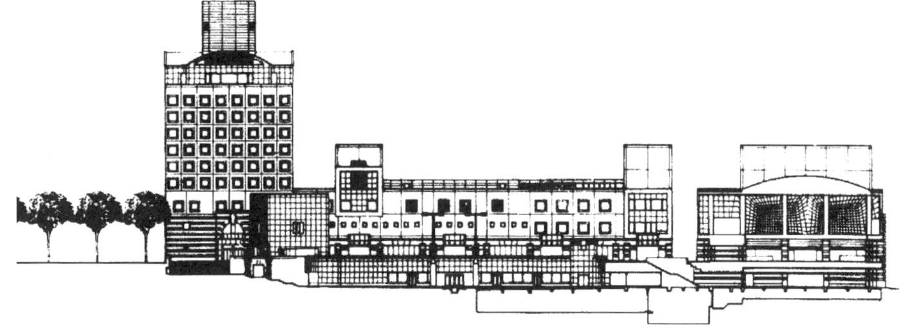

(c) 下沉广场剖面图

图 4-6 东京筑波中心大厦下沉广场[13]

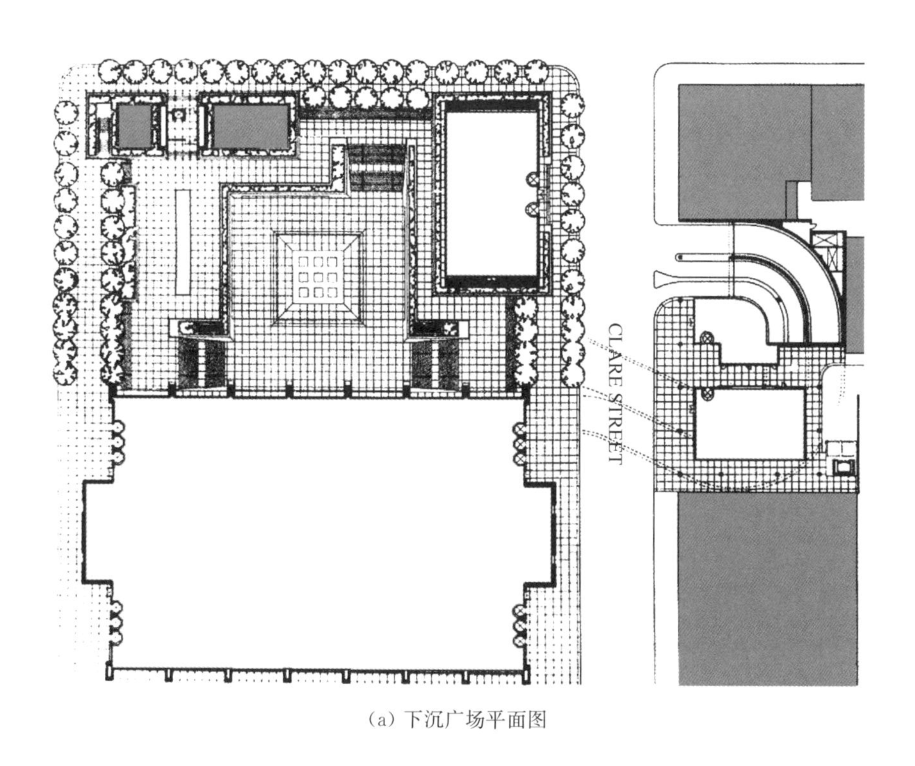

(a) 下沉广场平面图

(b) 下沉广场内的活动

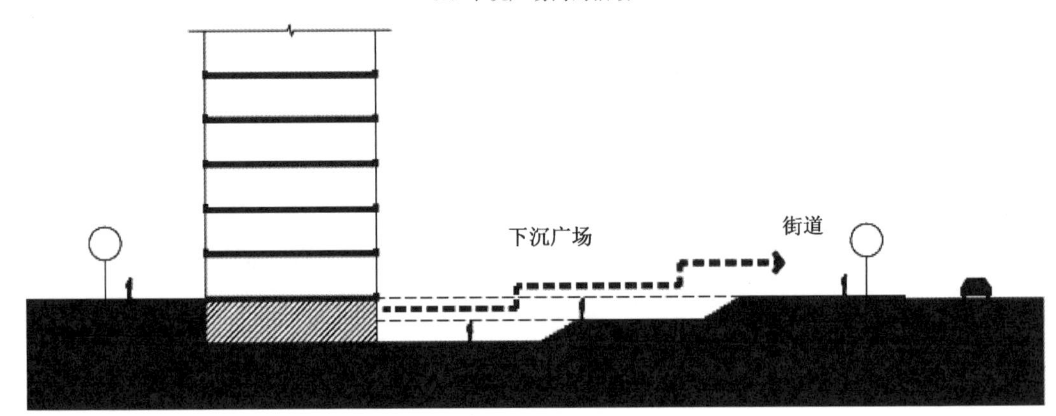

(c) 下沉广场空间示意图

图 4-7　芝加哥第一银行下沉广场[14]

(a) 鸟瞰图

资料来源:张锦秋.晨钟暮鼓　声闻于天——西安钟鼓楼广场城市设计[J].城市规划,1996(6):36-39

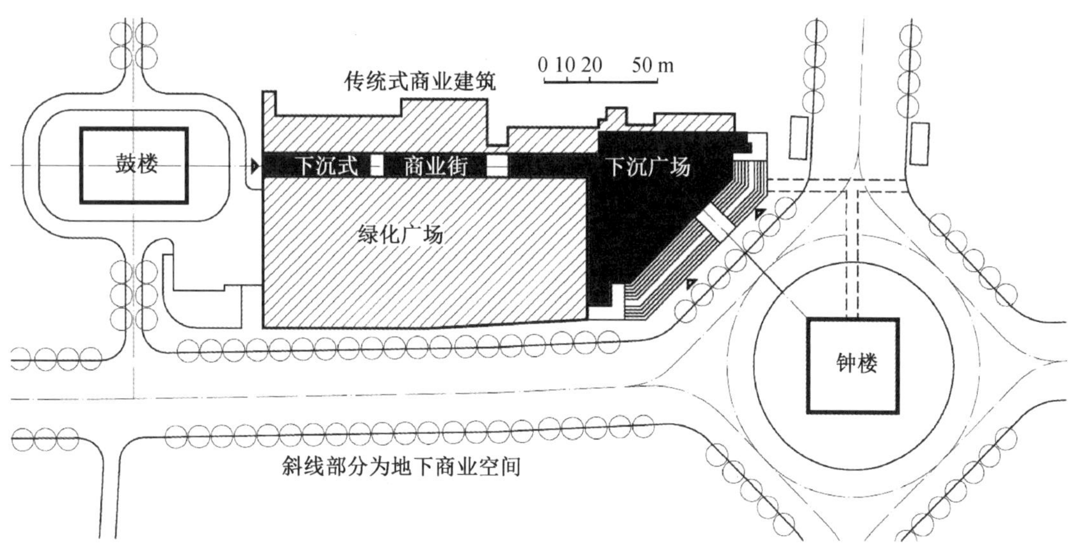

(b) 总平面图

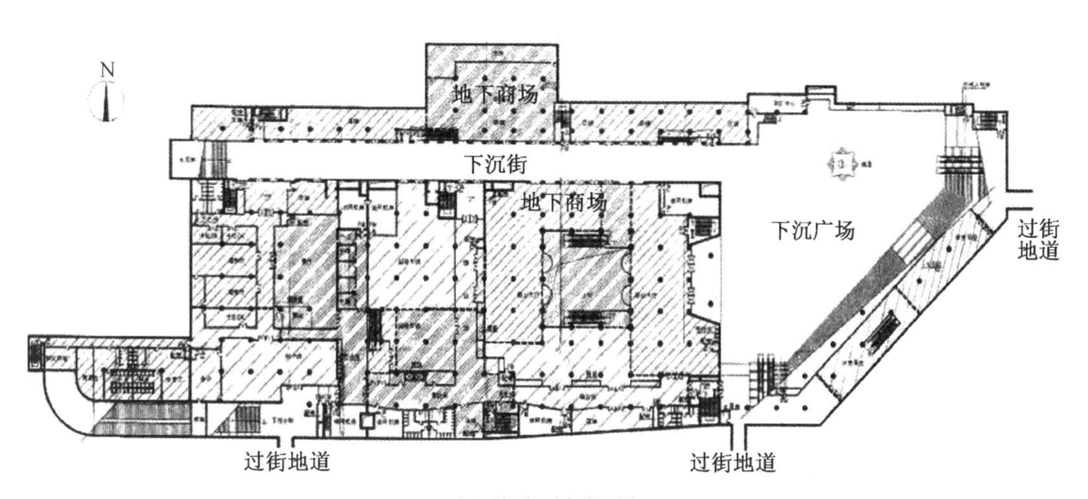

(c) 地下一层平面图

资料来源：童浩，西安明城区西大街地下建筑现状调查报告

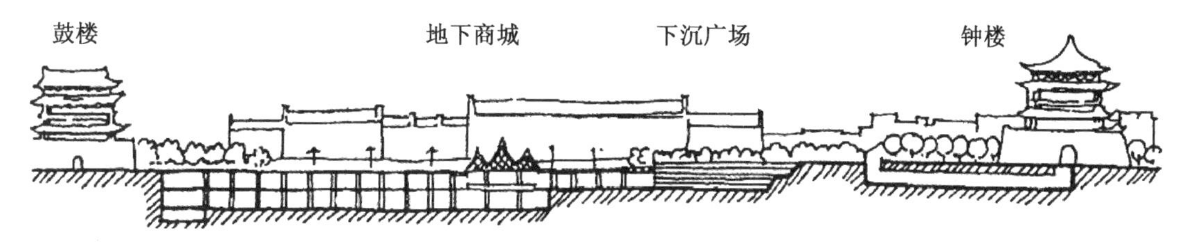

(d) 下沉广场剖面图

资料来源：王成宇，西安历史环境中的城市公共空间构建与设计研究

图 4-8 西安钟鼓楼下沉广场

(a) 下沉广场内的行为活动

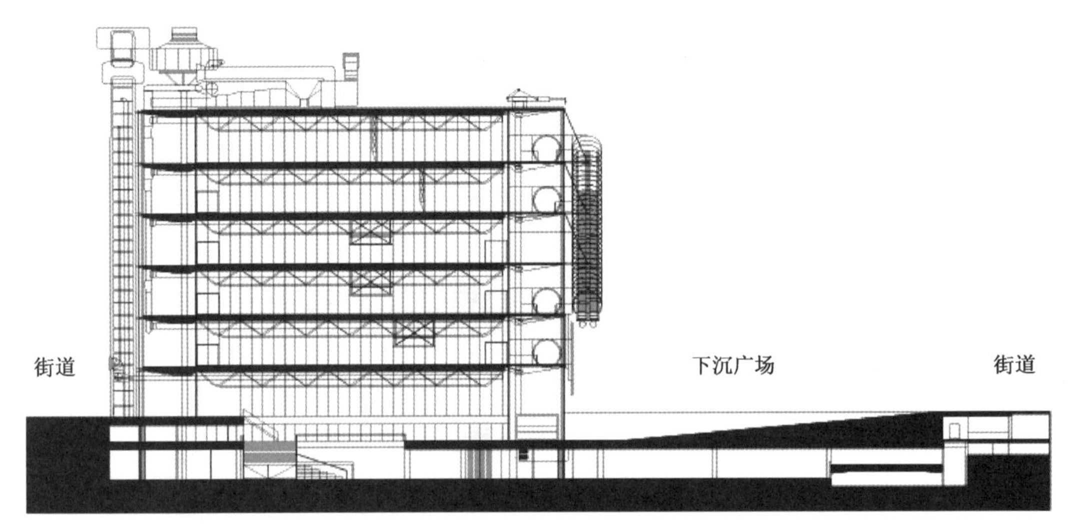

(b) 下沉广场剖面图

图 4-9　巴黎蓬皮杜艺术中心下沉广场

1) 东京筑波中心大厦下沉广场

筑波中心大厦位于日本东京的筑波科学城中心，包含文化娱乐、行政管理、商业服务等功能，由筑波第一饭店、多功能服务楼和音乐厅组成，主体建筑平面呈 L 形。建筑一层公共平台中部有一个长轴与城市南北轴重合的椭圆型下沉广场，并正对着音乐厅入口。椭圆形区域是整个建筑群体的外部构图中心，其铺地采用放射形肌理，椭圆形中心设置喷泉，通过跌落式瀑布同西北侧的小型露天剧场联系。公共平台下设有商店等服务设施，它们由室内街串接起来，并通过下沉广场与公共平台整合为一体。下沉广场是整个建筑群的重要出入口，它将建筑群与城市公共空间紧密相连。

2) 芝加哥第一银行下沉广场(Chase Tower Plaza)

芝加哥第一银行位于芝加哥金融中心区。大楼所在的街道原本白天较为无聊，下午 5 点下班后整个区域显得没有活力。为了改变这种状况，建筑师通过下沉广场激活城市街道空间，将饭店、酒吧、商店、地铁站出入口等功能组织在下沉式广场中。广场内有3个不同标高的活动层面，使之成为一个功能复合、富于活力、方便市民进出的街区广场。广场最低处设置了一座景观喷泉，出入广场的大台阶同时兼做观看表演的看台，空间内散布的小型售货车使得下沉广场更为活跃。此外，一个长达21 m的壁画墙使下沉广场更加丰富多彩。

3）西安钟鼓楼下沉广场

西安钟鼓楼广场位于西安市钟楼西北侧，工程对地下空间利用、解决历史地区发展问题进行了探索，项目总建筑面积4万余m^2，其中下沉广场6 274 m^2。

钟鼓楼地区原是城市的商业中心，随着商业发展的需要，综合考虑文物保护的问题，新设计将商业空间设置在地下以减少地面建筑的体量。在靠近街道转角一侧设置大型下沉广场，使下沉广场成为地下商场的入口空间，并获得一个低于城市道路的活动空间。下沉广场同时连接着周围多条地下过街道，解决了广场被城市道路隔离的问题。该工程不仅保护了古城风貌、改善了中心区的环境，而且为市民提供了一个休闲的场所，增强了历史地区的生命力。

4）巴黎蓬皮杜艺术中心(Centre Pompidou)

蓬皮杜艺术中心位于法国巴黎旧城区历史地段，建筑师打破了从建筑历史文脉、城市肌理协调等方面进行设计的方式，而转向建筑应该为城市空间提供什么。最终的建筑方案没有占据整个基地，而是将一半的基地面积用作城市公共活动空间，在建筑前形成了一个倾斜的半下沉广场，将城市道路人流缓缓导入半地下的艺术中心入口大厅。

下沉广场所形成的户外公共活动空间为来自世界各地的艺人提供了表演、出售艺术品的露天"艺术市场"，市民游客可以在这个最具特色和文化气息的公共艺术舞台观看表演、进行休闲活动。倾斜的广场为人们提供了良好的观察视角，激发了广场上娱乐休闲活动的发生。

3. 改善地下环境型

由于大面积地下活动空间的存在，通过下沉广场引入自然采光通风和地面景观，可增加地下空间的方位感和地面感，提高地下空间的舒适度，消除人们对地下建筑的不良心理，增强地下公共空间的氛围与活力，如图4-10所示。此类型的下沉广场有巴黎列・阿莱下沉广场(图4-11)、洛克菲勒中心下沉广场(图4-12)、名古屋"荣"下沉广场(图4-13)等。

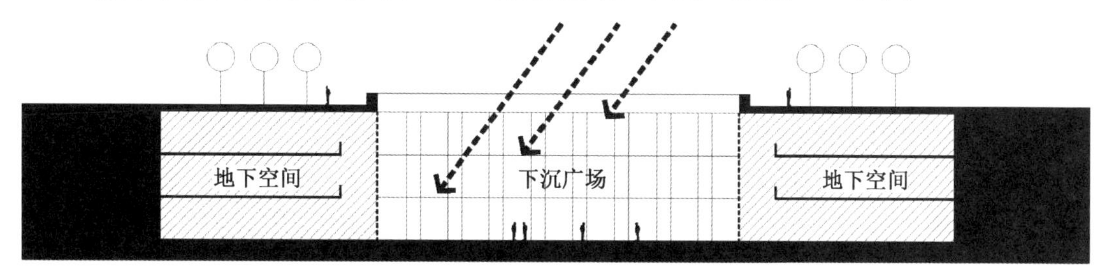

图4-10　改善地下环境型下沉广场模式图

(a) 下沉广场位置

资料来源:http://www.earthol.com/

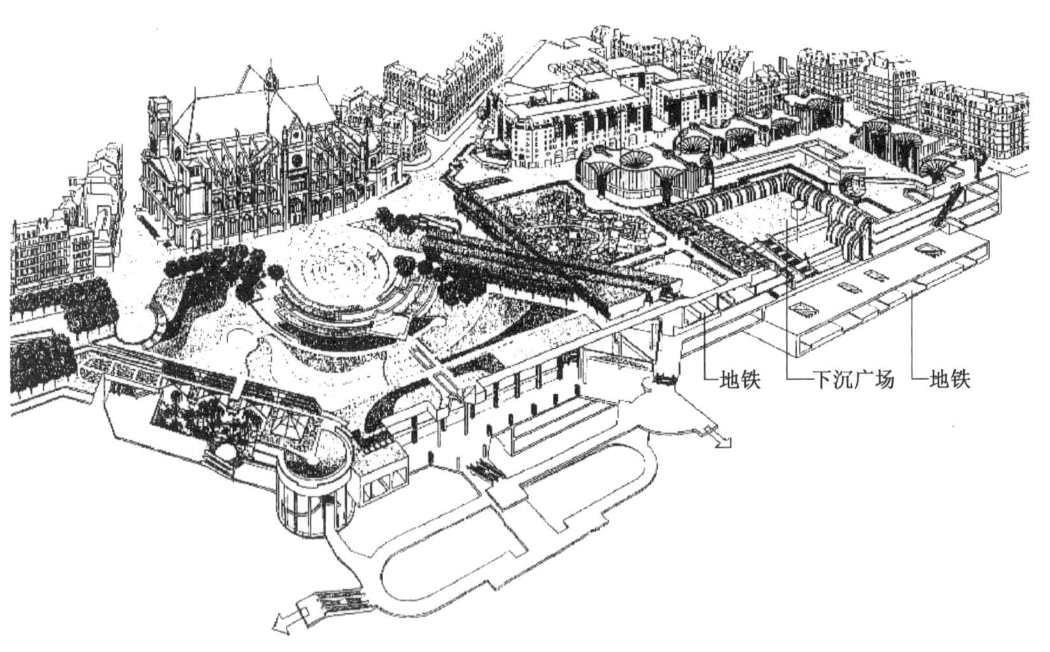

(b) 广场剖透视[5]

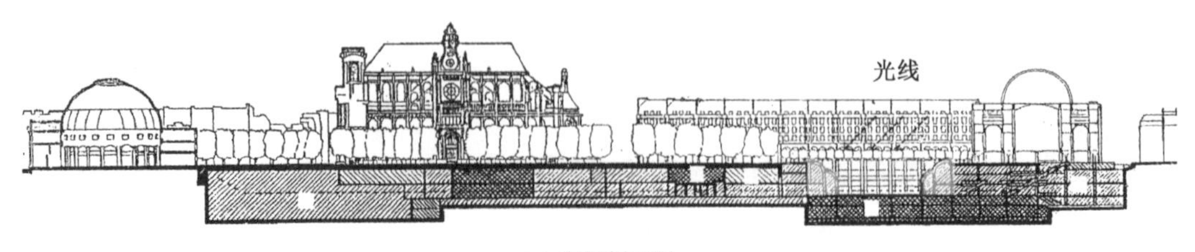

(c) 广场剖面图

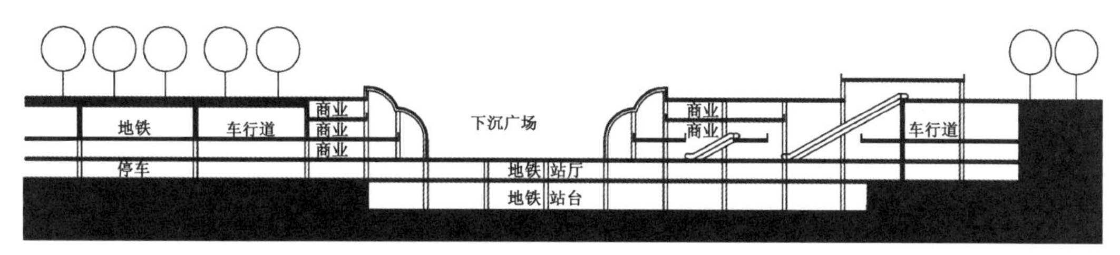

(d) 下沉广场空间示意图

图 4-11　巴黎列·阿莱下沉广场

(a) 下沉广场内景

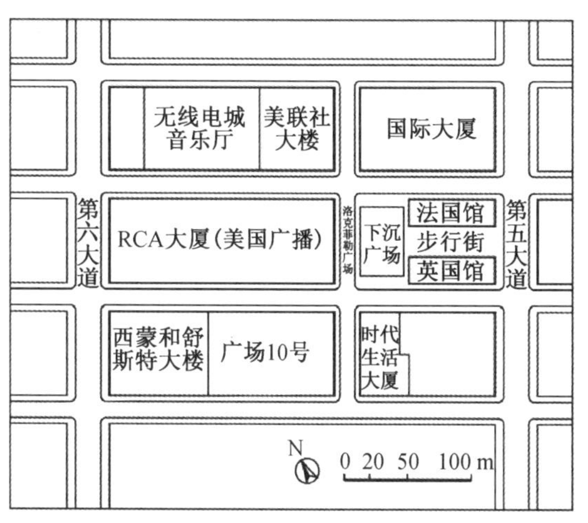

(b) 总平面

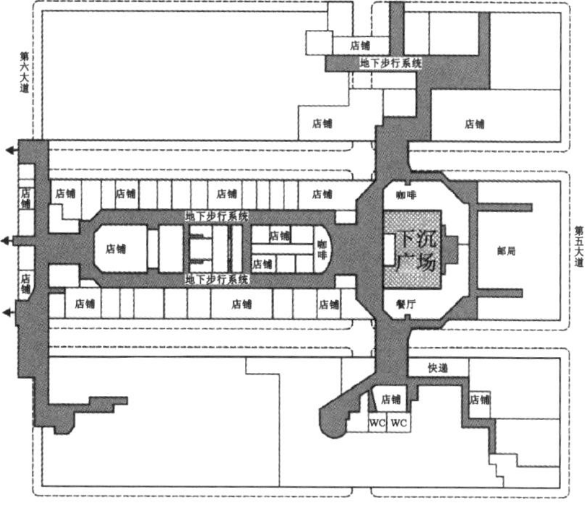

(c) 地下一层平面图

图 4-12　纽约洛克菲勒中心下沉广场

(a) 下沉广场透视图

资料来源:[日]新建筑,2002(11):120-122

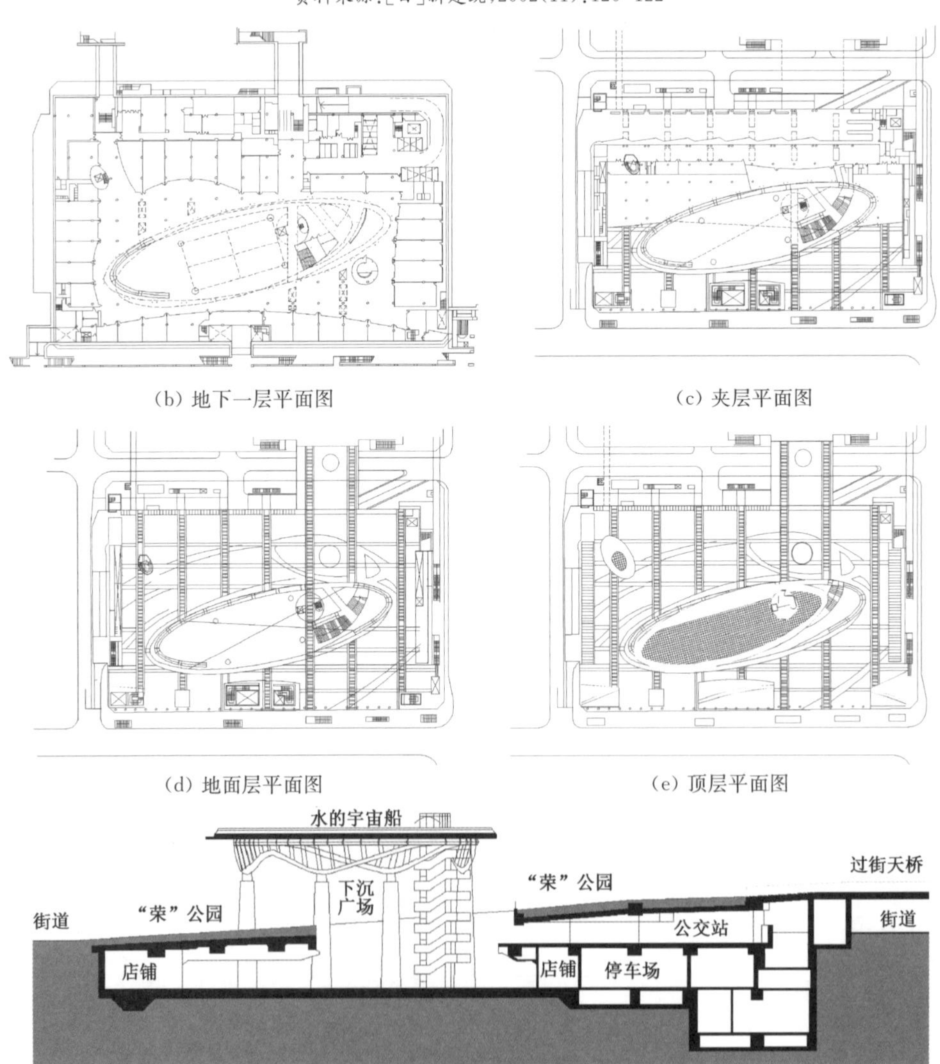

(b) 地下一层平面图

(c) 夹层平面图

(d) 地面层平面图

(e) 顶层平面图

(f) 横剖面图

图 4-13 名古屋"荣"下沉广场

1）法国巴黎列·阿莱广场

巴黎列·阿莱地处巴黎旧城中心，原是一个食品批发中心。1971 年，随着城市地铁在此交汇并设站，该地区进行了更新改造。该地区拥有大量的历史建筑，但缺少商业配套设施和公共开放空间，故将地面开辟为一个公共绿化公园，而将商业置于地下。地下空间包含了购物中心、影院、游泳馆以及公共停车场等配套设施，总建筑面积达 26.5 万m^2。

为改善地下空间的心理感受，在地下商场中央设计了一个面积约 3 000 m^2、深 13.5 m 的下沉广场。下沉广场贯穿三层地下商场，周边采用透明玻璃，形成一圈围绕下沉广场的玻璃走廊，不仅为地下空间引入自然采光和地面城市景观，地面广场的市民也能够透过玻璃看到下沉广场内的活动。下沉广场作为地下商场的出入口，使原本封闭的地下商场变得十分开放，减少了人们对地下空间的抵触心理。

2）美国纽约洛克菲勒中心下沉广场

纽约洛克菲勒中心下沉广场是纽约城市空间处理最生动、最吸引人的地方之一。整个中心由十几幢建筑组成，同时满足了城市景观及商业、文化艺术活动的需要，因此被称之为“城市中的城市”。洛克菲勒中心通过地下一层步行系统，将 10 个街区内的 14 幢高层建筑以及多个公共建筑在地下连接起来，形成支撑地上建筑群的购物散步网络。顾客主要是地面建筑内的办公职员和受本身设施吸引来的顾客，提供购物及上班时间内的用餐、休息等服务。

该下沉广场位于 70 层主体建筑 RCA 大厦前，是整个地下步行系统的中心，广场下降约 4 m。下沉广场的正面布置了一组金色普罗米修斯塑像和喷水池。广场下沉避开了城市道路的噪声与视觉的干扰，创造了安静的环境气氛。该下沉广场具有 3 种不同的形态：夏季支起凉棚，棚下为咖啡座，棚顶布满鲜花；冬季为溜冰场；圣诞节则布置圣诞树形成节日的气氛。洛克菲勒中心下沉广场创造了繁华中心高大建筑群中一个集功能与艺术为一体的新的空间形式。

3）日本名古屋“荣”下沉广场

“荣”下沉广场位于日本名古屋市中心“荣”交通枢纽综合体，与爱知县文化艺术中心、日本 NHK 电视台名古屋电视中心、“荣”地下商业街全面连接，集交通、购物、娱乐、休憩等功能为一体。综合体垂直方向分为 6 层，其中地下二、三层是地铁东山线和名城线车站，半地下层是大型公交汽车站。

下沉式露天银河广场位于“荣”公园中心的地下一层，总面积约 7 600 m^2。银河广场可提供各种市民集会及活动的多功能空间，其中，3 600 m^2 可供举办音乐会、集会、展览等公共活动。广场四周有超市、书店、银行、美食街等设施，广场中心设有时钟机器人，东、西、南侧分别分布有大型电子显示屏、城市 21 世纪信息中心、城市防灾中心等设施，广场空间和地下停车场水平连接，方便人们进出地下车库。广场内侧的玻璃缓坡联系着公交汽车站以及地面公园，有电梯和楼梯直达地面。一座椭圆形大跨度玻璃屋顶——“水的宇宙船”飞架在下沉广场上空，保证了下沉广场的全天候活动。银河广场既是“荣”地下商业街的放大开口，也是城市公共活动的良好场所。

4. 过街通道扩展型

过街通道扩展型下沉广场有多种形式，包括扩大的地下过街道出入口以及整合多个地下过街道等，如图 4-14 所示。

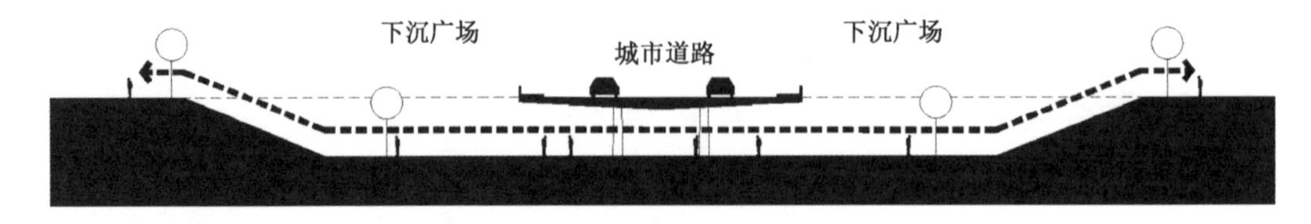

图 4-14 过街型下沉广场示意图

随着城市交通压力越来越大，宽阔的机动车道和密集的车流将原有道路两侧街区的联系割裂，导致道路两侧的人行交通受阻。为改善行人过街的环境，在被割裂的区域可设置下沉广场满足行人过街需求。下沉广场使得行人过街更为方便安全，并保持街道两侧城市空间的联系与活力，如上海五角场下沉广场(图 4-15)、巴格达绍传广场(图 4-16)。

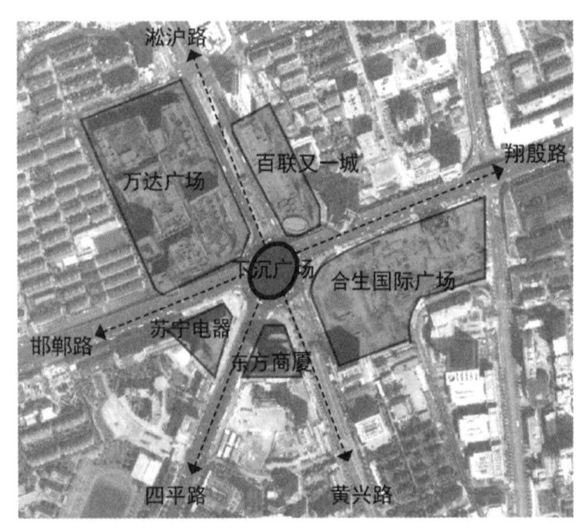

(a) 下沉广场区位图

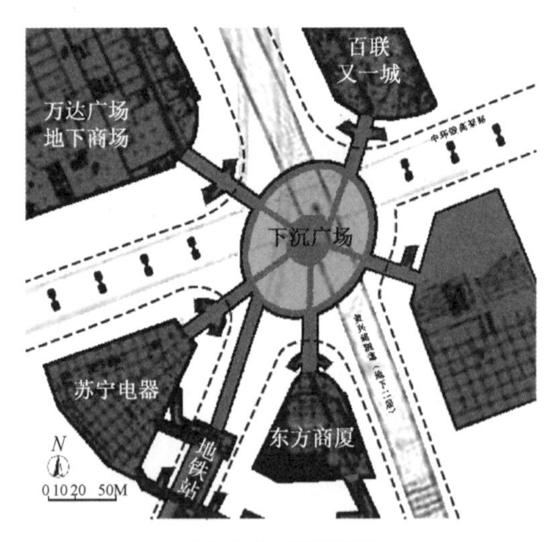

(b) 地下一层平面图

(c) 下沉广场内景

(d) 下沉广场环形步道

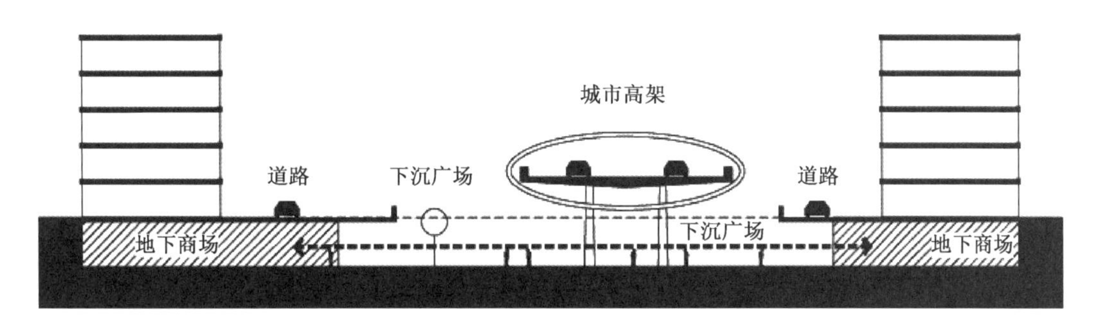

(e) 下沉广场空间示意图

图 4-15　上海五角场下沉广场

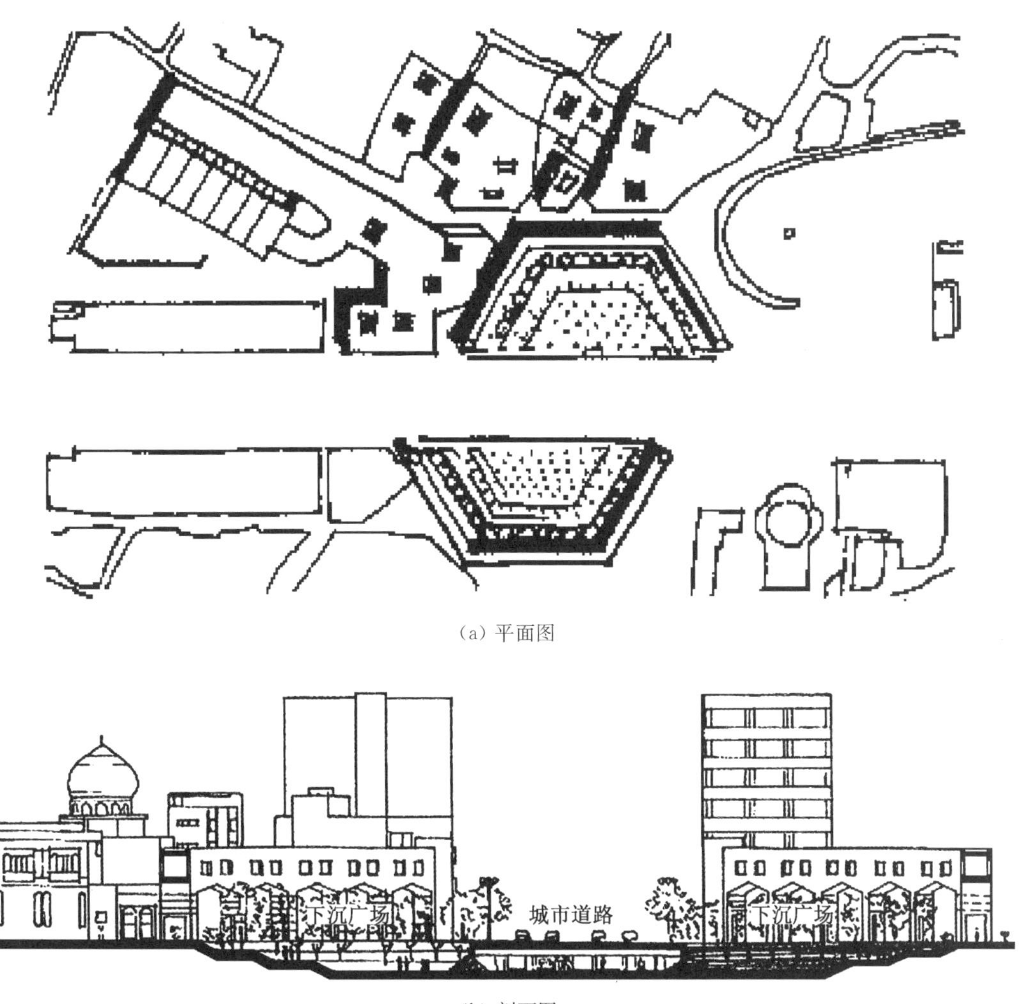

(a) 平面图

(b) 剖面图

图 4-16　巴格达绍传下沉广场[16]

1）上海五角场下沉广场

上海五角场下沉广场位于杨浦区五角场商业中心区，该地区原为由邯郸路、四平路、黄兴路、翔殷路和淞沪路及中心环岛构成的“一圈五线”布局结构。为解决各个区块之间的联系，把原有中心环岛下挖建设为一个椭圆形下沉型广场（长轴 100 m，短轴 80 m，深 3.9 m，面积 6 282 m^2）。下沉广场整合了周边五条城市道路下的地下过街通道，并与周边各地块内购物中心的地下一层商业及地面出入口连接，使各地块之间的行人交通避受地面交通的干扰，提升了整个商业区的购物体验和活力。

2）伊拉克巴格达绍传下沉广场

随着巴格达工业的发展，城市人口急剧增加，城市用地不断扩大。20 世纪 80 年代初，政府决定重新规划并建设首都，而绍传广场是整个巴格达建设项目中最为重要的项目。广场做下沉处理，通过层层跌落的台阶联系城市街道两侧空间，避免了道路交通对过街行人的干扰，并方便与地铁相连接。下沉广场周边有一个清真寺，新的下沉广场使老清真寺形象更为突出。

5. 立体交通组织型

在交通复杂的大型交通枢纽地区，下沉广场能够立体组织复杂人车交通，如图 4-17 所示。此类下沉广场最典型的是用于火车站前广场，如沈阳北新客站、深圳火车站（图 4-18）。

深圳火车站位于罗湖口岸，是集铁路、城市轨道、城市道路交通于一体的现代化交通枢纽。人行集散广场主要位于地下一层，向上联系地面集散广场，向下联系地铁车站，并在此层设置地下商业街。下沉广场长约 151 m，宽约 85 m，面积约为 1.2 万 m^2，是与地下人行交通层相配套的旅客集散广场。利用下沉广场布置火车站东出口，旅客从火车站地下一层的东出口出来，可以直接乘坐出租车离开。下沉广场形成的开敞空间，改善了车站内部的环境，使火车站地上、地下各个层面的交通设施联系更加顺畅、舒适。下沉广场发挥了立体组织复杂人车交通的作用，方便了过往的旅客，提升了城市的形象。

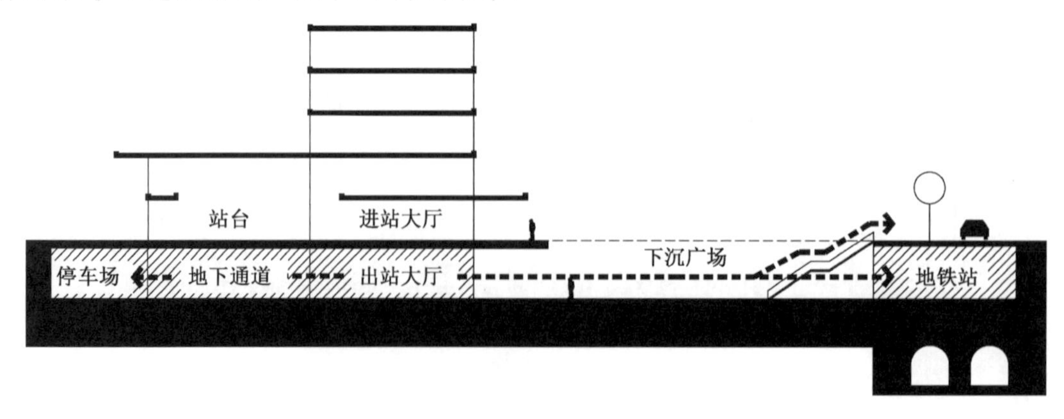

图 4-17 立体交通组织型下沉广场示意图

(a) 下沉广场鸟瞰图

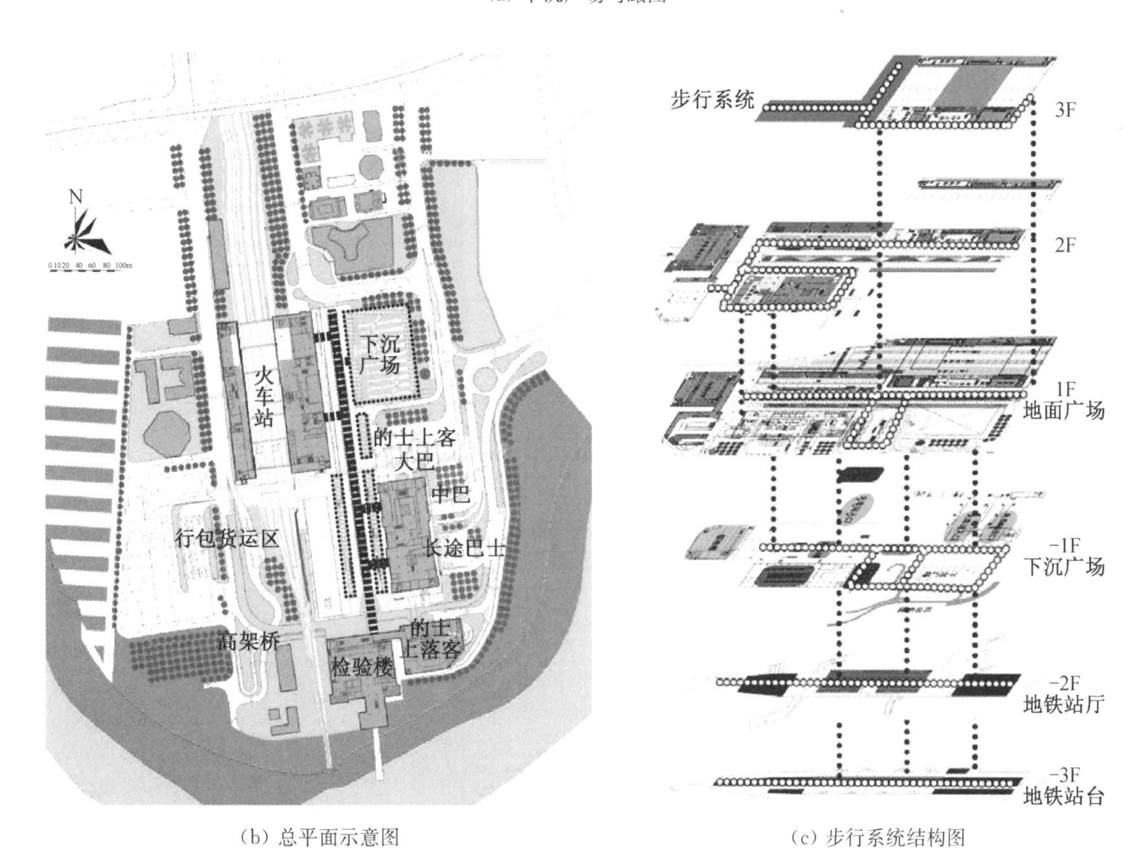

(b) 总平面示意图

(c) 步行系统结构图

图 4-18 深圳火车站下沉广场

资料来源:图(b)和图(c)根据邓冲"深圳罗湖火车站区步行系统优化研究"改绘

4.2.3 下沉广场的空间形态

1. 下沉广场的平面模式

1）下沉广场的平面形态

下沉广场的平面形态按规整程度可分为规整型和自由型两类。

规整型下沉广场，广场平面形态由规整几何形构成，具有较强的仪式感。如纽约洛克菲勒中心下沉广场、名古屋“荣”下沉广场、西安钟鼓楼下沉广场、上海五角场下沉广场。

自由型下沉广场，广场平面形态呈现自由、不规则的特征，能够适应更为复杂的城市环境，与周边场地良好契合。如上海静安寺下沉广场、东京筑波中心大厦下沉广场。

2）下沉广场的平面尺度与比例

下沉广场的平面尺度需要控制合理的上限，以产生适当的围合度。卡米诺·西特(Camillo Sitte)研究认为，城市广场不宜过大，一般古老城市的大广场的平均尺寸为 142 m×

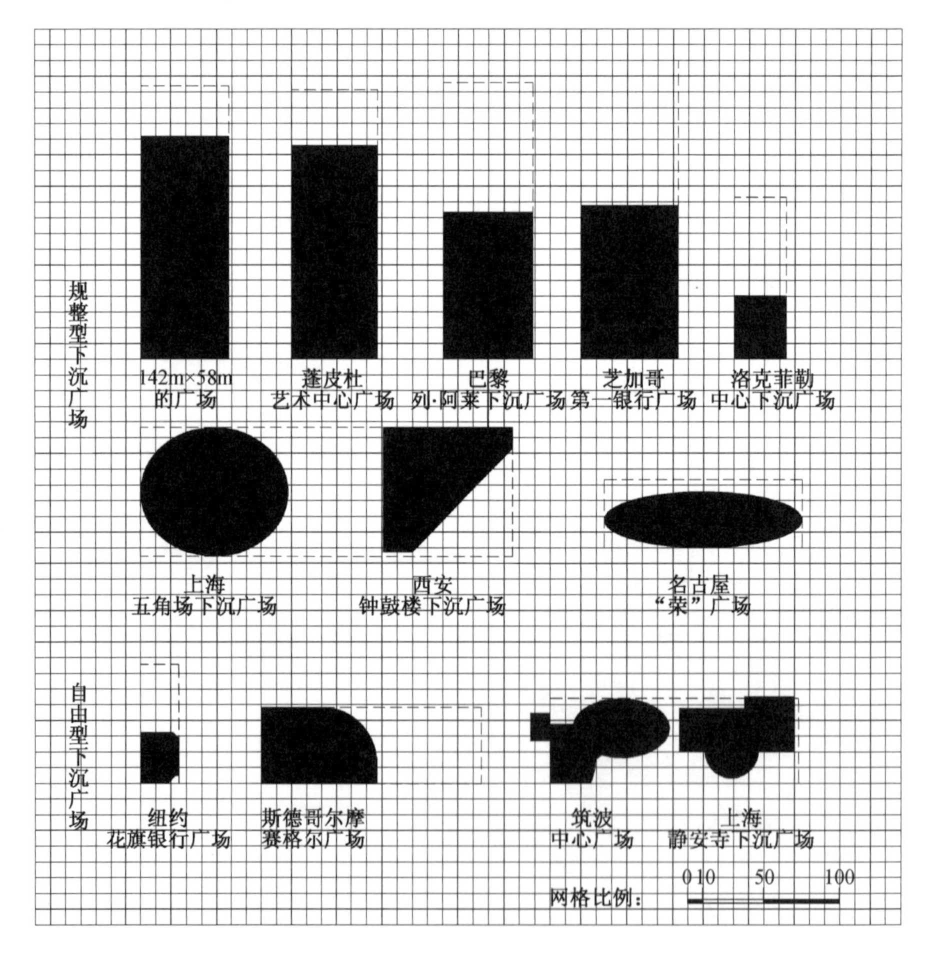

注：图中第一个图形为西特对欧洲古老广场进行研究得到的平均尺寸：142 m×58 m，虚线框长宽比为 3。

图 4-19 下沉广场的平面形态

58 m，广场的长宽比在 1∶1～1∶3 之间视觉效果较好。下沉广场的深度通常为地下 1～3 层，广场界面高度与传统城市广场周边建筑高度类似，其空间尺度的控制原则也可与之类比。通过对本书下沉广场案例的统计，其平面尺度和比例基本在上述范围以内。

3）下沉广场与周围地下空间的关系

下沉广场虽是多种活动的适宜场所，但步行交通仍是其主导功能，平面布局应以满足步行交通顺畅为前提。在下沉广场的基本功能中，步行交通是主导功能，商业是支持功能。下沉广场内步道和商业空间的平面关系主要有以下三种模式（图 4-20）。

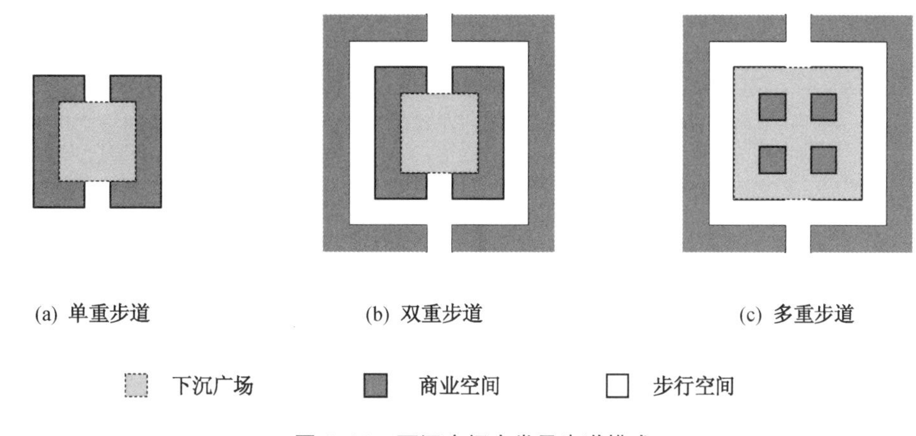

图 4-20　下沉广场中常见步道模式

（1）单重步道　步道直接穿过下沉广场，商业空间位于步道两侧。这种方式交通导向明确，但单重步道易受不良天气的影响，常用于较为简单的小型下沉广场。

（2）双重步道　除了有穿越下沉广场的步道外，在下沉广场周围还有室内环绕步道，使用者可根据需要选择步行流线。双重步道之间的商业可同时服务两侧步道的人流。这种模式可以满足下沉广场全天候步行的需要，如纽约洛克菲勒中心下沉广场（图 4-21）。

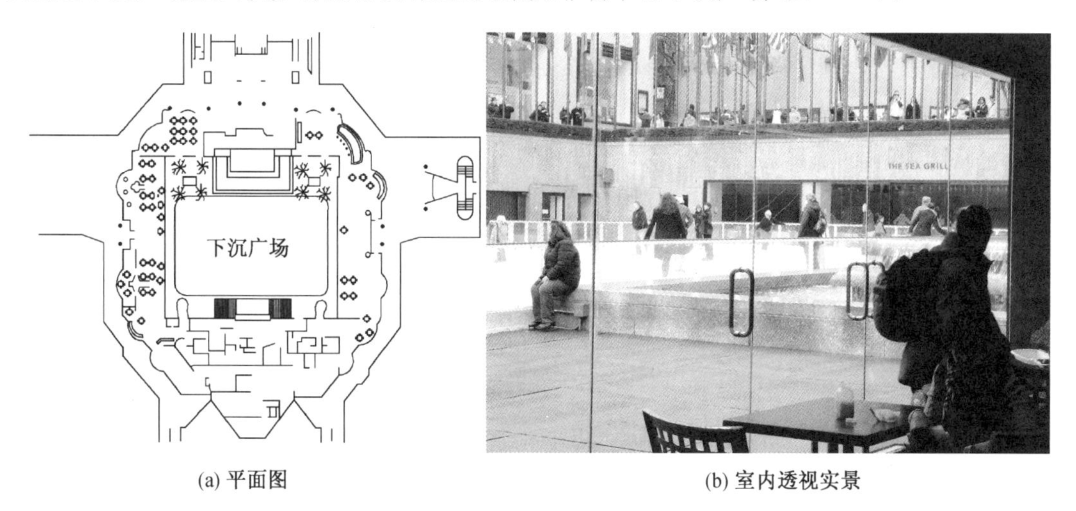

图 4-21　洛克菲勒中心下沉广场平面及室内透视[17]

(3) 多重步道　相比较于双重步道模式,多重步道模式中商业分散设置于下沉广场中央,通常是非固定的流动商业,可根据交通流量变化、活动类型进行灵活调整,因此下沉广场内的步行流线可以有多种选择。这种模式多见于规模较大的下沉广场或多层下沉广场,如芝加哥第一银行下沉广场(图 4-7)。

2. 下沉广场的剖面模式

1) 下沉广场的深度类型

根据广场与周边建筑及环境的剖面关系,可以将下沉广场分为半下沉型广场、全下沉型广场和立体型下沉广场三类(图 4-22)。

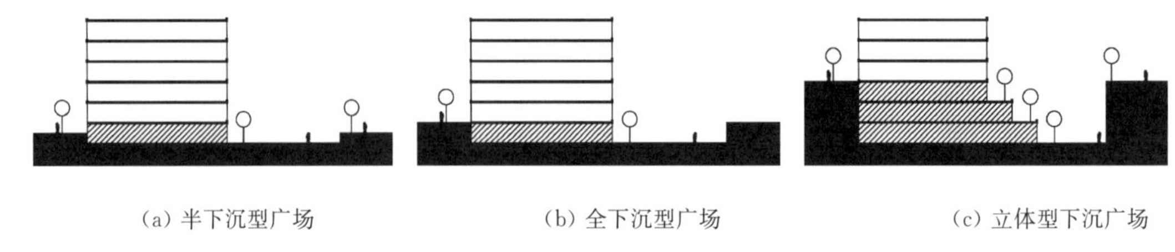

(a) 半下沉型广场　(b) 全下沉型广场　(c) 立体型下沉广场

图 4-22　下沉广场的下沉深度类型

(1) 半下沉型广场　广场地面略低于外围地面标高,内部视线高于外围地面环境,以台阶或斜坡联系地面空间。如巴黎蓬皮杜艺术中心下沉广场(图 4-9)。

(2) 全下沉型广场　整个广场下沉到与地下空间地面相平的程度,有效解决不同交通方式的衔接过渡,并提供闹中取静的活动空间。这类下沉广场使用最为广泛。

(3) 立体型下沉广场　立体型下沉广场适用于深度较大的下沉广场,可采取逐级退台的方式能创造宜人的尺度,缓解下沉过深而产生的空间压迫感。如上海市人民广场迪美购物中心南入口下沉广场。

2) 下沉广场的高宽比

下沉广场的基本要求是围合感和开放感的平衡。围合有利于使人的注意力集中于空间之中,开放感有利于广场与城市环境的联系。下沉广场的高宽比对此有很大影响。

人的向前垂直视野最大角度为 30°。就一般的广场而言,当广场高宽比为 1∶2 时,广场中心的水平视线与界面上沿的夹角为 45°,大于人的向前视野角度,具有良好的封闭感;当广场高宽比为 1∶3.4 时,与人的视野 30°一致,是人的注意力开始涣散的界限,封闭感开始被打破;当广场高宽比为 1∶6 时,水平视线与界面上沿的夹角为 18°,开放感占据主导;当广场高宽比为 1∶8 时,水平视线与界面上沿的夹角为 14°,空间的容积特征消失,空间周围的界面已如同是平面的边缘。如图 4-23 所示。

在上述结论的运用上,下沉广场与地面广场的重点有较大不同。地面广场通常遇到的问题是空间过于开放,需要适当加强围合感;而下沉广场的问题则是空间过于封闭,需要加强开放感。因此,最为重要的指标是视线小于 30°,即广场高宽比小于 1∶3.4,以产生视觉开放感。根据本书下沉广场案例统计,其高宽比全部都在 1∶3.4 以下,具有良好的开放度。如图 4-24 所示。

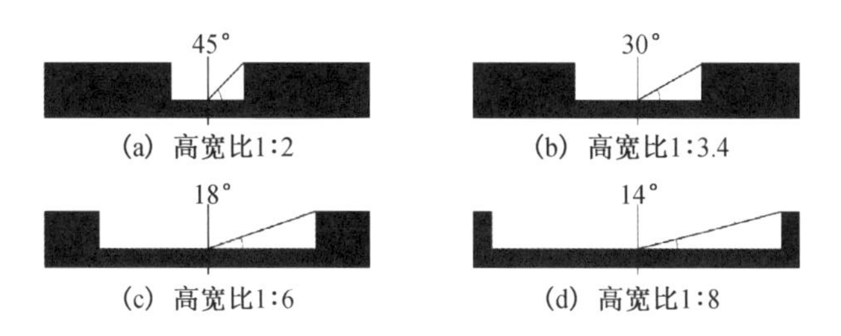

图 4-23 广场的高宽比与视角

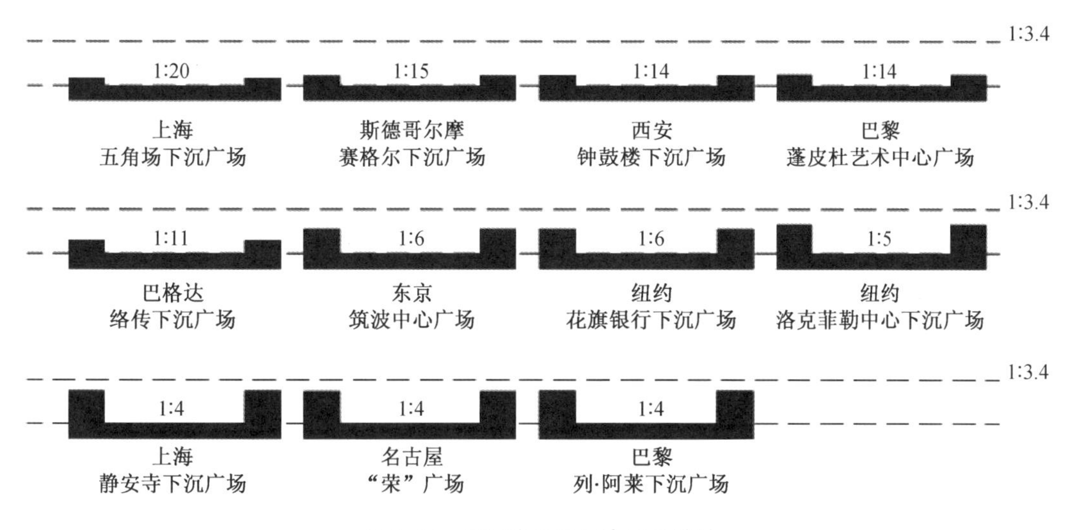

图 4-24 下沉广场空间高宽比统计

3）下沉广场的侧界面模式

下沉广场作为地上、地下公共空间的联系介质，其周边高差界面处理方式对空间开放度和使用活动有不同的影响，可根据需要加以灵活组合。如图 4-25 和图 4-26 所示。

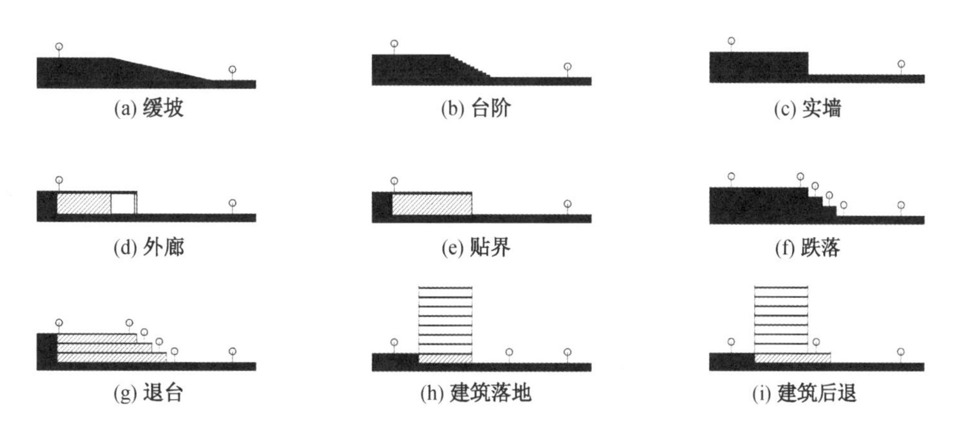

图 4-25 下沉广场的侧界面模式

(a) 缓坡，适用于半下沉广场，空间过渡连续，可兼做观众席

(b) 台阶，适用广泛，可兼做观众席

(c) 实墙，空间较封闭，可增加雕塑瀑布等作为广场视觉焦点

(d) 外廊，可防雨，供广场全天候步行，灰空间增加空间层次

(e) 贴界，广场周边室内空间观赏广场活动视线不受干扰

(f) 跌落，以绿化或跌水缓和垂直界面的生硬感

(g) 退台，用于多层地下空间，每层地下空间均可直接从室外进入

(h) 建筑落地，突显建筑地下入口，建筑地面入口需从另一侧进入

(i) 建筑后退，空间尺度宜人，建筑地下和地面入口可从同侧进入

图 4-26　下沉广场的侧界面示例

4.3 下沉中庭

4.3.1 下沉中庭概念

下沉中庭是建筑的中庭底面延伸至地下层所形成的公共空间，包括室内下沉中庭和半室外下沉中庭。通常，下沉中庭是由于建筑地下层作为公共活动空间而将中庭空间延伸至地下，或为方便建筑地下层与地铁车站连接而设置。

4.3.2 下沉中庭类型

下沉中庭为城市公共活动、商业及交通集散等活动提供了一个过渡空间。中庭空间常位于建筑核心部分，发挥建筑交通的枢纽作用；下沉中庭为地下空间带来自然采光和通风，并将外部城市景观引入地下空间，改善地下空间的环境；下沉中庭与城市地铁结合，作为建筑的重要出入口，方便了人们的城市活动。根据下沉中庭的主要建设动机，可将下沉中庭分为建筑中庭下沉型和改善地下空间环境型两类。

1. 建筑中庭下沉型

建筑中庭采用下沉的方式(图 4-27)使得建筑与城市地下空间系统的联系更为方便。城市地下空间的开发首先是从地铁等地下交通建设开始的，建筑中庭下沉后与地铁车站站厅层形成水平连接，一方面使大量的地铁人流与地上建筑人流不出地面即可进行快速疏解，缓解地面交通压力；同时，地铁的大规模人流提高了建筑地下空间的商业价值；下沉中庭中的特色环境也为地铁车站塑造了各具特色的出入口空间。此类型的典型案例有澳大利亚墨尔本中心、多伦多伊顿中心、东京惠比寿花园广场、东京艺术剧场等。

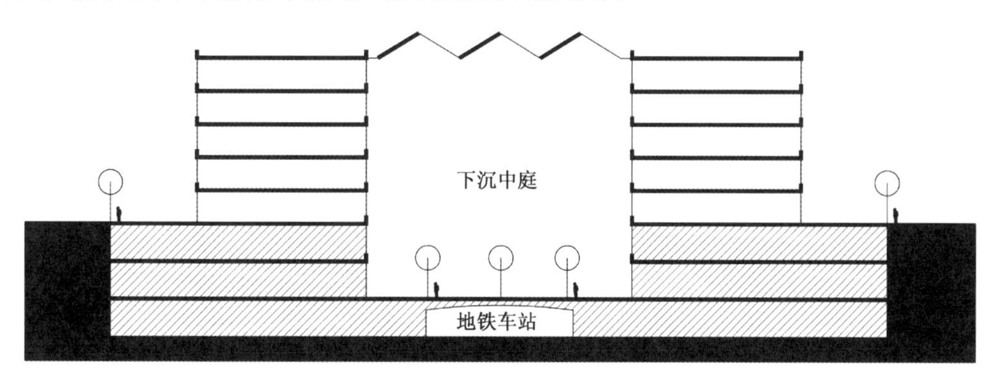

图 4-27 建筑中庭下沉型示意图

1) 澳大利亚墨尔本中心(Melbourne Central)下沉中庭

澳大利亚墨尔本中心建于 20 世纪 90 年代初，是一幢集办公、购物、娱乐等功能于一体的建筑综合体。下沉中庭是墨尔本中心的中庭向地下延伸到地下二层，并与地铁站大厅相联而形成，是地铁站的一个重要人流出入口。中庭将地下空间、地面空间和中庭上部周边的功能空间整合为一体，成为带玻璃顶盖的地面与地下的中介过渡空间。

下沉中庭内保留了一幢既有历史建筑，巧妙地化解了新旧建筑在尺度上的巨大差异，中庭内部气氛活跃，成为市民休闲娱乐的特色节点，多样化功能的共生使下沉中庭更具城市公共空间属性，如图 4-28 所示。

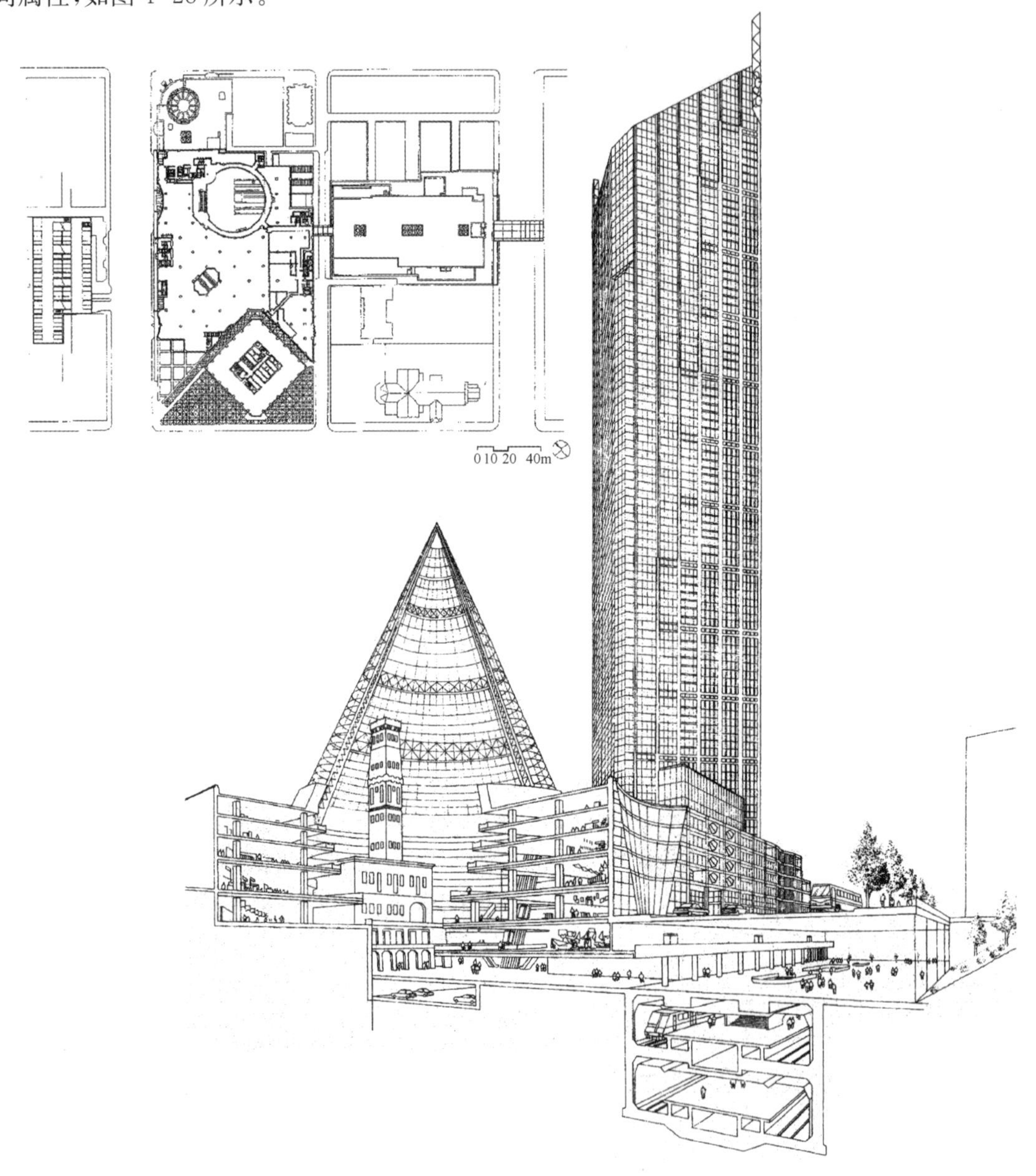

图 4-28 澳大利亚墨尔本中心下沉中庭[15]

2）多伦多伊顿中心下沉中庭

加拿大伊顿中心位于多伦多市中心东北部，是该市最大的商业综合体，总面积达 56 万 m^2。整个商业中心就是一个长约 262 m，宽为 8.5～20.7 m 的大尺度室内步行街，3 个下沉中庭深入地下二层，形成立体化的空间结构。在南北两端连接了2个城市地铁车站，并设有3个与地铁站连接的出入口，提高了购物中心的便捷性。中庭顶部的拱形玻璃采光天窗为地下层空间获得明亮的天光，从而改善了地下空间的环境。内部空间尺度宜人、交错变化，随处可见的阶梯平台以及景观绿化使得内部大空间丰富多彩。伊顿中心依托地铁与城市步行系统对地下空间进行开发，通过下沉中庭把城市地上地下空间连接为整体，提升了的商业空间的环境，打破了地下空间带来的沉闷，促进了城市活力。如图4-29所示。

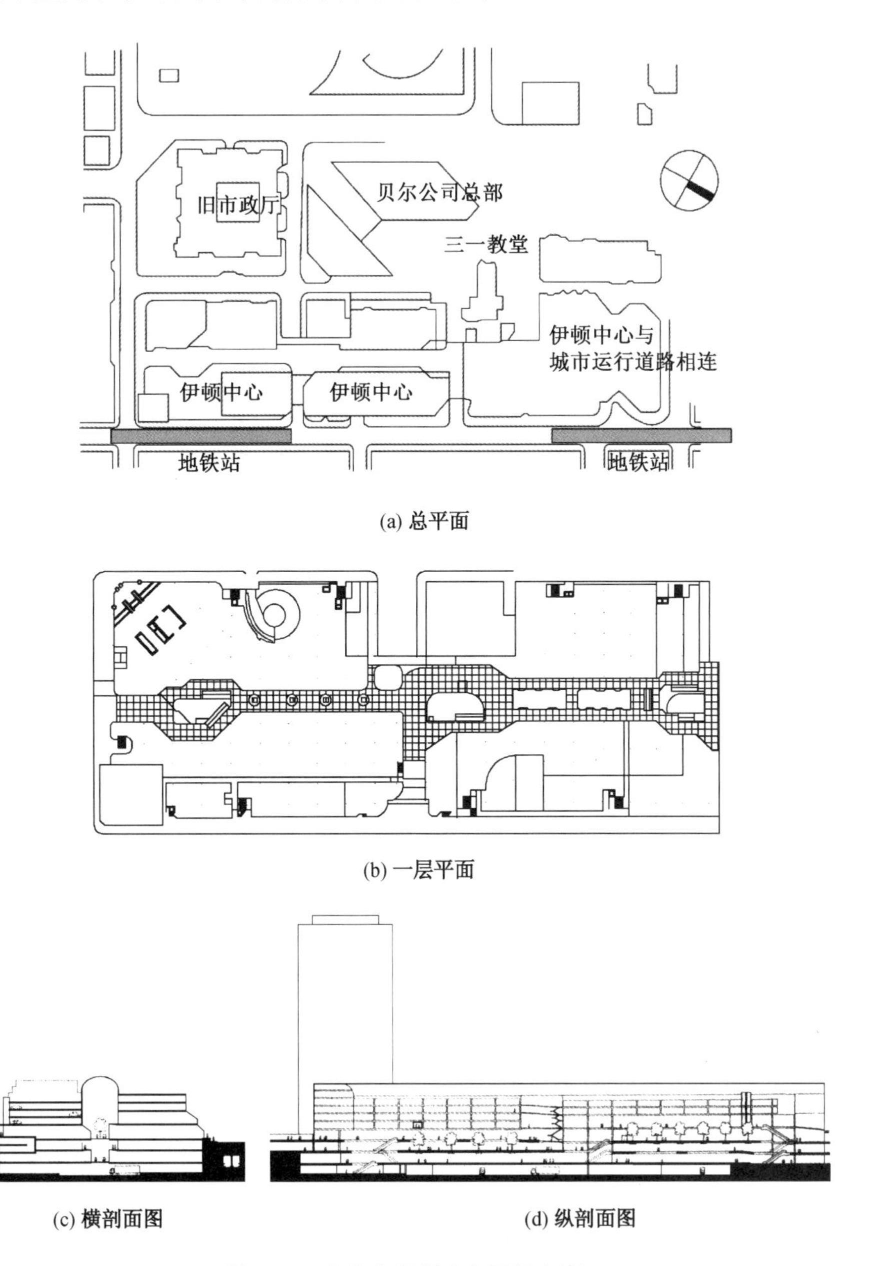

(a) 总平面

(b) 一层平面

(c) 横剖面图

(d) 纵剖面图

图4-29 多伦多伊顿中心下沉中庭

3）东京惠比寿花园广场（Yebisu Garden Place）下沉中庭

东京惠比寿花园广场是一座集购物、餐饮、办公、住宿于一体的城市综合体，于 1994 年由札幌啤酒工厂旧址再开发而形成。综合体内不仅包括百货商店、葡萄酒店、西点屋等购物设施，还有电影院、美术馆、各种餐厅、咖啡馆以及办公、住宅等复合功能。综合体地上 40 层，地下 5 层，总建筑面积 46 万 m^2，主要建筑跨越两个城市街区，所有建筑通过地下一层和二层连结为整体。半室外下沉中庭位于中心区两座保留建筑之间，上部覆盖拱形玻璃顶，在综合体中心形成一个阳光明媚的开放休闲广场，改善了整个地下一层步行空间的效果，也是整个综合体与城市联系的重要出入口。下沉中庭不仅起到连接场地内各功能空间的作用，也成为充满活力的多种室外公共活动场所。如图 4-30 所示。

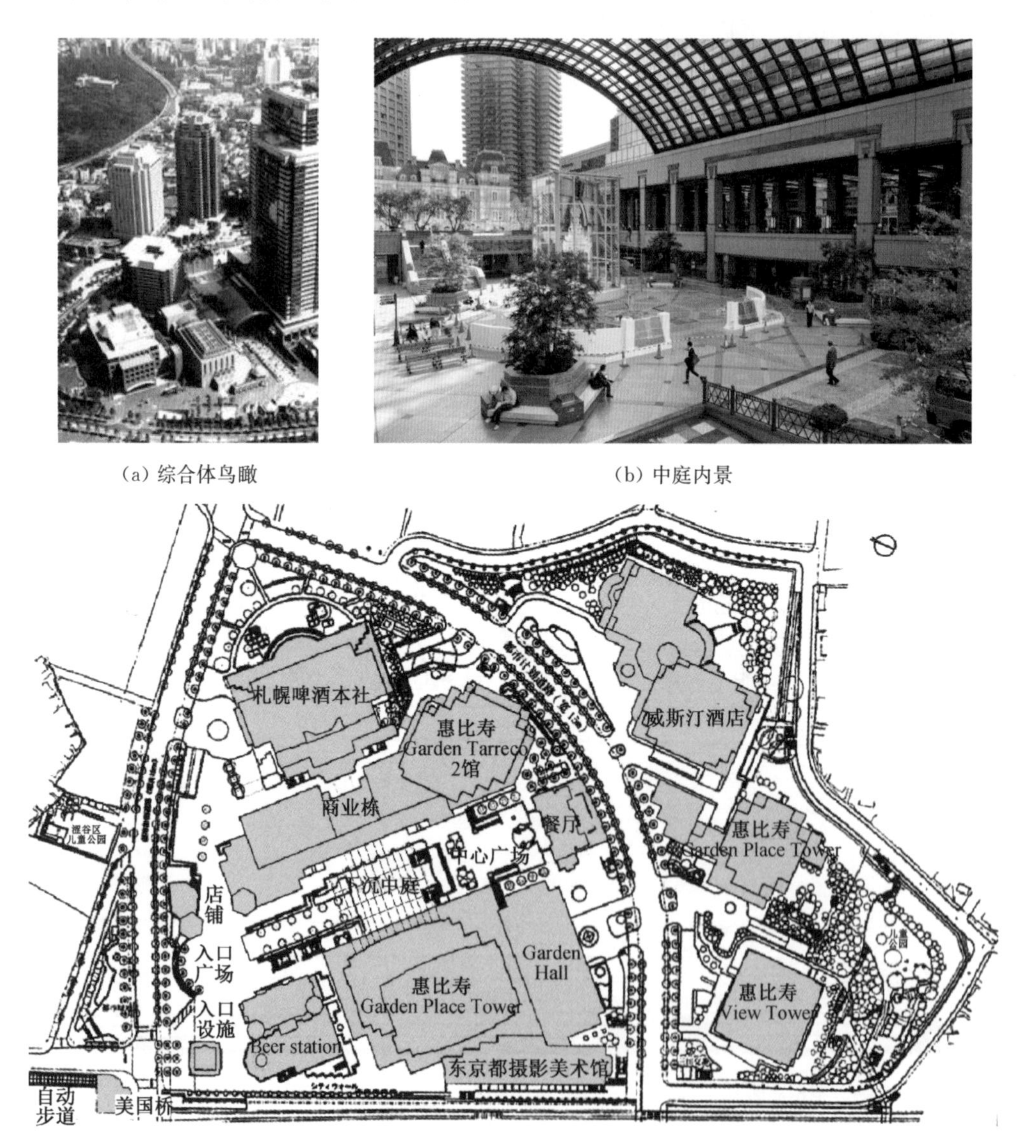

(a) 综合体鸟瞰

(b) 中庭内景

(c) 总平面

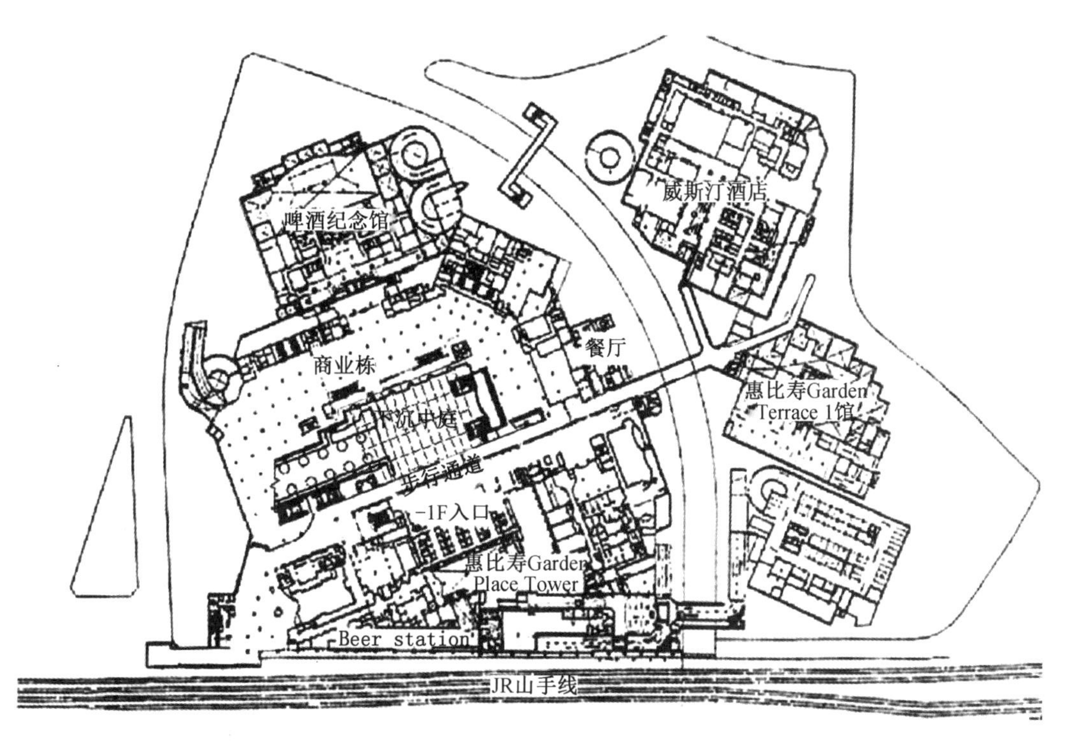

(d) 地下一层平面

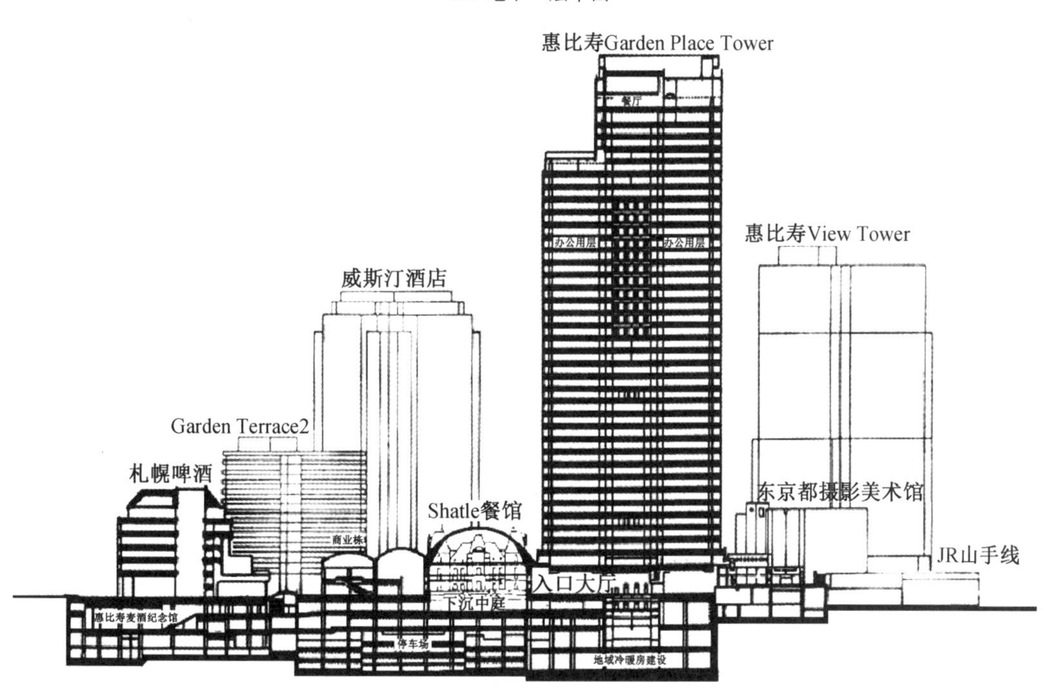

(e) 下沉中庭剖面

图 4-30　东京惠比寿花园广场下沉中庭

资料来源：图(a)、图(c)、图(d)和图(e)根据胡宝哲《东京的商业中心》(天津大学出版社，2001)改绘；图(b)www.google.com

惠比寿花园的商业再开发取得了很大成功，建成后三天内顾客人数就达到40万人。它不仅是惠比寿商业区的核心设施，而且是东京商业再开发的典范和重要城市景观之一。建成后获得日本城市规划学会奖、第37届建筑业协会奖、1997年日本建筑学会奖等多项殊荣。

4）东京艺术剧场（Tokyo Metropolitan Theatre）的下沉中庭

东京艺术剧场坐落于东京池袋火车站西口附近，建于20世纪90年代，由著名建筑师芦原义信设计。剧场分为地下4层，地上10层，大小剧院、展厅、会议室等主要使用空间垂直分布，并通过端部的中庭组织内部交通。设计考虑到了文化设施与地铁交通的联系，将中庭做局部下沉处理，在地下层与有地铁乐町线及丸之内线地铁站相接，市民出地铁站后可通过与中庭相连的通道直接进入剧场，并使艺术中心中庭变为容纳丰富的市民活动的公共空间。如图4-31所示。

下沉中庭外围为玻璃幕墙结构，内外空间通透，自然光线可通过中庭幕墙到达地下空间，减少了地下层空间给使用者的阴暗、压迫感。在下沉中庭内经常举办各种艺术展览活动，为市民提供了增进艺术体验和交流学习的场所。

(a) 外景

资料来源：http://www.ashihara.jp/

(b) 中庭内景

资料来源：[日]新建筑，2013(1)：174

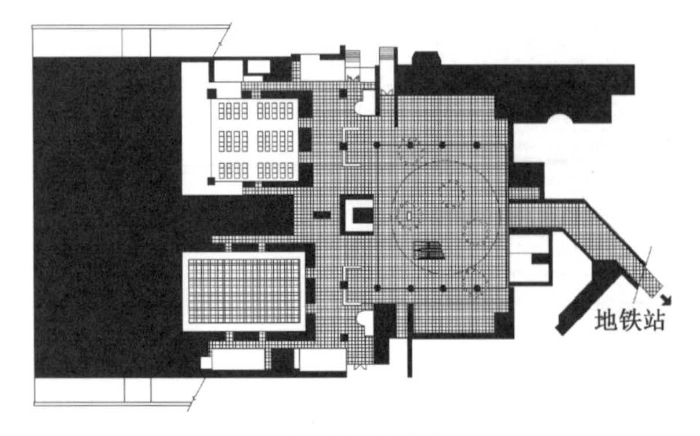

(c) 地下一层平面

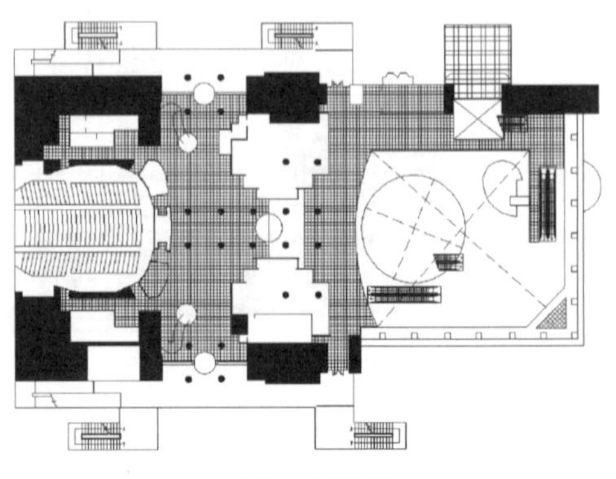

(d) 一层平面

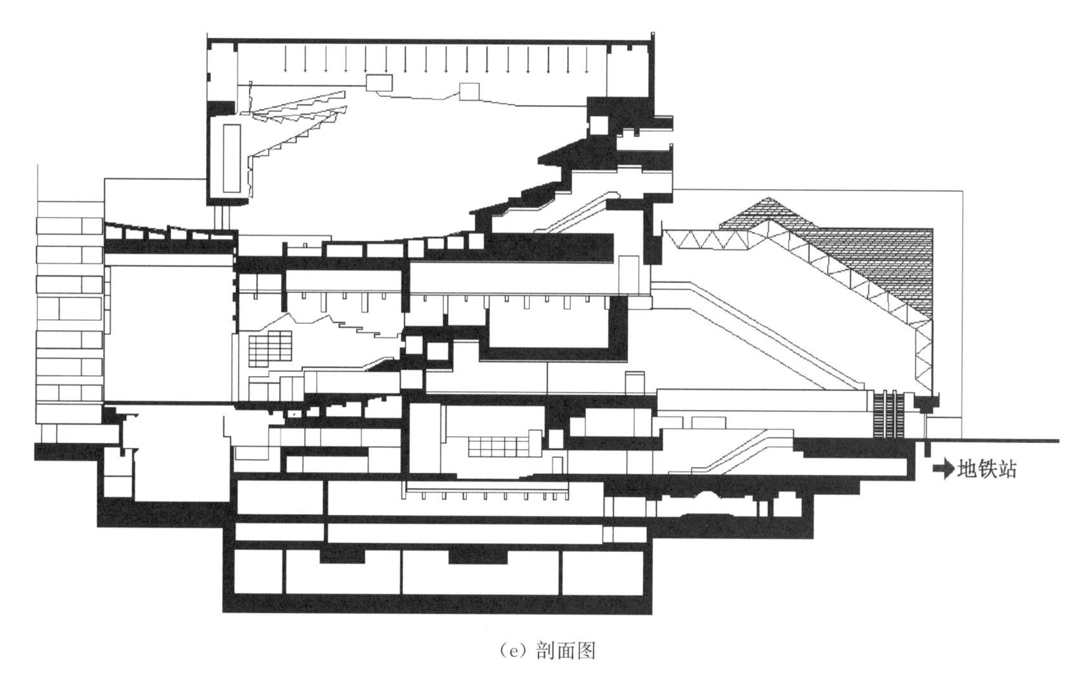

(e) 剖面图

图 4-31 东京艺术中心下沉中庭

2. 改善地下空间环境型

改善地下空间环境型是指建筑主体功能位于地下时，通过下沉中庭，引入自然光线、通风或地面城市景观，改善地下空间环境，使地下空间获得如同地面般的感受，如图 4-32 所示。此类下沉中庭常用于地铁车站或深入地下的大型综合交通枢纽，如横滨皇后广场下沉中庭、东京比克斯泰普商城。

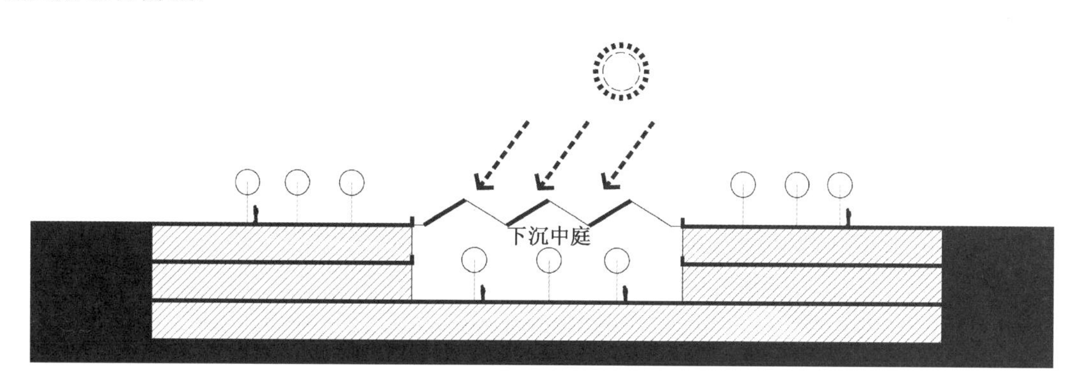

图 4-32 改善地下空间环境型示意图

1) 横滨皇后广场(Queen's Square)下沉中庭

横滨皇后广场坐落于横滨"海港未来区"，包括 3 座高层办公楼、1 家高层酒店、1 座会堂、数幢商业建筑和停车场，一条长约 260 m 的"皇后商业街"把这些建筑连通起来。在轴线相交叉的地方有一座地铁车站，一座下沉中庭从地下三层地铁车站贯通到地上四层，自然光透过顶部天窗直达地铁站台，使乘客下车就能感受整个空间的宽敞与活力。扶梯等交通设施增添了地下空间的活跃气氛，透明的幕墙在视觉上将内部空间与滨水区融为一体。如图 4-33 所示。

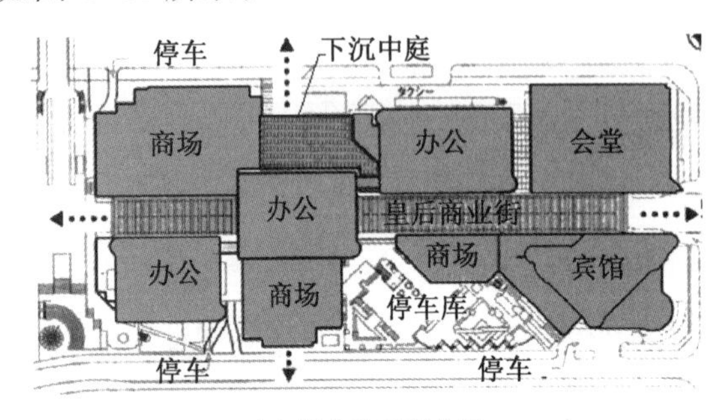

(a) 综合体功能分区

资料来源：http://www.ashihara.jp/

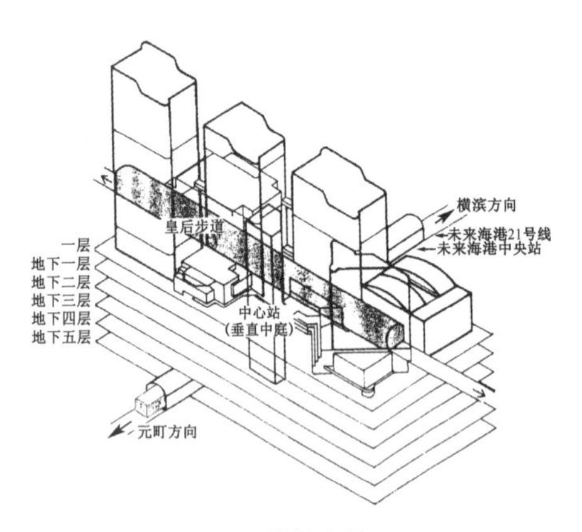

(b) 体量布局

资料来源：[日]新建筑 2013(1)：174

(c) 中庭内景

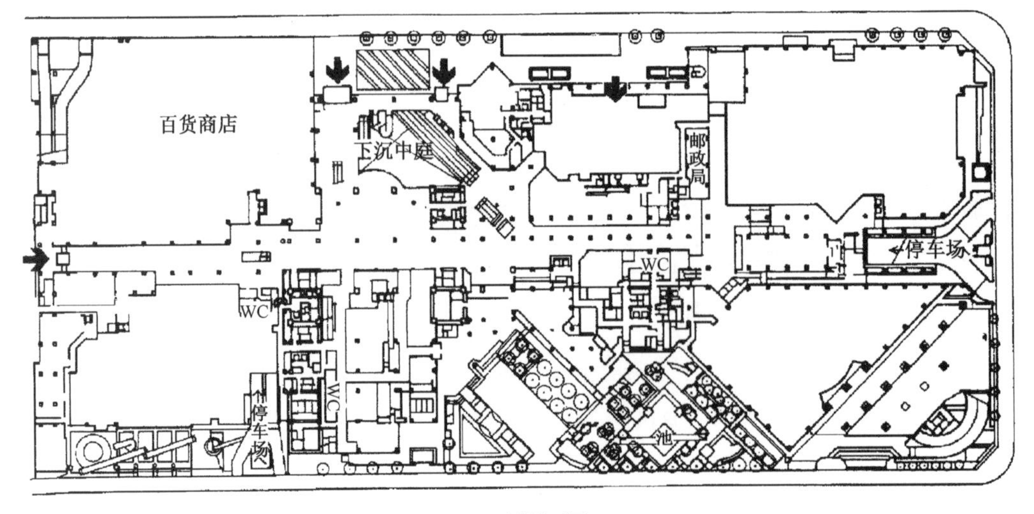

(d) 一层平面图

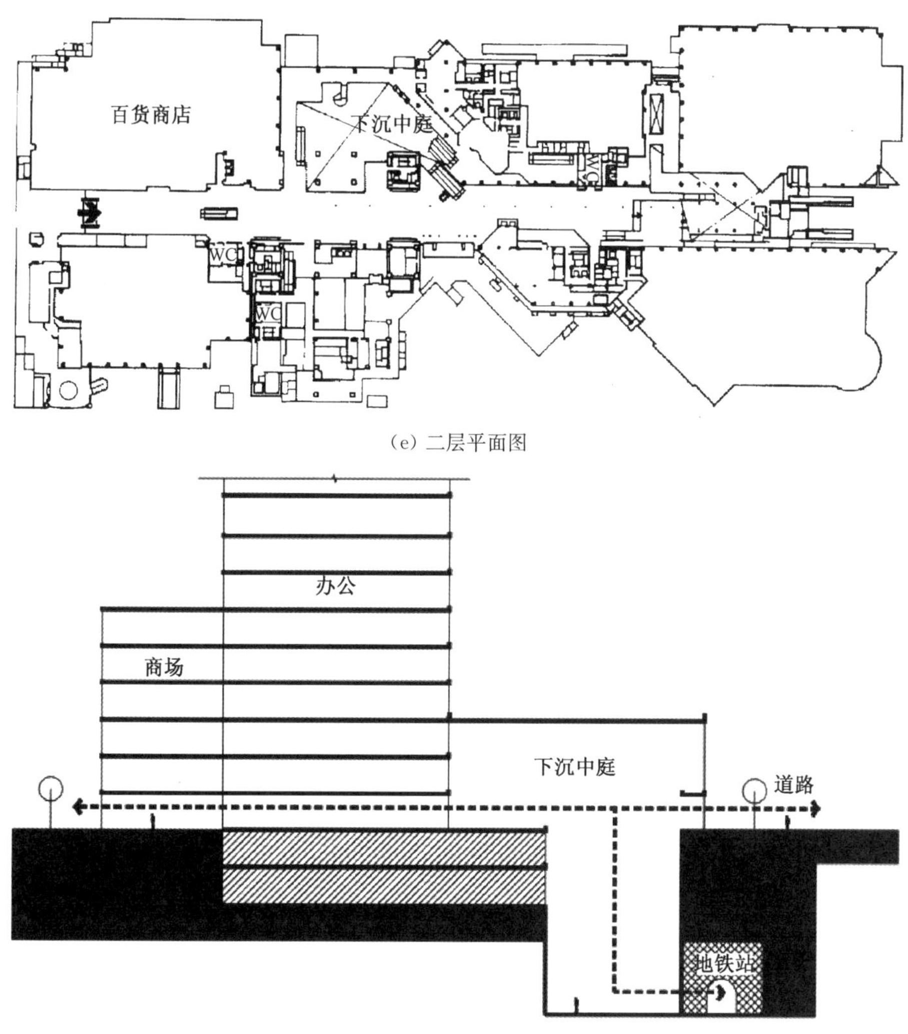

(e) 二层平面图

(f) 下沉中庭空间示意图

图 4-33 横滨皇后广场下沉中庭

皇后广场下沉中庭创造了一处令人神清气爽、精神愉悦的公共空间，阳光透过天窗倾泻到中庭空间之中，形成一条从地铁车站通往横滨皇后广场的"阳光"大道。每个区域的设置截然不同，使得整个空间富于变化。下沉中庭作为皇后广场公共空间的核心，使"海港未来区"成为充满活力的城市空间。该设计不仅满足了商业发展的需求，也提高了它作为公共空间的功能性和舒适性。

2) 东京比克斯泰普商城(Big Step)下沉中庭

东京比克斯泰普商城是一座综合型商业设施，目的是通过商城的建设形成一个能促进地区发展的公共空间，提升地区的城市活力。设计者在商城入口布置了一块南北走向、与室外街道连为一体的开放空间作为公共广场。为了完成从广场到建筑地下空间的过渡，入口广场顶部设置为一个高 35 m 的可移动屋顶，广场底面延伸至地下二层。这个三面围合的半室外下沉中庭最大限度地保证了地下空间与城市空间的联系，醒目的大台阶将步行街上的人流引导到地下商业空间中，多种建筑修饰与城市景观结合让中庭空间与众不同，增添了空间的活力，促进了地区的发展。如图 4-34 所示。

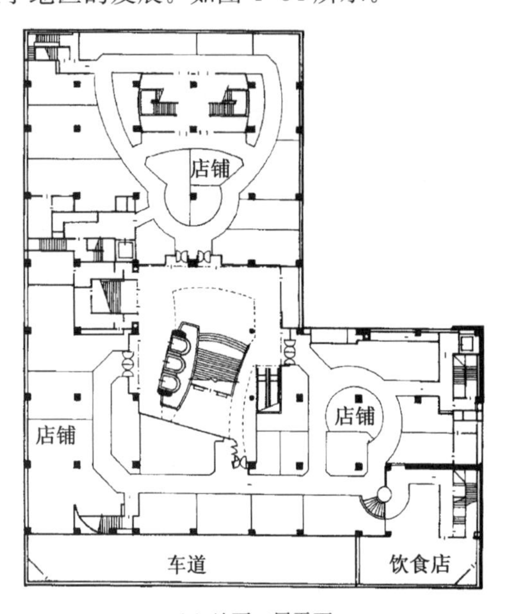

(a) 地下二层平面

(b) 地下一层平面[18]

资料来源：http://www.nikken.co.jp/cn/

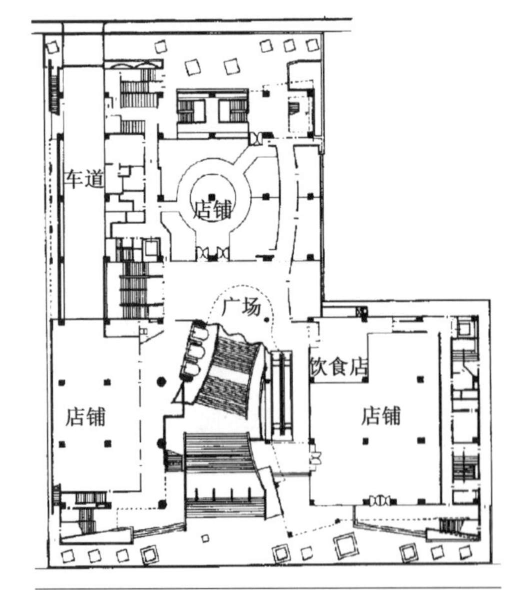

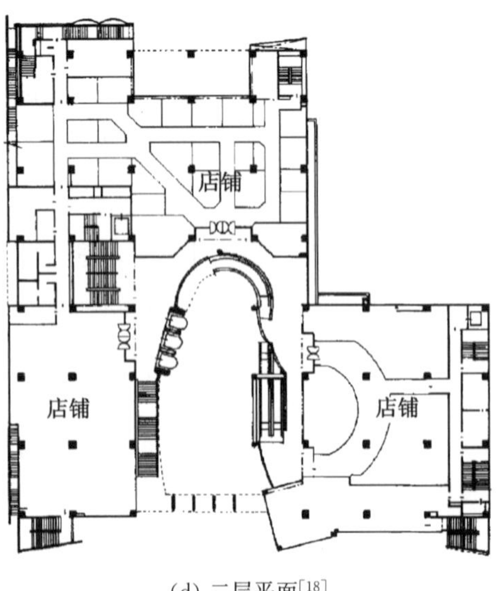

(c) 一层平面

(d) 二层平面[18]

资料来源：http://www.nikken.co.jp/cn/

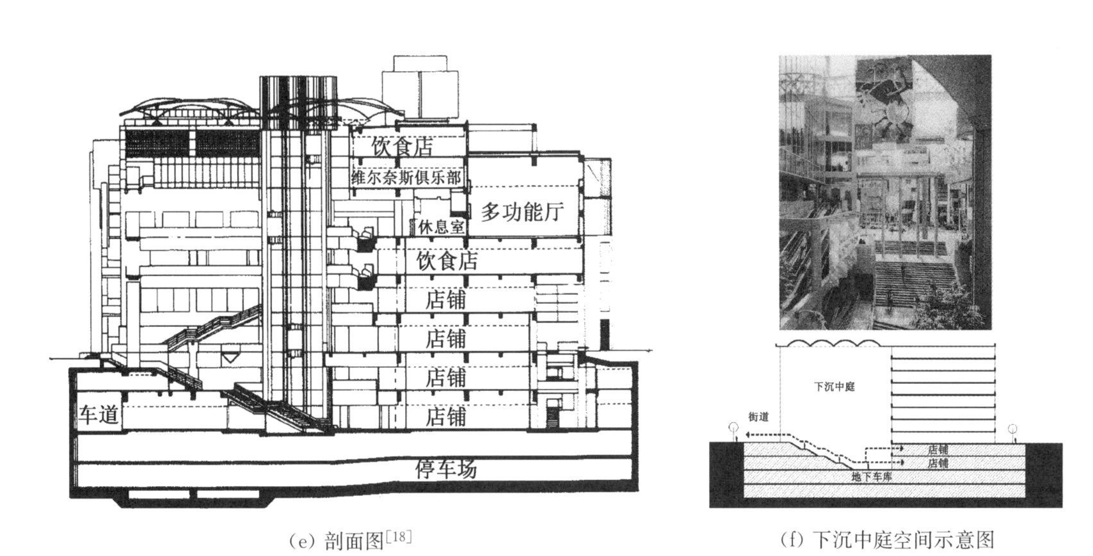

(e) 剖面图[18]　　(f) 下沉中庭空间示意图

图 4-34　东京比克斯泰普商城下沉中庭

4.3.3　下沉中庭的空间形态

1. 下沉中庭围合界面模式

下沉中庭与建筑平面的位置关系对下沉中庭的围合、开放性有重要影响。依据下沉中庭与建筑平面的关系，可以得到以下四种模式(图 4-35)。

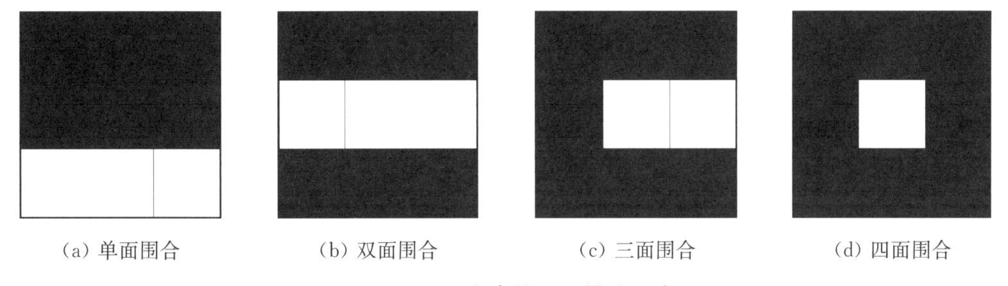

(a) 单面围合　(b) 双面围合　(c) 三面围合　(d) 四面围合

图 4-35　下沉中庭的平面模式示意图

1) 单面围合

下沉中庭位于建筑一侧，平面呈面型或线型，空间内自然光线充足，能够获得最大的城市开放性。如东京艺术剧场下沉中庭。

2) 双面围合

下沉中庭位于两座建筑之间，空间具有一定的方向性，平面呈线型。如东京惠比寿花园广场下沉中庭、多伦多伊顿中心、上海喜马拉雅中心。

3) 三面围合

下沉中庭一侧敞开，三面被建筑围合，形成一种介于城市与建筑、室内与室外、地面空间与地下空间的公共空间。如横滨皇后广场、东京比克斯泰普商城。

4）四面围合

下沉中庭位于建筑中部，空间围合感强烈，是建筑内部交通与城市交通的核心枢纽，是最常见的下沉中庭类型。如墨尔本中心下沉中庭。

2. 下沉中庭的开放性

根据下沉中庭的开放性，可分为室内型和半室外型两种。

1）室内型

下沉中庭完全位于建筑室内，内部活动不受室外环境气候影响，适应性广泛，大多数下沉中庭均采用这种形式。

2）半室外型

下沉中庭侧面不封闭，顶部遮盖可防雨，与城市开放空间融为一体，使用不受建筑营业时间限制。如东京惠比寿花园广场、东京比克斯泰普商城、上海喜马拉雅中心。

4.4 下沉街

4.4.1 下沉街概念

地面具有连续开口的地下街即为下沉街。下沉街引入自然光线、景观，形成类似地面街道的感觉。随着城市地下空间的多点发展，下沉街能够把一个较大范围内的建筑地下空间相互连接，发展为城市地下空间网络，促进城市地下空间环境的改善和公共空间的扩展。如图4-36所示。

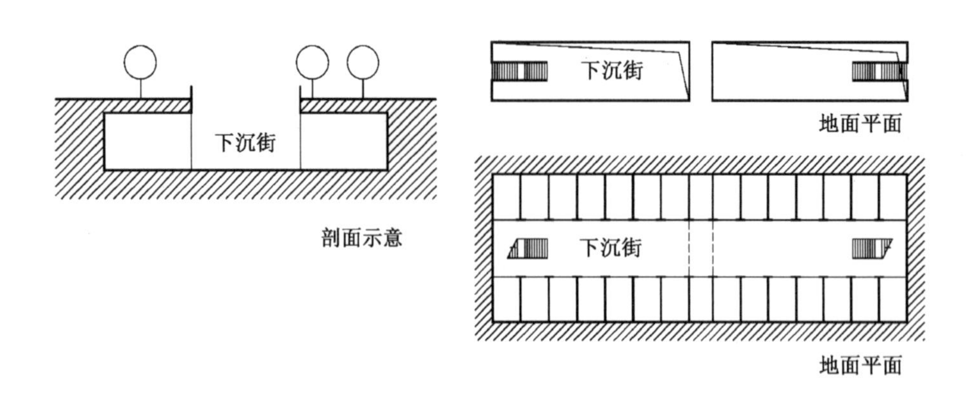

图 4-36 下沉街示意图

4.4.2 下沉街类型

与地下街相比，下沉街在自然环境、交通组织、内部活动、疏散防灾等方面具有更多优势（表 4-1）。下沉街通过顶部开敞，能够获得自然采光和外部景观，易于识别，利于防灾疏散，与地面空间联系方便。特别是它与城市开放空间融合度很高，便于创造城市中富有活力的公共空间节点。

表 4-1　　地下街与下沉街空间比较

类别	地下街空间	下沉街空间
自然影响	与自然隔绝，形成全天候活动环境； 主要靠人工方式控制环境	可接触、感知外部自然环境； 可利用自然采光和通风
交通组织	与地面交通联系较弱； 地下环境较为封闭，方位感、识别性差	可利用地面连续开口设置大型坡道、楼梯； 环境较为开敞，空间导向性、识别性强
内部活动	受内部净高、空间变化程度、采光通风等条件的限制，城市公共活动种类受限	上空开放，室外台阶、平台、坡道等空间变化多样，能够开展类型丰富的户外活动
疏散防灾	内部空间复杂、方位感差，不利紧急情况下的安全疏散	方位感较强，能够迅速组织安全疏散
土地使用	不占用地面，复合利用土地	占用地面，影响地面的空间布局

根据下沉街的建设动机，可大致分为城市空间缝合型、活化地面空间环境型和改善地下空间环境型 3 类。

1. 城市空间缝合型

当城市空间被城市交通干道分隔而造成联系不便时，通过建设下沉街，把交通干道两侧的城市空间重新缝合为整体，提高城市空间的整体效益，这种类型即为缝合地面空间型下沉街（图 4-37）。如鹿特丹 Beursplein 商业街。

(a) 下沉街俯瞰

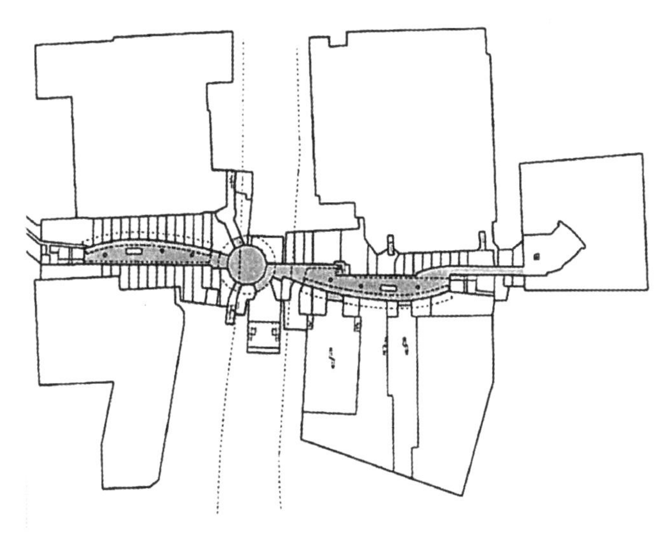

(b) 下沉街平面图

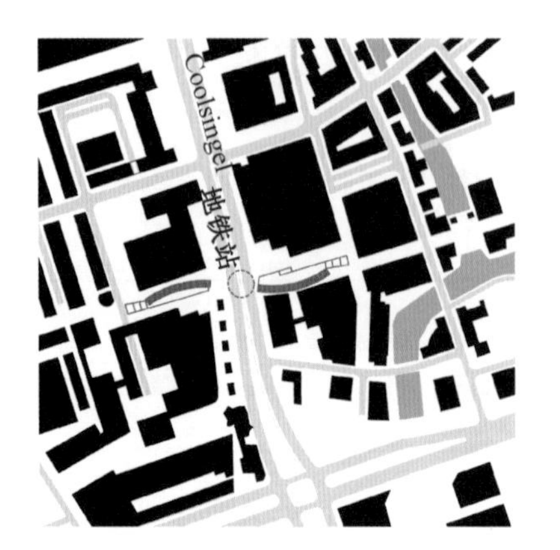

（c）下沉街总平面示意图

（d）下沉街端部大台阶入口

（e）下沉街内景（地下一层）

（f）下沉街与地面街道关系

图 4-37　鹿特丹 Beursplein 下沉街

Beursplein 商业街位于荷兰鹿特丹商业中心区，是一条长约 300 m 的下沉街。城市干道 Coolsingel 街穿越商业区，破坏了该地区的商业氛围。城市管理部门希望新的 Beursplein 商业街能够重振该地区商业活力，设计方案采用下沉街的方式将被割裂的商业区在地下一层重新连接起来，延续步行街的商业界面。如图 4-38 所示。

同时，下沉街与地铁站结合，成为进出地铁站的过渡空间。下沉街利用坡道、扶梯、楼梯等垂直联系构件将地铁带来的人流导入地面空间，沿下沉街两侧分布的小店铺与建筑地下空间内的大商场连通，为商业街带来了大量的人气，提高了商业氛围。下沉街在已有地面商业街的基础上，产生了地面地下两个层面的步行商业街，提高了原有地面层的商业活力。

2. 活化地面空间环境型

城市中的大型绿地、广场等公共开放空间，常常由于景观控制不宜建造地面建筑，导致地面公共空间活力不足。为了对地面空间提供行为支持，开发下沉街以增加地面的功能配套。如杭州钱江新城中轴线下沉街、西安钟鼓楼下沉街。

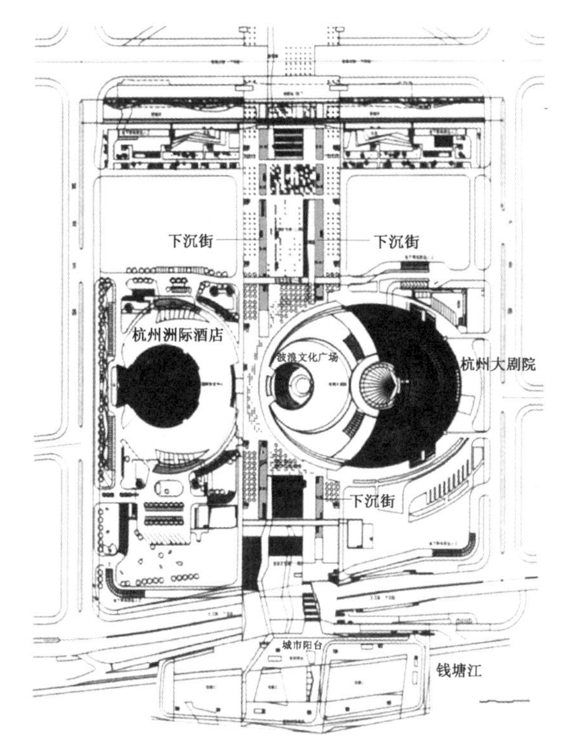

(a) 下沉街总平面

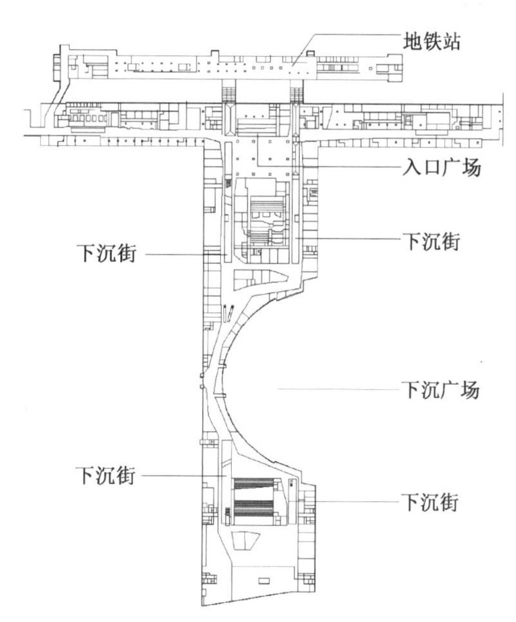

(b) 地下一层平面

(c) 下沉街鸟瞰

(d) 下沉街内景

资料来源：http://www.mod-china.net/display.asp?id=10

图 4-38　杭州钱江新城中轴线下沉街

1）杭州钱江新城中轴线下沉街

下沉街位于杭州钱江新城中轴线，是地下波浪文化城的组成部分。波浪文化城东连“城市阳台”，南至解放东路，西临富春路，北至新业路。自南向北呈 T 字形布局，东西长 506 m，南北宽438 m，总建筑面积约 12.3 万m^2。它是一个建筑空间几乎都设于地下的地下综合体，如图 4-39 所示。

（a）下沉街鸟瞰

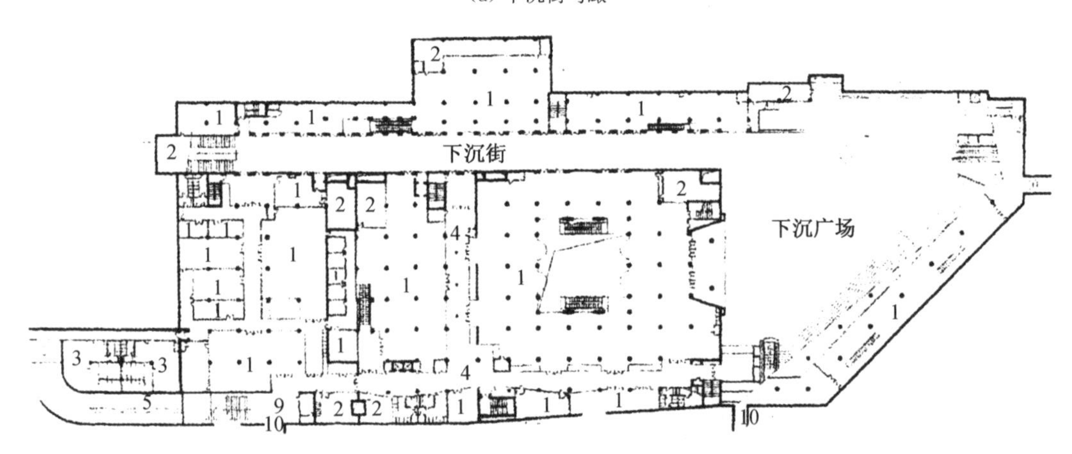

（b）下沉街平面图

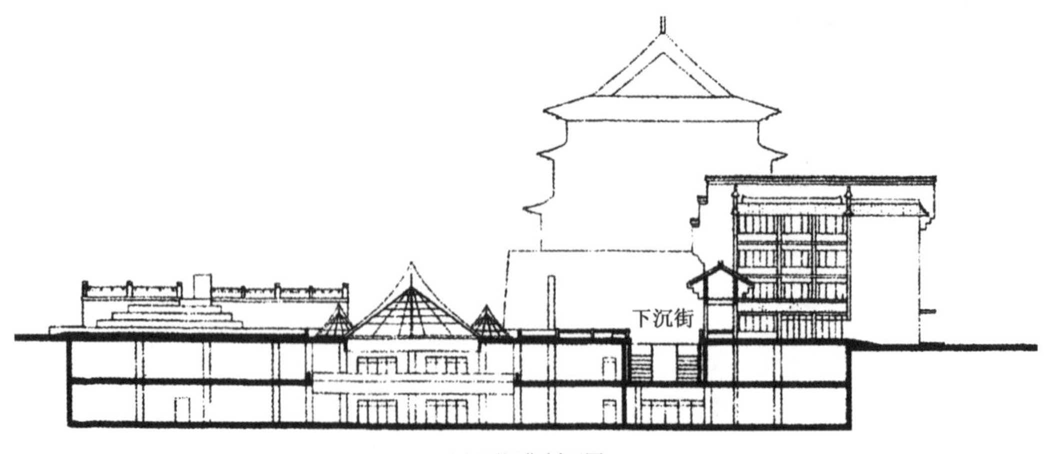

（c）下沉街剖面图

图 4-39　西安钟鼓楼下沉街[20]

波浪文化城由三部分构成：地面层为开放的绿化景观广场，总面积 3 700 m^2；地下一层为主层平面，它由两条平行的下沉购物街构成，主要为餐饮娱乐等功能，建筑面积 5.7 万 m^2；地下二层为停车兼部分仓储、辅助用房，建筑面积 6.13 万 m^2。

下沉街内联系地下地上空间的垂直交通设施为均匀分布的 22 个交通芯筒。下沉街还与下沉广场结合联系地下地上空间。下沉街北端与地铁站相连，出站人流从地下一层的地铁站厅能直接到达下沉购物街，强化了地铁站与波浪文化城的关联性。

下沉街的目的是提升中轴线城市开放空间的活力。在保证地面公共开敞空间的同时，增加了商业功能配置，为地面城市活动提供支持。

2）西安钟鼓楼下沉街

西安钟鼓楼下沉广场北侧沿鼓楼东西轴线有一条 10 m 宽、144 m 长的下沉式步行商业街，它东与下沉式广场相连接，西通过坡道与鼓楼相通。在下沉街北侧是一排多层传统商业建筑，南侧为广场购物商业中心，顶部通过连廊将传统商业与绿化广场相连。钟鼓楼下沉街及下沉广场的附属商业设施容纳了城市发展中增加的商业服务等空间，延续了该地区的商业文化氛围。下沉街线性空间不仅连接了钟楼、鼓楼两座文物建筑，而且对广场内的各种活动起到了支撑促进作用，保护了西安文化古都的风貌。如图 4-39 所示。

3. 改善地下空间环境型

对于存在大规模地下步行系统的城市区域，运用下沉街的方式能够为地下空间带来自然采光和通风，并引入城市景观增强人们在地下空间的方位感，富于变化的下沉街空间提高了整个地下空间系统的活力。如汉诺威火车站前下沉街、福州八一七中路下沉街设计。

1）汉诺威火车站前下沉街

德国汉诺威市中心最重要的帕斯勒步行地下街长 700 m，其中有 1/3 为下沉街。它从克洛克街延伸到火车站前广场，并与周边的地下步行系统结合成为一个地下步行网络。它方便人们去往火车站地下站厅、公共汽车总站、小汽车停靠点、站前商业街等城市空间，减少了人流对地面交通的干扰，提高了过街的安全便捷性；下沉街与下沉庭院结合使空间富于变化，内部光线充足，打破了地下空间的沉闷感，提升了地下空间的环境品质。如图 4-40 所示。

(a) 下沉街内景 1

(b) 下沉街内景 2

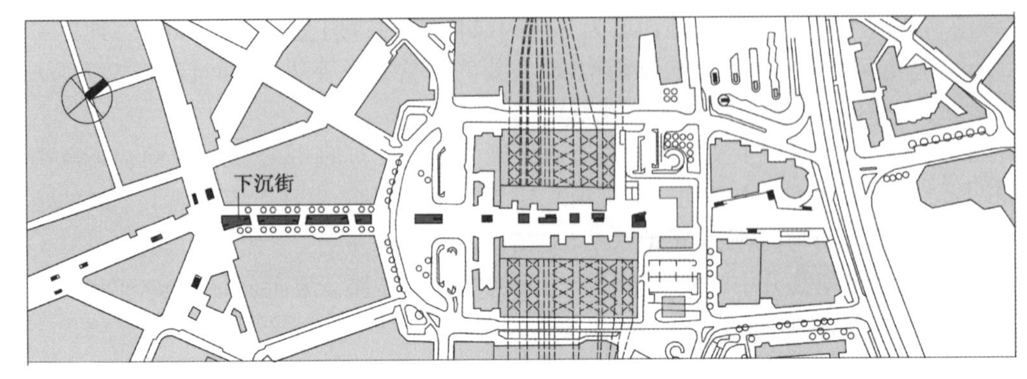

(c) 下沉街地面层平面图

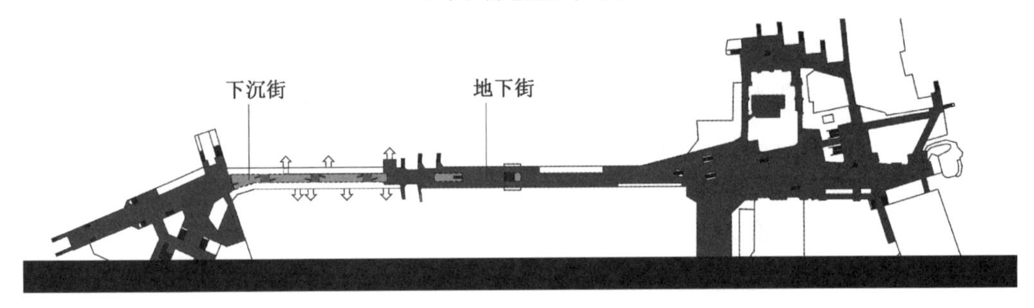

(d) 地下一层平面图

图 4-40 德国汉诺威火车站下沉街

2) 福州八一七中路下沉街方案

福州八一七中路地区城市设计方案在近 1 km 长的地下街设置了 10 多个不同大小形态的下沉广场,增加了地下空间的趣味。此外,还有一条长 300 m 的下沉街,它的一侧为地下商业,另一侧与紧邻的城市公园结合,不仅使地下空间获得自然采光通风,而且将公园山水园林景观引入地下空间,打破了地下空间的封闭感。与一般下沉街向上开敞的做法不同,该下沉街向侧面开敞,引入对面的瀑布、水池、草坡,使下沉街达到最大的开放性,为城市创造出一处极具自然特色的步行商业空间。如图 4-41 所示。

(a) 下沉街空间效果图

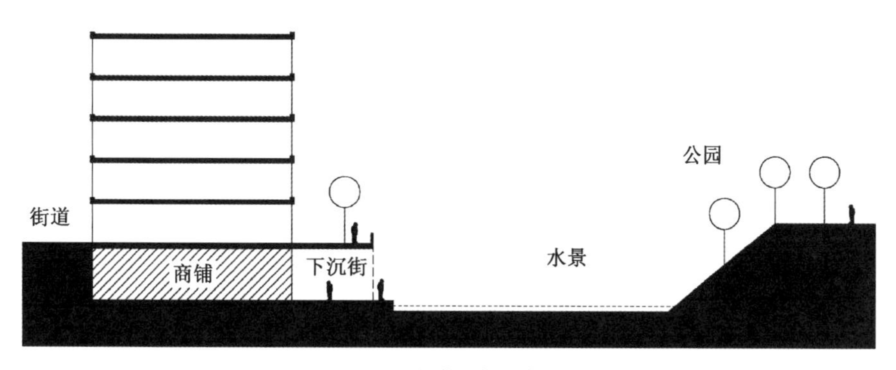

(b) 下沉街空间示意

图 4-41 福州八一七中路下沉街

4.4.3 下沉街的出入口方式

下沉街的出入口是进入下沉街的过渡空间，对提高下沉街空间的识别引导性、减轻进入地下空间的不适感、增强地下空间活力具有重要作用。下沉街出入口设置方式可分为普通型、下沉广场型、建筑内部型、建筑中庭型四类(表 4-2)。

表 4-2　　下沉街的出入口方式

类型	剖面图示	评价	典型案例
普通型	楼梯 扶梯 坡道	常位于线性下沉街端部，采用楼梯、扶梯、坡道等简单垂直连接构件	北京三里屯 SOHO 下沉街(图 4-42)； 鹿特丹 Beursplein 下沉街
下沉广场型	下沉街 广场 广场	常在下沉街出入口节点位置设置识别性较强的下沉广场，较多用于大型的地下空间	西安钟鼓楼下沉街； 杭州波浪文化城下沉街
建筑内部型	建筑	位置相对较为隐蔽，通过地下步行系统将建筑与外部下沉街相连	汉诺威火车站下沉街

续 表

类型	剖面图示	评价	典型案例
下沉中庭型	中庭	建筑中庭通过下沉与地下步行系统的连接；使中庭作为下沉街的入出口	北京三里屯 SOHO 下沉街

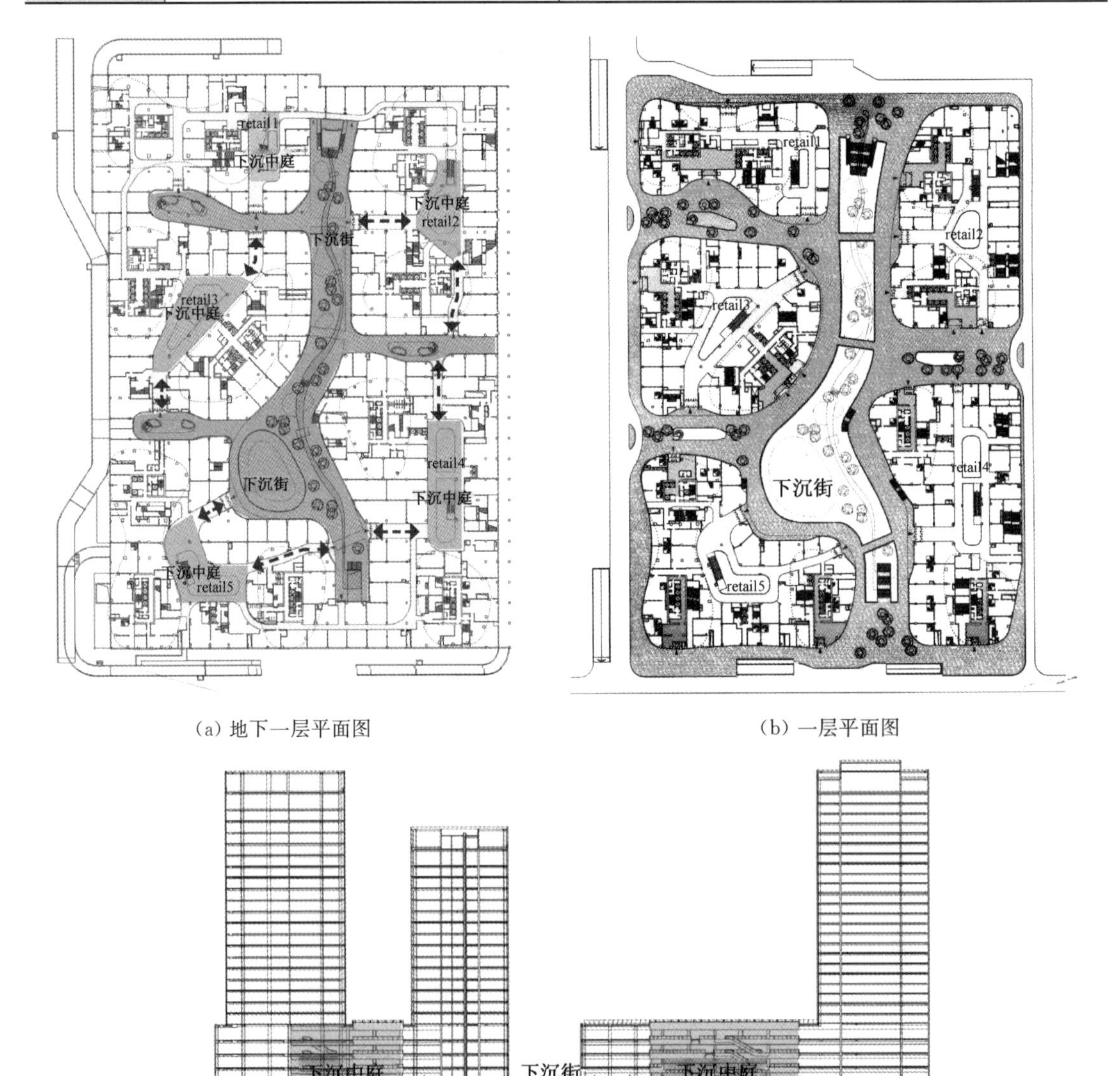

(a) 地下一层平面图

(b) 一层平面图

(c) 下沉街剖面图

图 4-42　北京三里屯下沉街中庭型出入口示意[21]

5 地下、地上一体化设计

——提升地下公共空间有效性的策略

5.1 地下公共空间有效发展的主要障碍

目前,制约地下公共空间有效发展的主要因素是空间环境因素和建设体制因素。前者导致了地下空间使用的心理障碍,后者则成为地下空间开发利用的体制障碍。

5.1.1 心理障碍

地下的空间环境与地面的差别主要体现在客观上的物理环境差别和人主观上的心理环境差别。随着地下通风、照明、除湿和卫生等技术手段的不断更新与提升,地下空间内部的物理环境指标与同类型的地面建筑已没有太大区别,完全可以达到人体需要的生理舒适性。但在心理环境方面,由于人的天生本能和对地下空间的负面印象以及消极联想,目前还存在较大的心理问题,以至于成为地下空间进一步开发利用的主要障碍。[22]

1. 时间感应

自然采光给人的一个重要心理联想是阳光意味着健康和生机。人们会根据日光及其变化所产生的光影建立起人与外界的联系,感到时间的流逝。但在地下空间中,通常是黑暗而缺少阳光,地上和地下明确划出界限,给人以心理上的不安定感。

2. 空间定位

人们在地面环境时,不论是否主动意识到,都有一定的方向感,这是人类适应大自然的一种生物罗盘功能。但身处地下时,人的这种定位能力受到很大削弱,迷路与迷向的可能性增大,进而产生与世隔绝的感觉。同时,由于地下本身单调沉闷,再加上缺少对周边环境的认知,更容易产生恐慌、紧张甚至引发空间幽闭感和恐惧感。

3. 脱离自然

每个人都会感受到外界自然环境的刺激,如随时观察到绿色植物和天气状况,了解四季的变化,产生与自然环境接触的感觉,从而使心理得以放松,这可能是人在地面环境中养成的习惯。而地下空间通常不分昼夜地保持恒定的亮度、温度和湿度,人们容易丧失对外界自然环境的感知,进而引发心理上的不适应。

4. 传统偏见

在传统社会文化与宗教传说的影响下,很多人对地下空间持有负面的印象,如地狱监禁、妖怪恶魔、虫蛇猛兽与流行疾病等。同时,还会联想到贫穷、肮脏和落后的生活方式,或者受过去对地下空间的消极体验和社会偏见等因素的影响,都会使人在进入地下空间时产生心理障碍。

5.1.2 机制障碍

与国内当前地下空间开发的重要性和紧迫性相对应的却是相关建设机制的严重缺失,城市地下空间的综合性开发未能得到科学引导,使地下公共空间只能局限于地下进行研究,无法从政策和管理上进行整合设计,地下空间也就无法摆脱心理障碍的束缚。

1. 专业各自为政

城市地下空间的开发利用是一项系统工程，既要研究地上、地下的协调，又要考虑各个分系统之间的配合，这需要相关专业人员之间的协同合作。早期的城市功能较为简单，道路、广场和公园等公共区域的建设均由建筑师统筹，为城市公共环境与构筑物形态的整合提供了良好的基础；而在近代以后的城市中，由于各城市建设学科的专业细分和独立发展，在促进技术进步的同时，带来了封闭孤立的运作模式和条块分割的设计权限，地下空间与地面建筑、道路交通和绿化景观等工程分别由不同的部门管理和不同的专业人员设计，各自为政，无法满足城市地下与地上空间整合发展的需求。

2. 控规条块分割

国内与城市地下空间管理直接相关的有国土资源、城市规划、建设管理、道路交通、市政和人防及消防等十多个部门，但尚未形成专门针对城市地下空间开发和利用的综合性管理体制。其中，城市规划是目前指导我国城市建设的重要途径，城乡规划法更是直接引导和控制各种城市建设的法规依据，按照现行国内《城市用地分类与规划建设用地标准》(GB 50137—2011)的规定，城市建设用地按照用地性质被划分为居住用地、公共管理与公共服务用地、商业服务业设施用地、工业用地、物流仓储用地、道路与交通设施用地、公共设施用地和绿地与广场用地等八大类。基于这种城市用地的二维管理方式，造成了土地边界的平面划分，这虽有利于城市土地的分项管理，但同时也制约了不同权属的城市要素与地下公共空间之间的相互联系，难以适应地下公共空间与不同建筑地块的地下空间的协同发展。

5.2 克服地下空间心理障碍的策略——从地面导入地下空间愉悦源

人们对于地下空间环境的感知与体验依赖于一定的意象和图式，而人们最习惯最熟悉的外部空间实际上是人与自然进行“光合作用”的地面环境。[23] 只有在自然环境中，人们才会在生理和心理上都达到最佳状态。因此，地面是地下空间心理愉悦的策源，当地下的环境向人们熟悉的地面环境方向发展时，人们是可以克服潜在的心理障碍的。

5.2.1 引入自然光

尽管现在已有了可以非常接近地复制自然光光谱特征的全光谱灯泡，但是，在地下空间设计中还是应尽量引入自然光，这不仅可以满足人的基本生理需求，而且可以加强与自然环境的接触，在视觉心理上减少地下空间所带来的不舒适感。因此，如何通过引入自然光来打破地下的封闭感，克服潜在的心理障碍，是地下公共空间设计的重要内容。总体来看，将自然光引入地下公共空间有直接采光和间接采光这两种方式(图 5-1)。其中，引入直接光是通过不同类型的建筑开洞进行采光；引入间接光则是利用集光、传光和散光等装置与配套的控制系统将自然光传送到需要照明的部位。

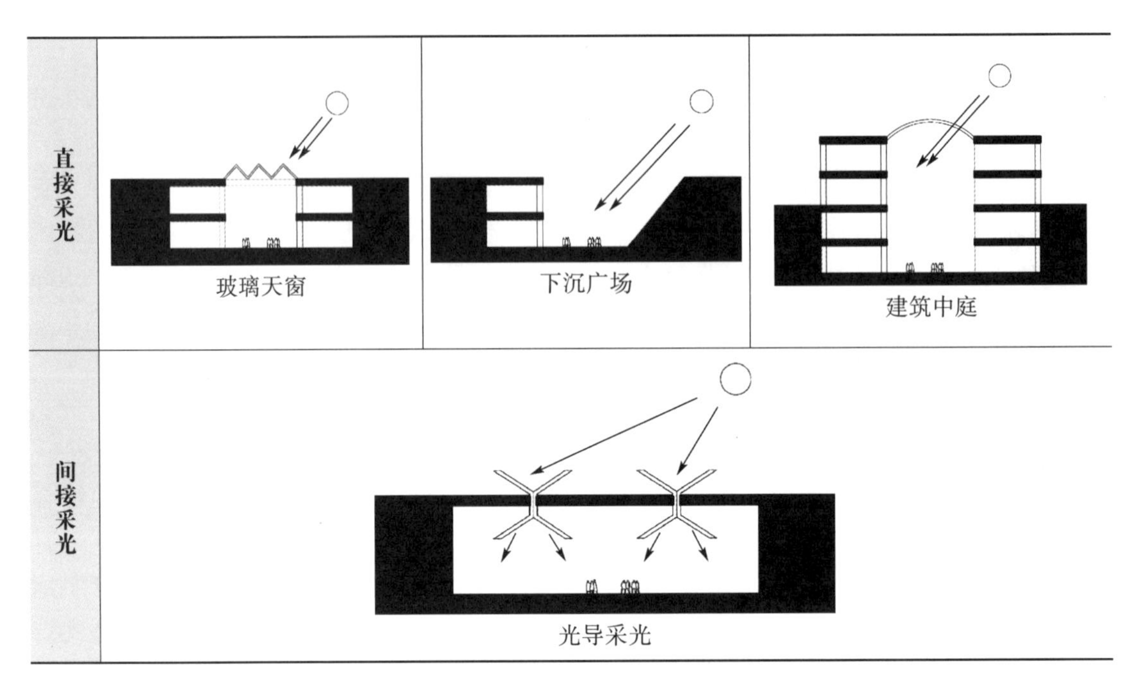

图 5-1　地下空间引入自然光示意

1. 直接采光

1）玻璃天窗采光

玻璃天窗采光，又称顶部采光，是通过地下空间的顶部开设与地面相通的玻璃天窗，最大限度地引入自然光，这是一种比较常用的地下空间采光方式（图 5-2）。

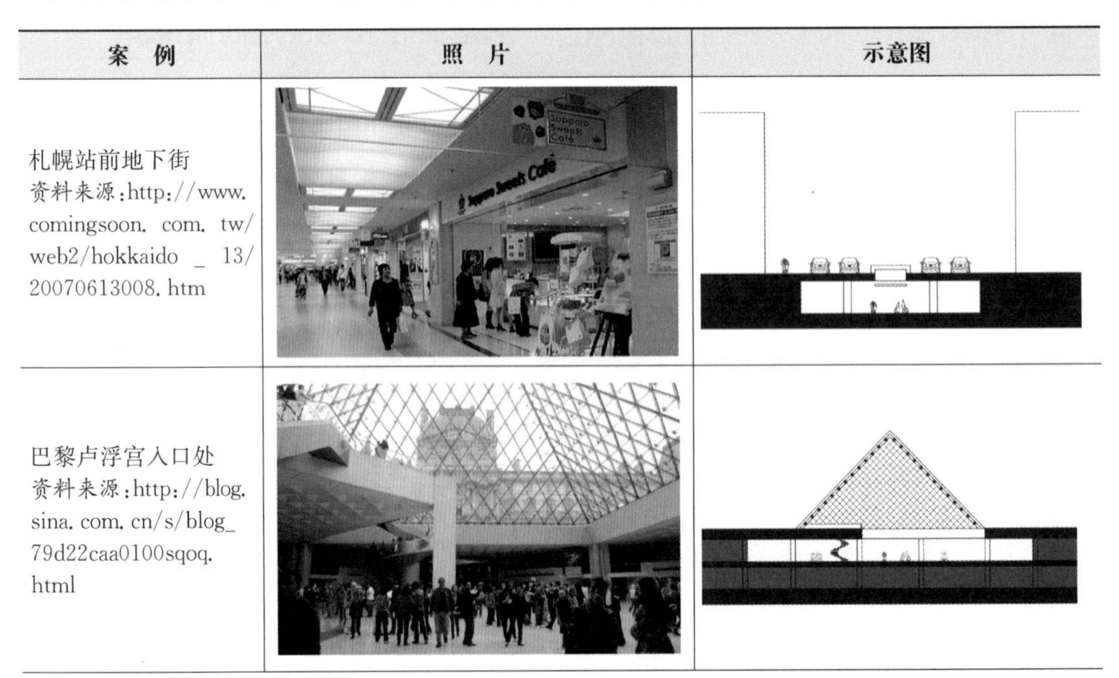

案　例	照　片	示意图
札幌站前地下街 资料来源：http://www.comingsoon.com.tw/web2/hokkaido_13/20070613008.htm		
巴黎卢浮宫入口处 资料来源：http://blog.sina.com.cn/s/blog_79d22caa0100sqoq.html		

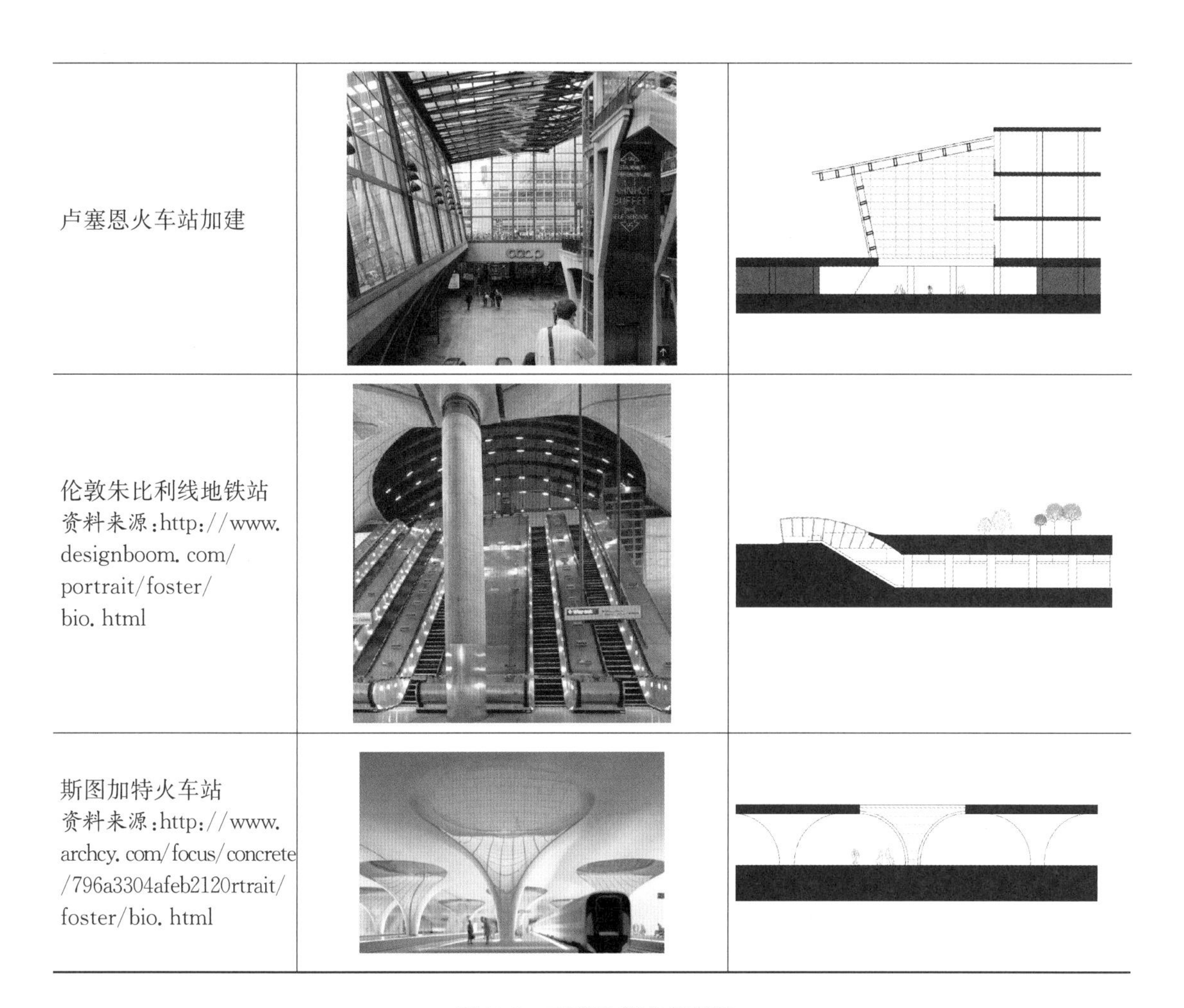

图 5-2　玻璃天窗采光案例

例如在日本札幌站前地下街中，自然光透过带形的玻璃顶棚将地下商业街照亮，让人们在地下也能感受到阳光；在巴黎卢浮宫的地下扩建项目中，通过通透的玻璃金字塔顶将阳光投射到地下展馆的入口门厅内，整个大厅敞亮而富有生机；瑞士卢塞恩的火车站加建工程中，通过顶棚及侧面的玻璃幕墙采集自然光，将整个地下交通大厅照亮；在诺曼·福斯特设计的伦敦朱比利线地铁站中，通过 3 个玻璃贝壳状的地面出入口将自然光顺着自动扶梯倾斜射入地下候车空间，不仅使地下空间更加开敞明亮，而且使处于站厅不同标高的乘客虽在地下，也能清晰地辨别方向，跟随自动扶梯出站，提高了空间的自明性和方向性；同样，斯图加特火车站地下站厅也是通过倒锥形的采光天窗将自然光引入地下空间，使站厅空间更加开敞明亮。

2）下沉广场采光

下沉广场采光通常应用于用地面积较宽敞的城市开放空间中（如市中心广场、站前交通广场、公共建筑入口广场和绿化公园等），通过地面的局部“下沉”，在下沉空间的边侧开设大玻璃门窗以引入自然光，这样地下空间可以得到如地面一般的柔和侧向光，有利于模糊地上、地下的区别(图 5-3)。

案　例	照　片	示意图
深圳华润万象城 资料来源:http://www.rtkl.com/		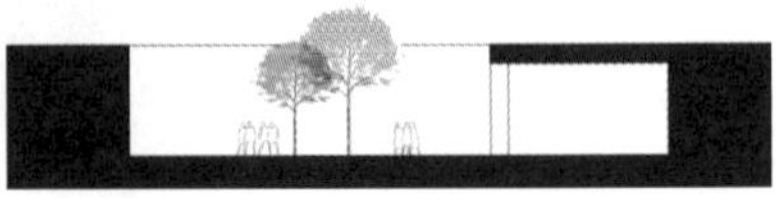
美国芝加哥汉考克中心 资料来源:http://www.pinterest.com/jarold2000/chicago/		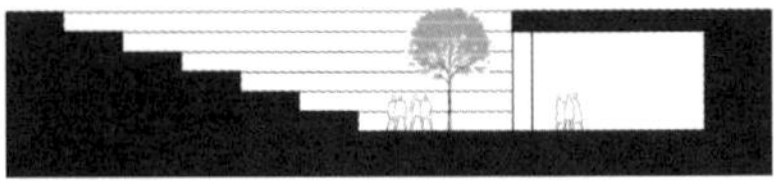
奥地利格拉茨的约阿内博物馆扩建 资料来源:尚晋,2012		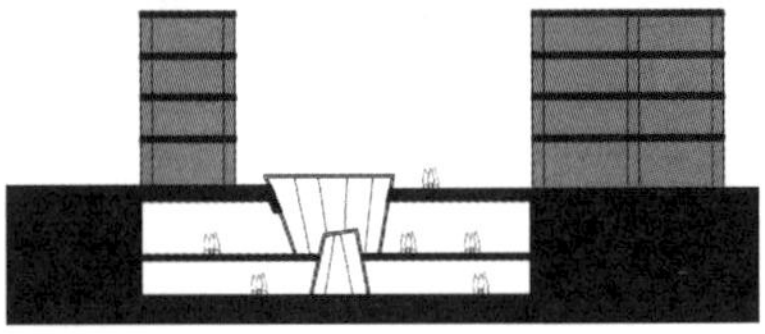
旧金山内河码头中心 资料来源:http://www.cflac.org.cn/tpzx/js/201111/t20111108_20978.html		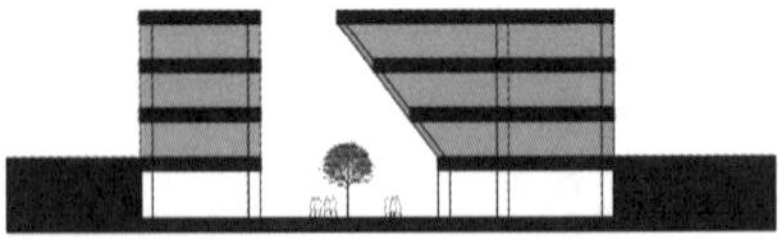
瑞典斯德哥尔摩的哈默比湖城“柯本”街区		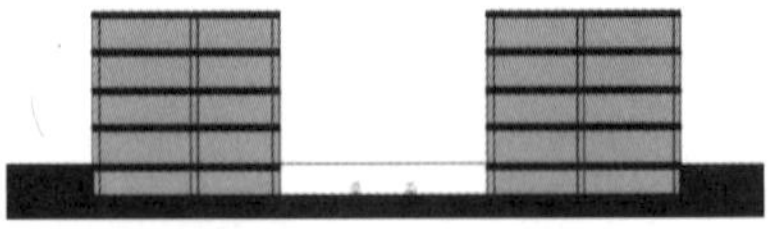

图 5-3　下沉广场采光案例

在深圳华润万象城中，通过入口下沉广场的过渡，将自然光引入地下，使得地下空间和地面商业连为一体；在芝加哥汉考克中心，明亮的阳光同样能直接照射到下沉广场中的咖啡休闲区，让身处其中的人获得地面感；在奥地利格拉茨的约阿内博物馆扩建中，由历史建筑围合的新广场地面是由一系列圆形的下沉庭院组成的，它们是地下的大堂、博物馆和图书馆的公用空间，也是前往各处的集散点，在白天通过相互嵌套的弧形玻璃可以将自然光一直引入地下二层空间，反过来又在夜间用人工光照亮广场，极具表现力；在美国旧金山内河码头中心，明媚的阳光顺着斜向的建筑体型被引入到建筑群之间的下沉广场中，底部扩大的地下空间为使用者提供了一个轻松明亮的户外环境；而在瑞典斯德哥尔摩的哈默比湖城“柯本”街区中，两栋公寓楼之间设有下沉的内部庭院，由于处于下风向的负压区，这里可以沐浴温暖的阳光，为社区居民日常生活和聚会提供了舒适愉悦的户外场所，也加强了社区感。

3）建筑中庭采光

建筑中庭采光一般是在大型建筑综合体内通过上、下贯通的竖向中庭空间，将阳光由顶部的玻璃穹顶引入地下，这可以有效消解地下空间带来的封闭单调和压抑隔绝的不良感受（图5-4）。

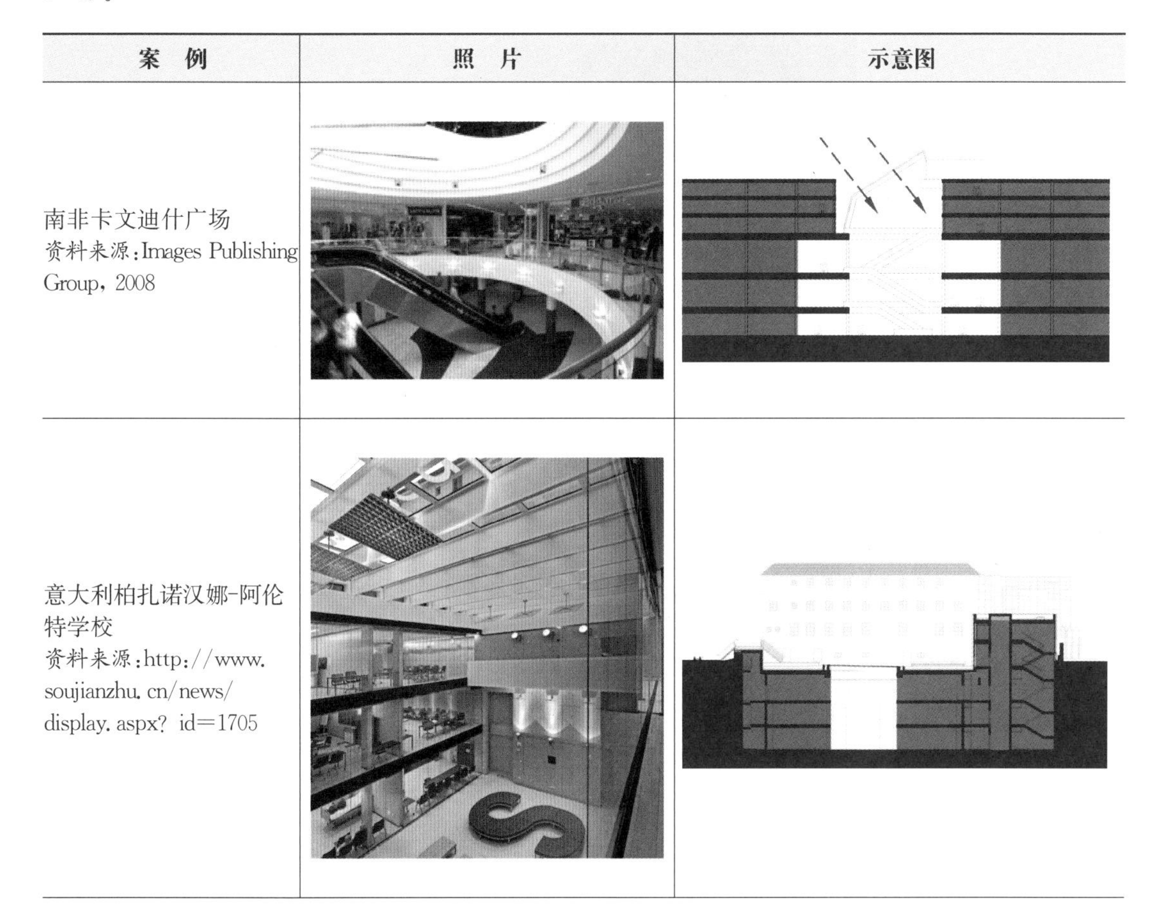

案　例	照　片	示意图
南非卡文迪什广场 资料来源：Images Publishing Group，2008		
意大利柏扎诺汉娜-阿伦特学校 资料来源：http://www.soujianzhu.cn/news/display.aspx?id=1705		

澳大利亚墨尔本中心 资料来源：http://www.walkingmelbourne.com/forum/viewtopic.php?t=2529		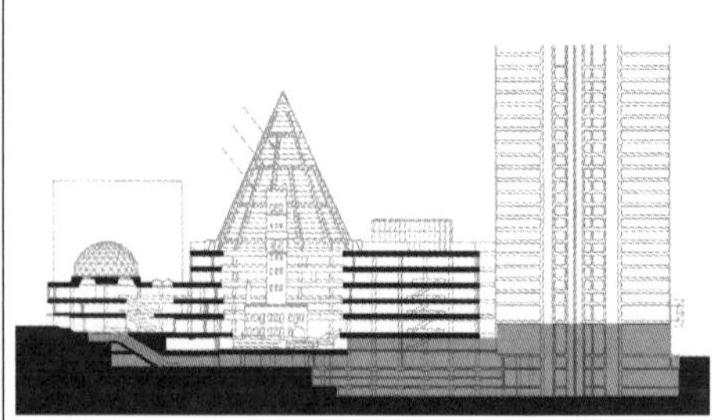
德国国家历史博物馆新馆		
蒙特利尔的地下空间		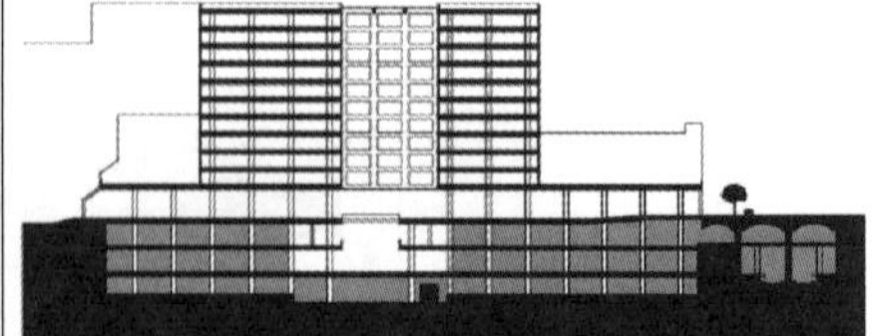

图 5-4　建筑中庭采光案例

在南非开普敦的卡文迪什广场中，借助于建筑中庭和玻璃拱顶将阳光直接引入与地铁站厅同标高的地下二层，出站的乘客在阳光的引导下可以很自然地进入中庭空间；意大利的汉娜-阿伦特学校由于用地条件的限制，只能将学校扩建部分布置在地下，设计通过设置全地下的中庭空间，满足了地下教学的采光与活动需要；在澳大利亚墨尔本中心，阳光透过圆锥形玻璃顶洒落在圆形的大厅内，将地下空间和历史建筑、绿化景观融为一体；同样在德国国家历史博物馆新馆设计中，阳光通过新馆的玻璃大厅投射到地下中庭，创造出了变幻丰富的自然光影效果，引导游客进入地下展厅和由军械库改造的历史博物馆；而在拥有世界上最大规模地下步行网络的蒙特利尔的地下空间建设中，巧妙地将上部公寓建筑的天井作为地下商业空间的中庭采光井，有效消解了地下空间封闭单调和压抑隔绝的不利影响。

2. 间接采光

1）导光管法

导光管照明系统不同于传统的照明灯具，是一种新型的高科技照明装置，它的原理是把光源发出的光从一个地方传输到另一个地方，先收集再分配，从而进行特定的照明。常用的导光管照明系统主要由聚光器、光传输元件和光扩散元件三部分构成(图 5-5)。其中，聚光器的主要用途是吸收太阳光，并把它聚集到管体内，也有的聚光器能够通过计算机的控制来跟踪阳光，以便能最大限度地收集太阳光；光传输元件是利用光的全反射原理在管体内部传输太阳光；光扩散元件则是利用漫反射的原理，将收集的太阳光扩散到室内[24]。在实际项目中，竖直向导光管的应用最为普遍。如在柏林波茨坦广场设计中(图 5-6)，导光管可以穿透各层楼板屋面将自然光引入到室内的每一层直至地下层。需要注意的是，由于自然光存在不稳定性，往往需要给导光管配备人工光源作为后备光源使用，以便在太阳光不足时可以提供辅助照明。

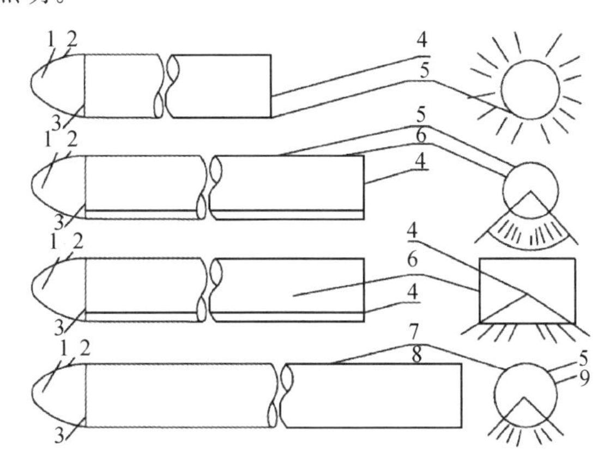

1—光源；2—镜面反射；3—玻璃；5—导光管；
6—镜面反射膜；7—散射器；8—光栅；9—全反射棱镜膜

图 5-5 导光管的组成与类型

资料来源：徐向东，2005

图 5-6　德国柏林波茨坦广场的导光管

资料来源：徐向东，2005

2）光导纤维法

光导纤维采光照明系统一般由三个部分组成：聚光器、光导纤维传光束和照明器（图 5-7）。对于地下空间来说，把聚光装置放在楼顶，然后从聚光器下引出数根光纤，再通过总管垂直引下，利用照明器发光，从而满足地下空间的采光需要。[25]

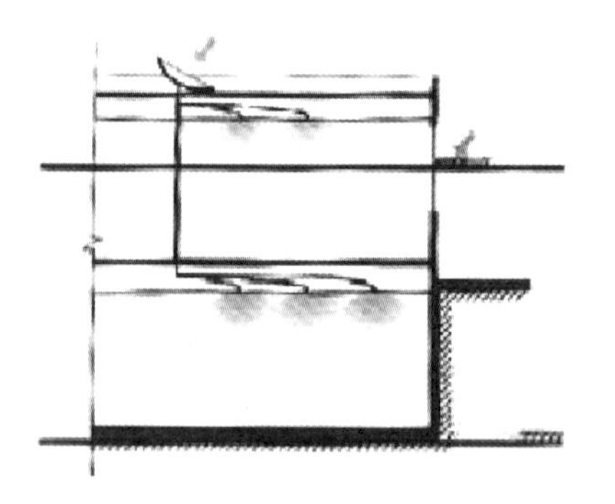

图 5-7　光导纤维采光示意[25]

在纽约低线公园的设计中，提出了将一个废弃的地下车站改造成世界上第一个地下公园的创想（图 5-8）。在技术方案中，天光收集系统采用了一套装备 GPS 的光学聚光器收集太阳光，这个捕捉阳光的设备看起来像一个碟形卫星天线。集中后的阳光通过光纤传输至地面以下，利用嵌在天花板上的另一个碟形盘装置将太阳光散射出来，照亮地下公园，以促进植物的生长。为此，设计团队专门研制了一个复杂的多边形曲面散射穹顶，将上层天光收集器所聚集的光线，通过复杂的反射和散射方式照亮地下空间。为了使进入地下的阳光反射率最大化，曲面天花板的形态非常独特，以至于没有两个面板是完全一样的，每个面板在长度或宽度都有细微的差别。而在穹顶下方，景观设计人员营造了一个由苔藓覆盖的小丘和日本枫树组成的绿色花园，充满了清新健康的自然气息，高大的树木在宽阔的草地上投下长长的影子，人们可以聚集在这里交流和欣赏音乐，也可以三三两两坐在长凳上沐浴暖洋洋的阳光。

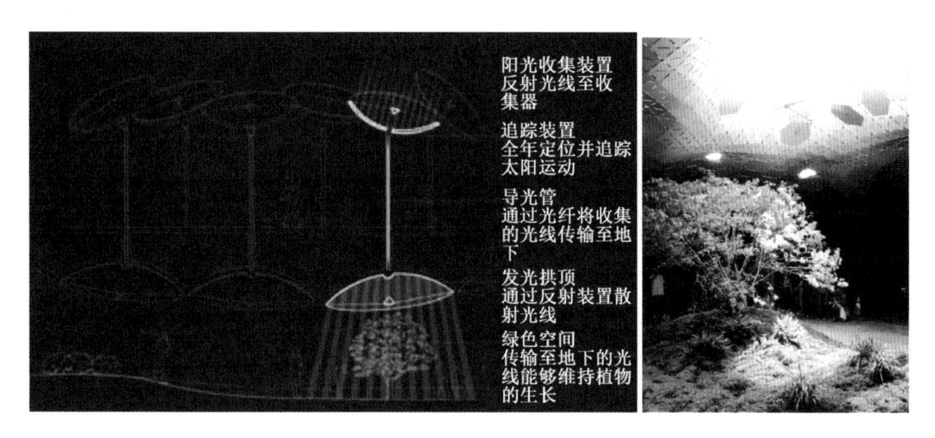

图 5-8　美国纽约低线公园采光示意[25]

5.2.2　引入地面景

引入地面景观是克服地下公共空间心理障碍的另一个重要途径。景观指自然和想象中的开放而广阔的景色，类似于风景、景色等，主要是针对人类而存在的视觉事物，存在于人们的视觉感受中[26]。大自然中的许多景物，如瀑布、溪流、树木和花草等，都会使人感到舒适、愉悦和兴奋，如将这些自然景观直接引入地下公共空间，甚至引入大自然的环境声，如水声、鸟声等，则都可以增加地下空间的地面感。引入地下公共空间的地面景观大致可以分为地形景观、绿化景观、水体景观和人文景观等。

1. 地形景观

从地理学的角度来看，地形是指地球表面上高低起伏的形态，如平原、盆地、丘陵、河谷和高原等。由于地面与地下之间存在着高差，为地形的人工塑造提供了有利条件(图 5-9)。

案　例	照　片	示意图
韩国国家湖畔公园设计 资料来源：C'topos, 2009		
兰州陆都花园 资料来源：童林旭，2012		

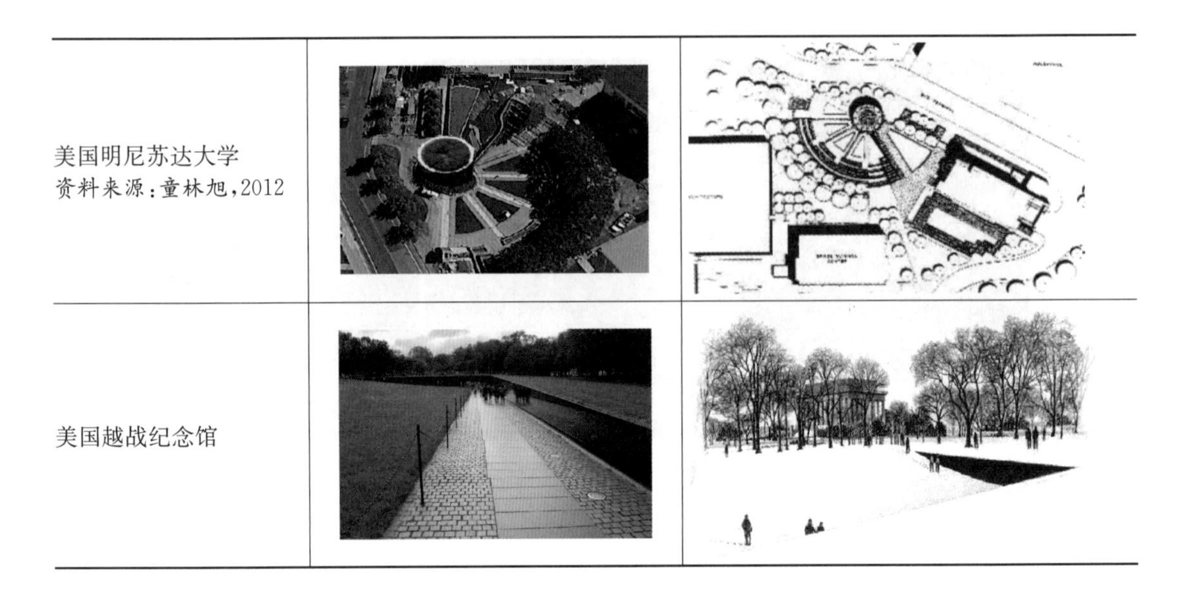

图 5-9　地下引入地形景观案例

有的地形景观运用柔美流畅的曲线来模拟自然倾斜的地形地貌。例如在韩国国家湖畔公园设计中，强化自然草坡的概念，对原有的公园小路、运动活动场地以及受损的林区进行恢复和重塑，并通过地景建筑设计的手法增加新的健身娱乐设施，利用下沉庭院提供场地与建筑内的自然通风，面向下沉庭院而逐级跌落的大台阶可供游人休息、观赏和交流，形成地面与地下相互渗透的多层次空间。在兰州陆都花园中，利用人工覆土形成错落起伏的微地形，将地面园林景观引入地下，地下建筑的采光顶及入口玻璃壳体镶嵌在自然倾斜的草坡上，共同组成轻松活泼的景观形态。

有的地形景观强调抽象简洁的几何线条，如运用嵌草大台阶或几何形土坡营造出丰富而有序的地形层叠关系。在美国明尼苏达大学地下系馆的设计中，扇形的下沉广场从地面景观层面开始跌落，每层都有绿化景观和休息平台，其规则的形态与核心建筑相互呼应，很好地整合到场地中。

还有的通过地面景观的倾斜和延伸，让地形肌理自然地延续至地下空间。如在美国越战纪念馆设计中，一片大草坡通过缓缓下降的坡道将人流引入到下沉的纪念碑墙，整个场地与原有地形相互嵌套，融为一体。

2. 绿化景观

绿色植物是自然与生命的象征。如果巧妙地引入植物景观，可以柔化以人工环境为主的地下空间，还可以改善地下空气质量，营造健康舒适的空间氛围(图 5-10)。

在韩国国家生态研究中心，地景式建筑结合自然地形蜿蜒伸展，设计师在地面和下沉庭院中种植大量植物，让人身处绿化环境之中，游客既可以在户外享受自然风光，同时也可以进入大棚内去体验热带雨林、瀑布、微型山等自然风景，开敞的设计使下沉庭院阳光明丽，生机盎然；土耳其伊斯坦布尔 Kanyon 商业综合体则利用跌落的弧形绿化平台和浓密的灌木种植，为地下商业街空间提供生态绿化景观，让人们更加心情愉悦地购物休闲；而在法国国家图书馆中，一个大尺度的下沉庭院镶嵌于周围宏伟的建筑群中，庭院内种满了参天大树，空气清新，为市民提供了安静祥和的学习氛围。

案　例	照片、示意图
韩国国家生态研究中心 资料来源：http://news.zhulong.com/read179604.htm	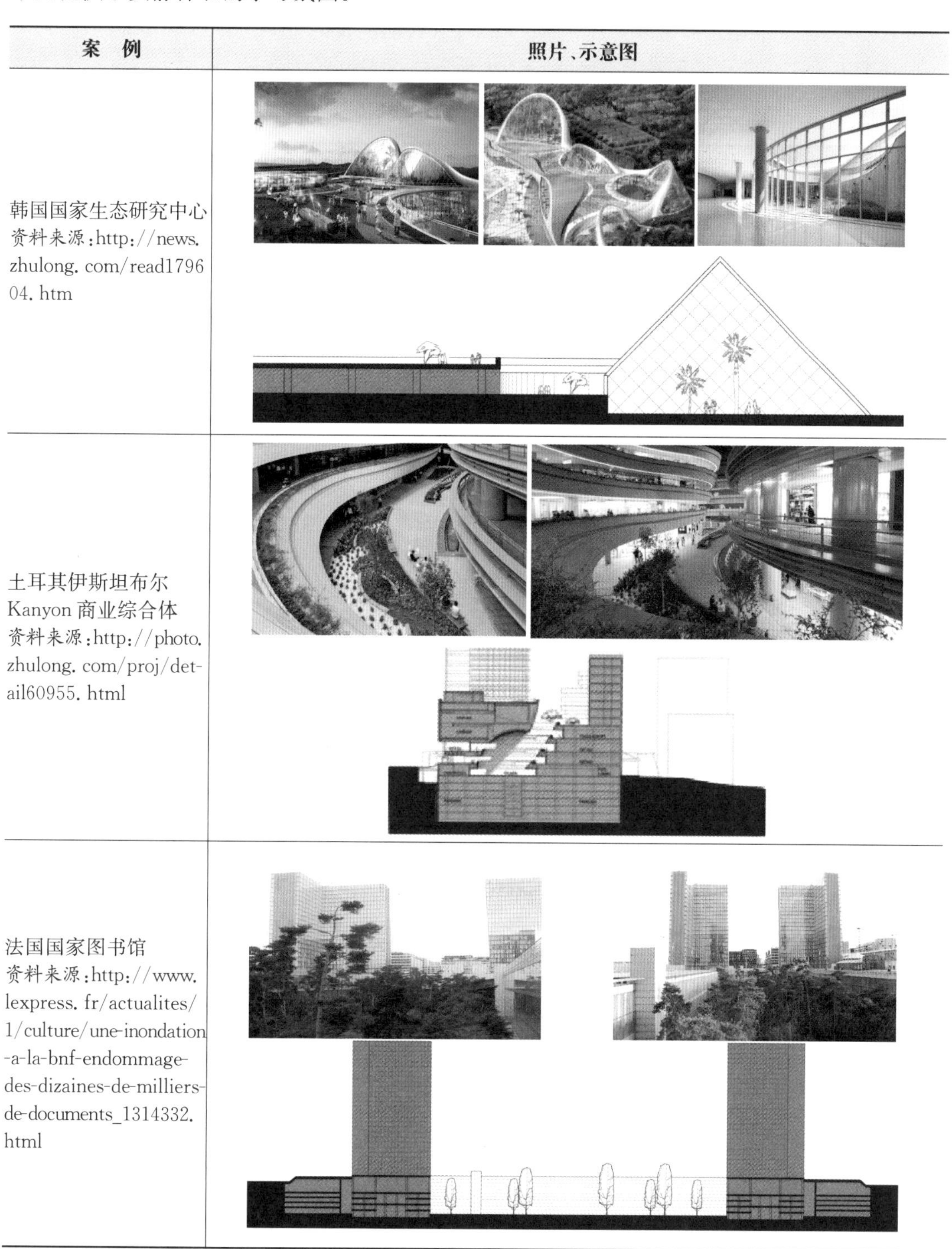
土耳其伊斯坦布尔Kanyon商业综合体 资料来源：http://photo.zhulong.com/proj/detail60955.html	
法国国家图书馆 资料来源：http://www.lexpress.fr/actualites/1/culture/une-inondation-a-la-bnf-endommage-des-dizaines-de-milliers-de-documents_1314332.html	

图 5-10　地下引入绿化景观案例

3. 水体景观

亲水戏水是人类的天性，与绿化植物相比，水体显得更为活跃而生动，除了视觉上的吸引力外，流动的水还能给空间带来灵气，唤起人们对大自然的美好记忆。在地下环境的设计中，可以通过丰富多彩的水景形态及其亲水设计为地下空间带来活力和魅力，增加空间的景观层次与趣味性(图 5-11)。

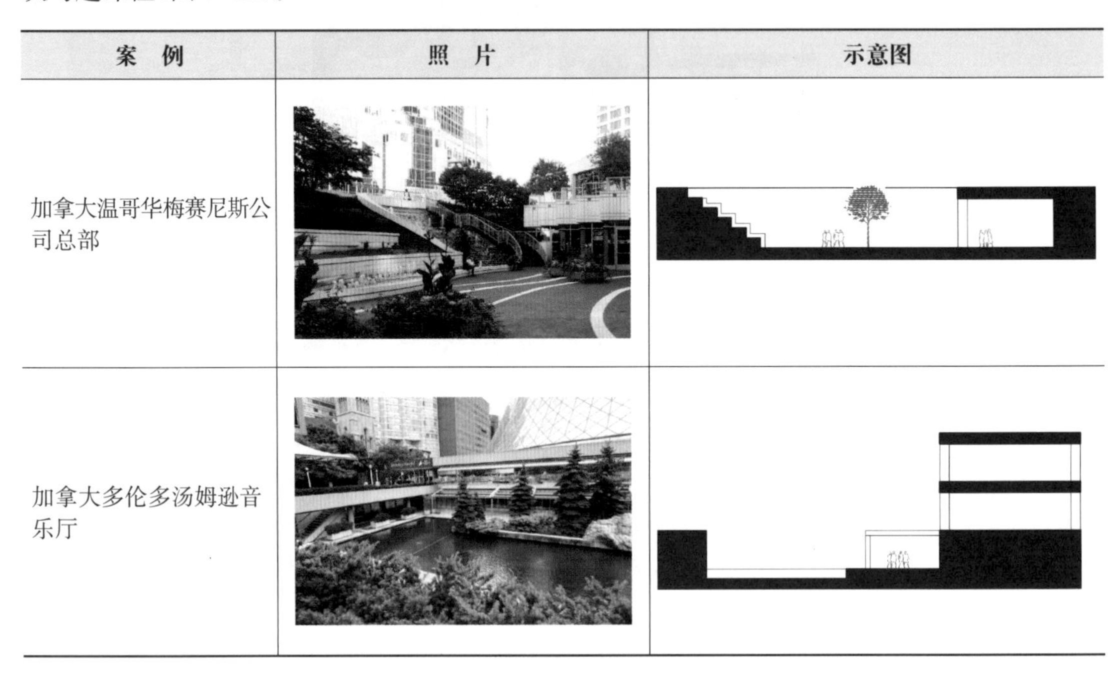

案　例	照　片	示意图
加拿大温哥华梅赛尼斯公司总部		
加拿大多伦多汤姆逊音乐厅		

图 5-11　地下引入水体景观案例

有的利用下沉空间的地形高差组织跌水景观，如人工瀑布和阶梯状叠水等。如加拿大温哥华市滨水区的梅赛尼斯公司总部大楼，结合地形设计了一个舒适宜人的下沉休闲庭院，面向街道设置了大台阶进行引导，喷泉与跌水景观与步行台阶互相平行布置，地面人群可以沿着跌宕起伏的入口水景拾阶而下。这些丰富多样的动态水景不仅可视，而且可听，不同的跌水景观造成不同的视听效果，有效遮蔽了周边街道的汽车噪声，为滨水区提供了一处安逸闲适的公共休息场所。

还有的在下沉空间中设置人工水池，模仿自然界中的湖泊景观，平静而舒展。如加拿大多伦多市的汤姆逊音乐厅北侧的下沉式庭院内布置的大面积静水景观，倒映天光云影，让人忘却身在地下的感觉，微风拂过，水池内水波荡漾，生机盎然。在严寒的冬季，水池则开放为溜冰场，吸引人们使用地下空间。

5.2.3　引入城市活动

城市生活是一个潜在的自我强化过程，人们喜欢在有人活动的地方聚集[27]，这是因为城市中每个人、每项活动都在影响和激发更多的活动。因此，通过城市活动的吸引将人流导入地下也是提升地下公共空间有效性的重要手段。通过活动的吸引和导入，地下公共空间将成为城市整体空间结构中的重要组成，这同时也拓展了城市活动的范围。

1. *步行通行活动*

地下的步行通行活动一般由功能性需求引发，最具代表性的是地铁站建设。地铁站点的流量每天少则几万人，多则几十万人，带来了大量地下人流，成为当前地下空间开发的发动机。如纽约花旗联合中心充分考虑地铁站进出站人流的组织，结合街角的地铁站出入口设置了由大台阶和跌水景观引导的下沉广场，将人不知不觉地引导至地下站厅，并在周边设置了丰富热闹的商业店面和咖啡座椅等，增添了地下空间的活跃氛围；上海静安寺地铁站区也充分利用步行换乘人流，通过下沉广场的开放性设计将商业购物、文化展览、时装表演及音乐会等户外公共活动布置在地下，以促进各类活动的交融和互动，提升地下空间活力（图 5-12）。

案　例	照　片	示意图
纽约花旗银行		
上海静安寺下沉广场		

图 5-12　地下引入地铁站人流案例

为了立体化解决地面快速道路对步行过街人流的影响，建设地下的过街通道或步道系统也可以引入更多的地下步行活动。例如，鹿特丹市为了克服该市最繁忙的交通要道克尔辛格尔街对中心区的切割，设置了一条从六车道马路地下穿过的步行街联通道路两侧的商业街区，同时也联通了地铁站和周边多个大型商场的地下商业空间，将分隔的城市重新连接起来，城市中心区作为流行的购物娱乐场所获得了重生。上海五角场地区则是通过下沉广场来解决步行过街问题，五角场位于四平路、黄兴路和邯郸路等 5 条交通干道的交汇处，周边有万达商业广场、巴黎春天百货和东方商厦等大型商业设施，同时又有地铁五角场站和江湾体育场站，人车矛盾十分突出。在大量机动车尚无条件转移至地下的前提下，环形的下沉广场被作为地面引入到地下空间的步行“中转站”，大批人流进入到下沉广场中，然后再通过四通八达的地下通道到达周边的各个街区、地铁站和商业空间(图 5-13)。

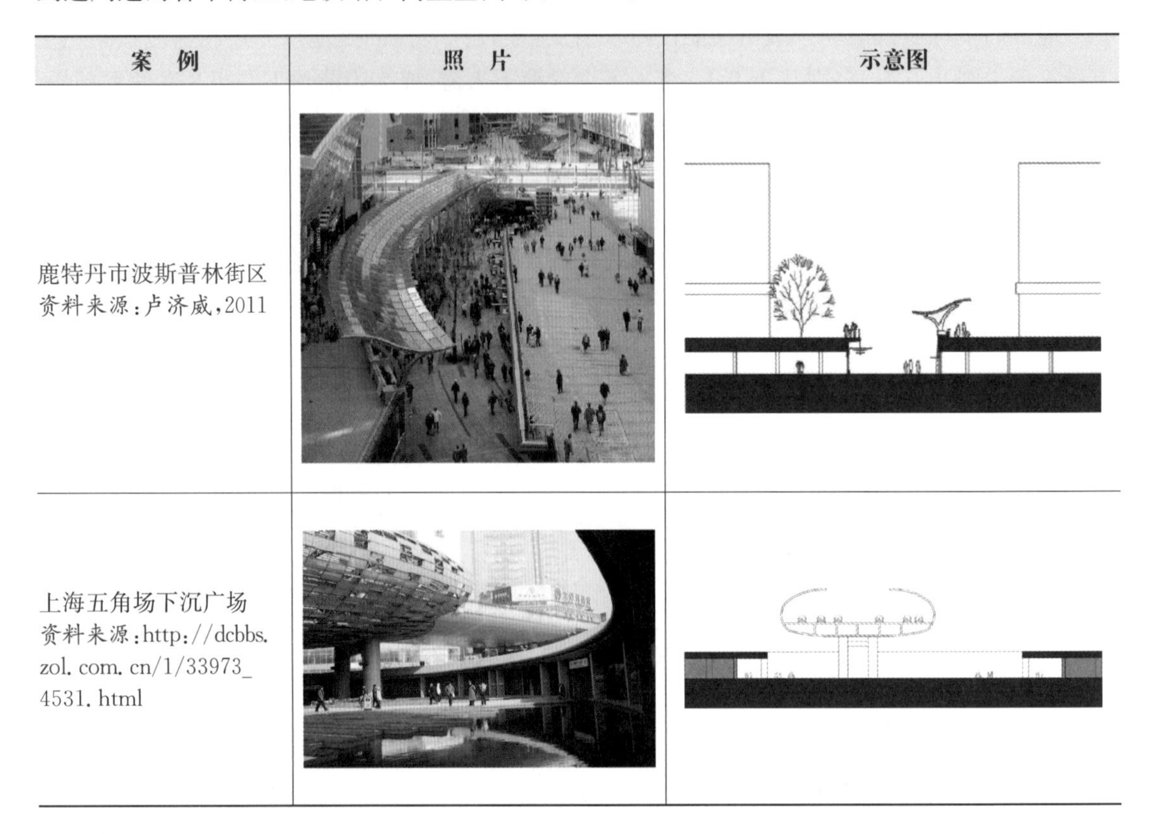

案　例	照　片	示意图
鹿特丹市波斯普林街区 资料来源：卢济威，2011		
上海五角场下沉广场 资料来源：http://dcbbs.zol.com.cn/1/33973_4531.html		

图 5-13　地下引入步行过街人流案例

2. *商业消费活动*

相对于步行交通的流动性，商业、购物、娱乐与休闲等消费空间则是吸引人们驻留于地下的重要内容，也是目前地下空间开发利用的重点。

近 50 年来，发达国家先后开发了大量以商业消费为主体的地下综合体，成为大城市中心区建设的新趋势(图 5-14)。德国、英国和法国等欧洲国家在战后重建中，结合轨道交通建设而开发了许多规模大、内容复杂的地下综合体，如慕尼黑、汉诺威的地下商业街建设等；北美大城市主要是为了解决密集的高层建筑群带来的市中心空间拥挤问题而开发地下空间，通过地下公共空间将周边高层建筑的地下空间连成体系，形成大面积的地下综合体，如纽约的洛克菲勒中心、费城的市场东街和芝加哥的中心区等；加拿大城市冬季漫长，半年左右的积雪给地面交通造成困难，因此大量开发城市地下步行系统，如蒙特利尔的地下步行网络目前已超过 32 km，连接着 6 个大型地下综合体，总面积约 80 余万平方米，每天接待 50 万人次，是世界上最大的城市地下步行网络；日本城市人口密度高，城市用地紧张，其地下空间开发主要以地下商业街为主，据统计，日本已至少在 26 个城市中建造地下街 146 处，日进出地下街的人数达到

1 200 万人，占国民总数的九分之一[28]。

案 例	照 片
汉诺威地下街 资料来源：http://wenku.baidu.com/view/7ac1ec7827284b73f24250e8.html	 
蒙特利尔地下城 资料来源：http://travel.gmw.cn/2012-02/24/content_3645947.htm	 
日本大通公园地下商业街 资料来源：http://www.sapporo-chikagai.co.jp/chikagai/summary.html	 

图 5-14　地下引入商业消费活动案例(发达国家)

近期，许多亚洲城市也积极开发地下空间，建设立体化的商业综合体(图 5-15)。在新加坡 ION Orchard 购物中心设计中，充分利用地铁的交通资源拓展商业空间，新建筑的商业总零售面积 6.6 万 m^2，共 8 层，地下 4 层，商业涵盖时装、生活、娱乐和餐饮等不同业态；台湾京华城也是一个垂直式的都市型购物中心，建筑总面积 6.2 万 m^2，共有 19 层，包括地下 7 层，内容包含百货公司、电影院、俱乐部、零售商店、餐厅和停车场等，是一个多功能复合的休闲购物中心。

案　例	照　片
新加坡 ION Orchard 购物中心 资料来源：http://www.sapporo-chikagai.co.jp/chikagai/summary.html	 
台湾京华城 资料来源：http://www.jerde.cn/	  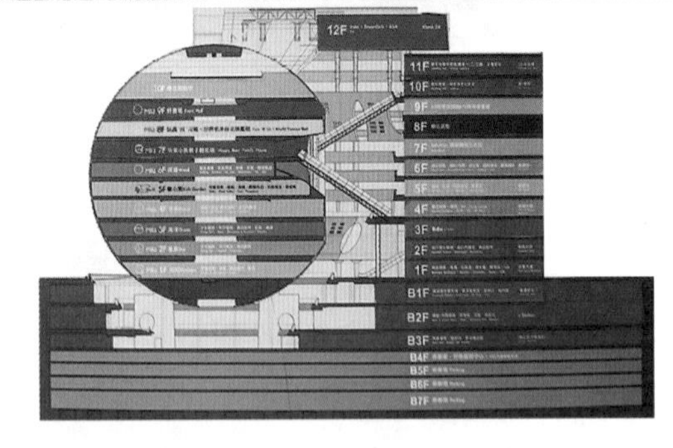

图 5-15　地下引入商业消费活动案例(亚洲新兴国家)

3. 社会交往活动

社会生活是城市公共空间的灵魂。地下空间要成为城市地下公共空间，首先应成为承载社会生活的容器。社会生活往往体现着主体的复杂多元性，既包含社会人群的多元性，也包括活动类型的多元性，还包括时段使用的多元性。因此，要主动吸引人进入地下公共空间，更需要借助丰富多彩的社会生活。

许多下沉广场利用地形高差和视线开阔的空间优势，举办精彩的文化展示活动来吸引市民参加(图 5-16)。在斯德哥尔摩的赛格尔广场,经常举办大型的文化节活动,包括演唱会、街头艺术、舞蹈表演、露天电影与节日庆典等,市民可以在广场上观看各种演出。而在温哥华市中心的罗伯逊广场,一个巨型的弧形玻璃顶覆盖着整个下沉广场,这里经常有人跳舞、唱歌和表演节目,周边的大台阶为市民提供了天然的座椅,人们可以坐在台阶上一起观看广场上的表演。而在冬天,下沉广场被布置成圆形的溜冰活动场,为市民提供了更多的社会交往机会。

案　例	照　片
斯德哥尔摩赛格尔广场 资料来源:http://commons.wikimedia.org/wiki/File:Stockholms_Kulturfestival_Sergels_torg_-_3.JPG	 
温哥华罗伯逊广场	 

图 5-16　地下引入文化观演活动案例

除了互动性强的观演活动外,地下空间也会通过水面、绿化和雕塑小品等来营造安静宜人的休闲场所,吸引人们交流与休憩(图 5-17)。例如在多伦多汤姆逊音乐厅的下沉庭院中设置了大面积的水面,听众在演出休息时可以出来在水边放松心情或交流感想。在斯图加特国会媒体中心,这里每年都会吸引超过 6.5 万人次的参观者,其中部有一个内陷的下沉庭院,建筑师将它设计成一个小型的供人们休憩交往的户外空间,这里也可以举办各种政策研讨或公共文化活动,地下建筑面向广场的为通透的弧形玻璃幕墙,以保证室内与广场活动之间形成视线上的交流。西班牙科尔多瓦的扎赫拉城博物馆位于世界上最重要的早期伊斯兰考古遗址中,展馆主要布置在地下,体现出其服务场地之上的文物古迹,通过两个下沉庭院的组织,地下展馆之间产生了一系列的有顶空间和虚空空间,下沉庭院内既可以做户外展览空间,也可以在此聆听西班牙民族在被统治时期的坚韧故事，从而建立博物馆学与考古学间的独特联系。

案　例	图片示意图
多伦多的户外音乐厅	
斯图加特国会媒体中心广场 资料来源：http://zhan.renren.com/profile/361115035? from=template	
西班牙科尔多瓦的扎赫拉城博物馆 资料来源：李菁，2012	

图 5-17　地下引入休憩交往活动案例

5.3 克服地下空间建设机制障碍的策略——运用城市设计立体整合城市要素

要素整合是推进城市地下公共空间有效发展的城市设计方法。无论是光引入、景引入，还是活动引入地下，作为地下公共空间愉悦的策源，都离不开地面，离不开地下与地面城市要素的整合，离不开地下与地面的一体化设计。因此，地下公共空间作为城市公共空间的一部分，同样需要通过城市设计对城市要素进行三维的整合设计。本节从公园绿地、城市道路和城市建筑等三个方面来探讨地下公共空间和城市要素的立体整合方式。

总的来看，这种整合主要有两种模式：①在城市公园、广场和道路等地面公共空间之下建立地下公共空间体系，然后再连接相邻私人开发（或运营）地块的地下空间，其优点在于空间权属简单，实施操作性强，比较容易保证地下公共部分与私人开发之间的高度连通性；②在私人开发（或运营）地块内部建立地下公共空间体系，通过不同街区内建筑地下空间之间的相互连接而成为共同依存的地下网络，其优点在于较容易获得高品质空间，但需依赖于各个私人业主之间的相互协作与配合。[1]

5.3.1 地下公共空间与公园绿地一体化

公园绿地指城市中向公众开放，以游憩为主要功能，兼具生态、美化和防灾等作用的绿地，其中包括公共绿地、河流和滨水环境等城市开放空间。近年来，地下公共空间与公园绿地的整合设计呈现以下趋势：①地下公共空间与城市的开放空间和自然环境穿插渗透，形成绿色的开放空间网络；②立体集约化开发绿化空间，增加城市绿地拥有量，改善地下空间的环境品质。

1. 地下空间与城市绿色空间网络整合

地下公共空间作为城市公共空间的重要组成，首先应从城市的角度去认识其在城市开放空间和自然环境中的角色与作用。通过绿色生态网络的建设，将各种类型的城市公共空间与自然环境融为一体，这一方面可以使处于地下公共空间中的人们感受到外围环境的自然气息，另一方面也扩展了城市的绿色生态空间。

1）与绿色公园整合

土耳其伊斯坦布尔市的梅伊丹（Meydan）购物中心位于城市中发展速度最快的新区。为了让购物中心的体量成为其周边郊区生态景观的延伸，而不仅仅是采取郊区购物中心常见的孤立在沥青场地上的大卖场加周边停车场的模式，设计师从立体多层面的视角出发，充分利用地形地貌等基地自然特征，将商业建筑群设计成有着大片绿化的生态公园。所有建筑的屋顶都种植绿化草坡，成为与周边城市地表相连续的公园绿地，大部分屋顶上可供行走和休憩，同时通过屋顶采光来建立室内购物空间与屋顶花园间的视觉联系，强调梅伊丹的购物体验与购物中心上部的绿化空间是息息相关的。相互串联的商业建筑群成环状布置，基地中心是半下沉的城市广场，这里可以便捷地去往地下停车场、地上商店甚至屋顶花园；建筑屋顶多处与周边的街道相连，购物者可以通过倾斜的屋顶走向附近的生活住区，这无疑颠覆了郊外购物场所的传统概念，不仅将购物、娱乐、休闲和交通等功能融为一体，而且为缺少绿化空间的伊斯坦布尔新市郊提供了一个绿意盎然的社区公园(图 5-18)。

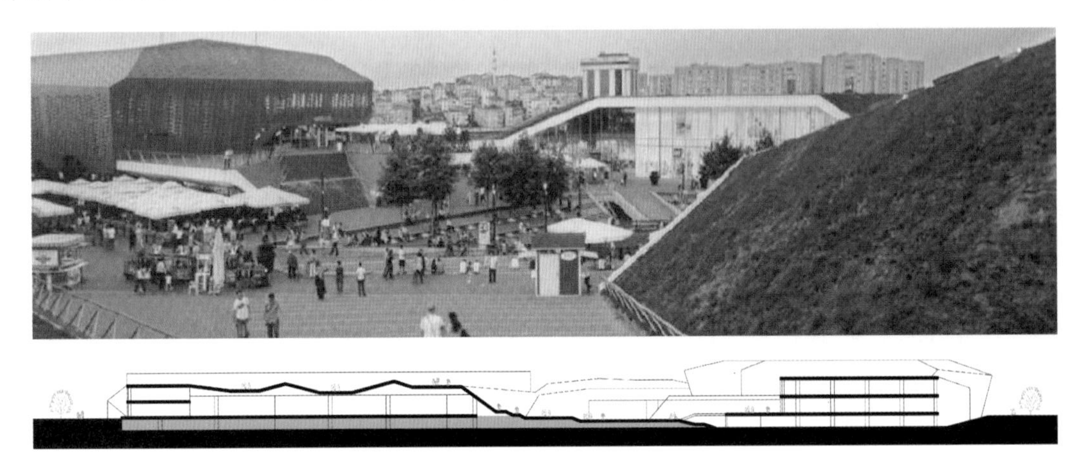

图 5-18　土耳其伊斯坦布尔梅伊丹购物中心[29]

Stozice 体育公园位于斯洛文尼亚的卢布尔雅那市的东北部，与西边的世界贸易中心和东部的森林区一起，成为进入城市的门户景观。体育公园主要由一个附带大型购物中心的多功能体育馆和足球场组成，还包括了供市民娱乐的近 18.2 万 m^2 的超大型绿地公园。双层的购物中心和内部停车库被设计在 12 m 深的地下空间内，通过地下的购物中心空间，可以将足球场和多功能体育馆联系在一起。从天空俯瞰体育公园，由于购物中心被埋在了地下，整个公园与外围绿化环境融为一体，就好似在一片绿地上多了一个贝壳和一个弹坑，人工环境与自然绿化相互辉映(图 5-19)。

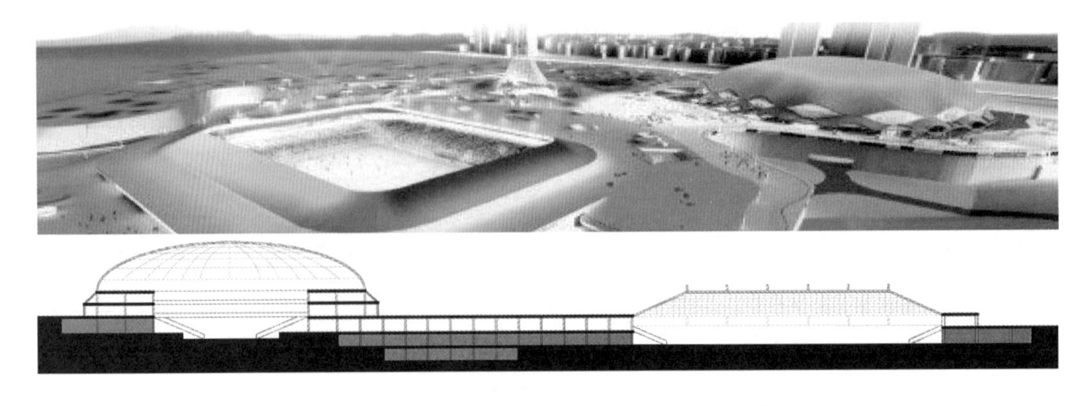

图 5-19　斯洛文尼亚卢布尔雅那 Stozice 体育公园

资料来源：http://www.jzwhys.com/news/7710150.html

2) 与水系整合

福冈博多水城是日本历史上最大的私营地产开发项目之一，也是美国捷得事务所在境外实现的第一个城市综合体。福冈是一个水天相连的河流城市，项目基地位于市中心滨水区的一个废弃的工厂旧址上。为了将基地与周边充满自然气息的滨水区相连结，设计师充分利用水环境资源，将基地南岸的河流——那柯川的河水直接引入基地，开辟了一条下沉的人工运河穿过整个商业建筑群，故取名为“水城”(Canal City)。这条约 180 m 长的人工运河，将基地的 5 个街区联成一体，容纳了购物街、影剧院、娱乐、酒店、展览和写字楼等多种城市功能。设计师强调水的主题，建筑体型被塑造成曲线优美、色彩艳丽的峡谷形态，有机地排列在运河的两侧，建筑界面如同坚硬的悬崖壁，而曲折蜿蜒的河水则给整个空间注入了柔和与灵气，极大地活跃了整体环境。弧线形地面的铺设也颇具匠心，呈现出矿石砂砾等水岸的肌理质感，加强了与外围地理地貌的呼应。在缓缓流淌的中央运河两侧是富有魅力的亲水休闲场所，在临水舞台上，艺术家们每天都举行各种文化演出，同时还有精彩的喷泉表演，提高了人们在购物环境中体验自然的品质(图 5-20)。

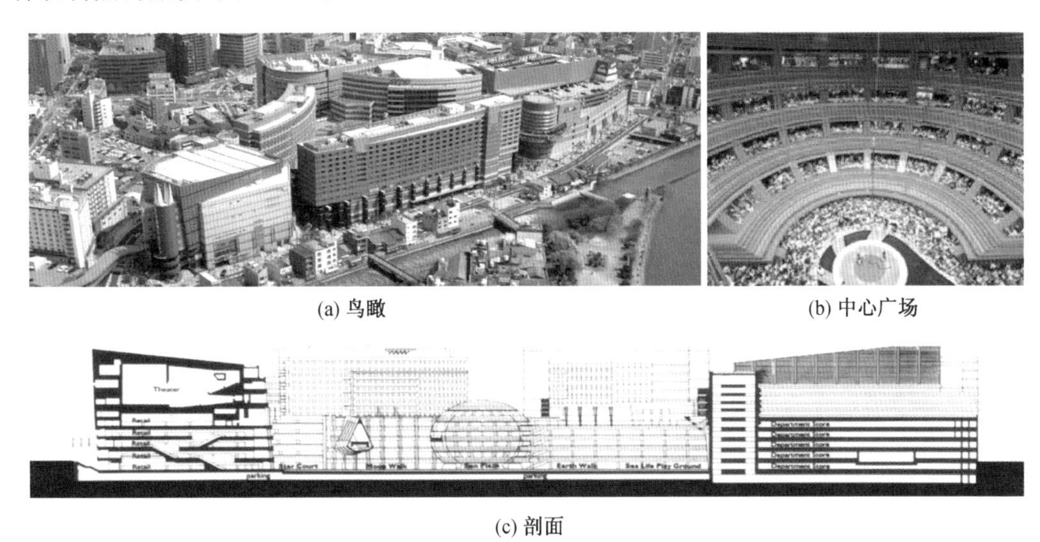

(a) 鸟瞰　(b) 中心广场

(c) 剖面

图 5-20　日本福冈博多水城[30]

2. 立体开发绿化空间

城市绿地与地下空间的一体化开发在增大城市绿量的同时，为了提高土地利用效率，可以将城市的商业、文化、娱乐、交通及市政等城市功能设施整合于地下空间，实现综合效益的最大化。城市绿地与地下功能的立体整合主要采用竖向叠合的方式，可划分为地面绿地、浅层地下公共活动层和深层地下交通或设备层等三个层面。依据地下功能的类型，又可分为城市绿地与地下交通空间、地下文化空间和地下商业综合体的一体化开发。

1) 城市绿地与地下交通空间结合

地下空间可以创造另一个层面的城市交通空间，将绿地与地下快速道路(轨道)、地下车库等交通空间复合开发，既可以立体化解决人车交通问题，又可以增加绿地面积，提高土地利用率。如 FOA 事务所设计的瑞士巴塞尔 Novartis 停车公园结合了公园和停车场的复合地形，被称为“稠密的公园”。这不是一个简单的风景如画的公园，而是具有加厚的人造地层结构；在平面和剖面上都不同于以往的水平或垂直系统可以还原简化，而是互相交织在一起。地表上的公园区域和地表下的停车区域，通过一个个的“裂缝”，形成视觉上的关联，同时也为地下停车提供了自然采光(图 5-21)。而在西班牙的洛格罗尼奥城市综合体中，设计概念则源于如何缝补被城市快速交通所切割的城市空间，将高速火车轨道及站台等交通空间置入地下，在其之上创造出巨大的绿化公园和人工山体，以覆盖被铁路分割的城市空间，并与城市的绿环联通，创造出令人难忘的城市活动场所(图 5-22)。

(a) 鸟瞰效果图

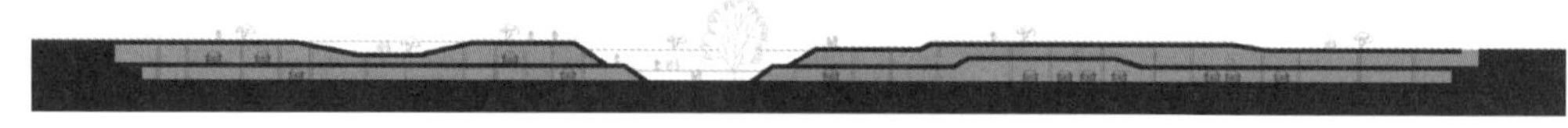

(b) 剖面图

图 5-21　瑞士巴塞尔 Novartis 停车公园[31]

资料来源：陈洁萍，2007

(a) 鸟瞰　　(b) 内景

(c) 总平面

图 5-22　西班牙的洛格罗尼奥城市综合体[32]

资料来源：王桢栋，2013

在绿色交通理念的倡导下，城市绿地目前越来越紧密地与城市轨道交通站相结合，通过自然环境的融入提升市民日常出行的空间品质。以德国慕尼黑哈特霍夫（Harthof）地铁站为例，车站从地下穿越社区公园，其北侧的绿地通过地形的倾斜和下沉，将植被茂盛的自然环境融入地下站厅，为车站提供了一个采光良好又充满自然景致的前厅，乘客不必出站就能享受到草地绿树带来的清新气息（图 5-23）。

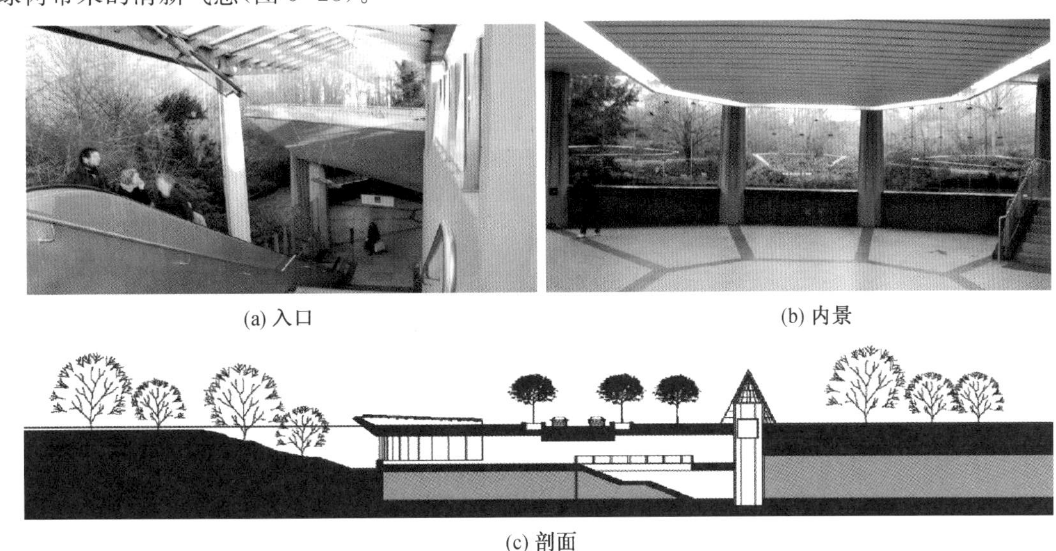

(a) 入口　　(b) 内景

(c) 剖面

图 5-23　德国慕尼黑哈特霍夫地铁站

另外，利用城市绿地下宽敞的地下空间，与地铁站建立便捷的步行连接，也可以创造出积极的公共活动场所。例如无锡地铁 1 号线胜利门站地区的城市设计，将原本处于孤立状态的胜利门交通环岛绿地与地下公共空间进行整合，激发商业购物与休闲交往行为，是对失败的绿地空间予以改造的佳例。设计师依托绿地东侧的新地铁站建设，充分发掘原有三角形绿地的地下空间，组织连接地铁站与周边街区的公共步行网络，增加商业休闲设施，并且通过地形塑造建设下沉庭院，营造草坡、绿树、流水和商业休闲空间相互交融的城市公园。这里自然起伏的草坡公园和高低穿插的叠石瀑布被引入到与地铁站厅相平的庭院中，从而将地铁站厅与周边的地下商业空间完全置于阳光明媚的自然环境之中，庭院内通过绿化、小品和座椅布置等处理，增加空间吸引力，成为良好的公共活动场所。而出站人流可以从这里穿过地下过街步道实现通达、换乘和购物等活动，改变了原有绿地空间与商业设施之间相互隔离的消极状况（图 5-24）。

同样，大型的地下交通枢纽建筑也可以通过屋顶的绿化种植为城市提供公园绿地。由 AEDAS 建筑事务所设计的“西九龙高速铁路终点站”位于香港市区中心，是从北京到香港的高速铁路终点站，43 万 m^2 的建筑共容纳 15 条轨道，是世界上最大的地下终点站。整个地下候车大厅被巨大的拱架屋顶所覆盖，绿化通过弧线形向上的带形步道自然延伸至屋顶，形成极具雕塑感的城市公园，旅客和参观者可以在屋顶上观赏到香港的城市天际线、太平山顶和周边景观，成为高密度城市中心区中理想的自然休闲场所（图 5-25）。

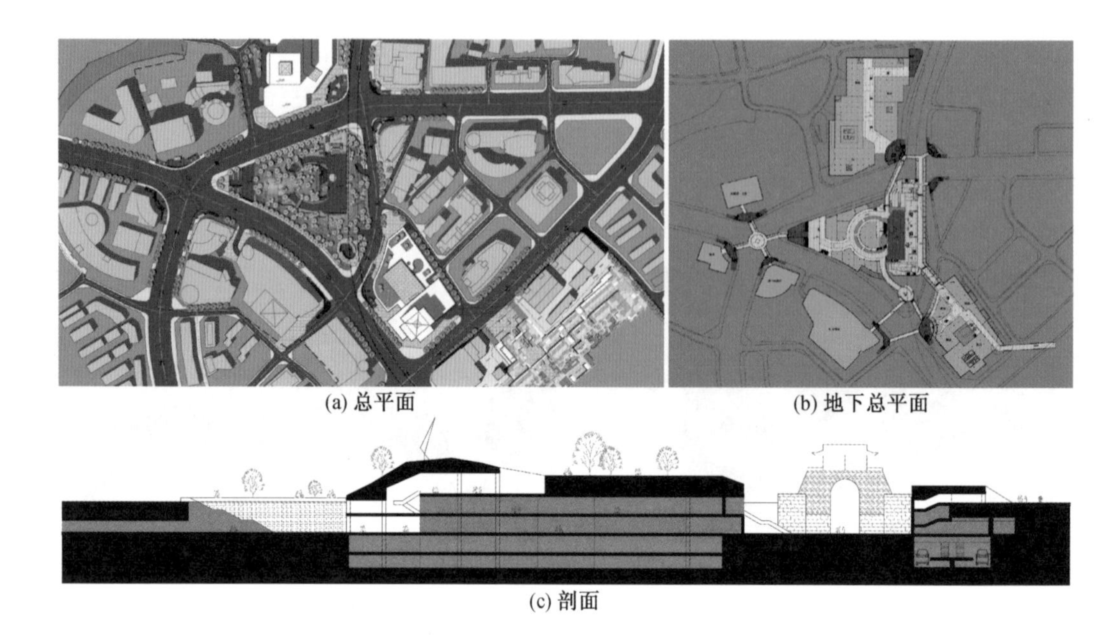

(a) 总平面 (b) 地下总平面

(c) 剖面

图 5-24　无锡地铁 1 号线胜利门站地区城市设计

资料来源：上海同济城市规划设计研究院

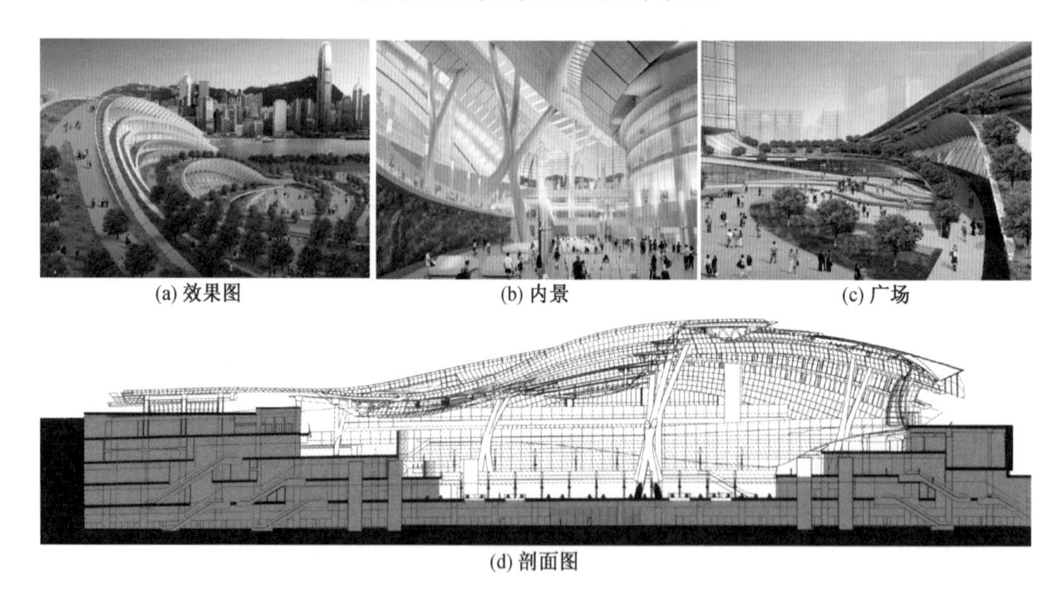

(a) 效果图 (b) 内景 (c) 广场

(d) 剖面图

图 5-25　香港西九龙高速铁路终点站站厅

资料来源：http://wenku.baidu.com/view/d246addeb14e852458fb579b.html

2）城市绿地与地下文化空间结合

城市绿地是与环境、景观和游憩功能并重的，如果与城市的文化休闲功能相结合，将会有效提高公园的生态价值与文化品位。上海文化广场地处上海最大的历史文化保护区内，基地的所有权属于上海市文化广播集团。规划拟将这里建设成城市公园，为了最大限度保证绿地面积，设计师将剧场、休息厅等建筑空间置入地下。下沉广场的部分空间给予架空覆盖，铺土植树，使绿化从南到北联成一个整体的绿色公园。公园地面分别处在±0.00 m，5.5 m 和 9.0 m等不同的标高，形成自然变化的起伏地形，绿色生态，趣味盎然。下沉广场四周结合地下剧场设置咖啡茶座、文化商店与地下车库入口等设施，形成浓厚的文化休闲氛围。由于将人流众多、热闹非凡的文化娱乐活动安排在地面以下的广场上，与地面以上宁静休闲的绿化公园相对分离，达到了分而不隔、各得其所的效果。如图 5-26 所示。

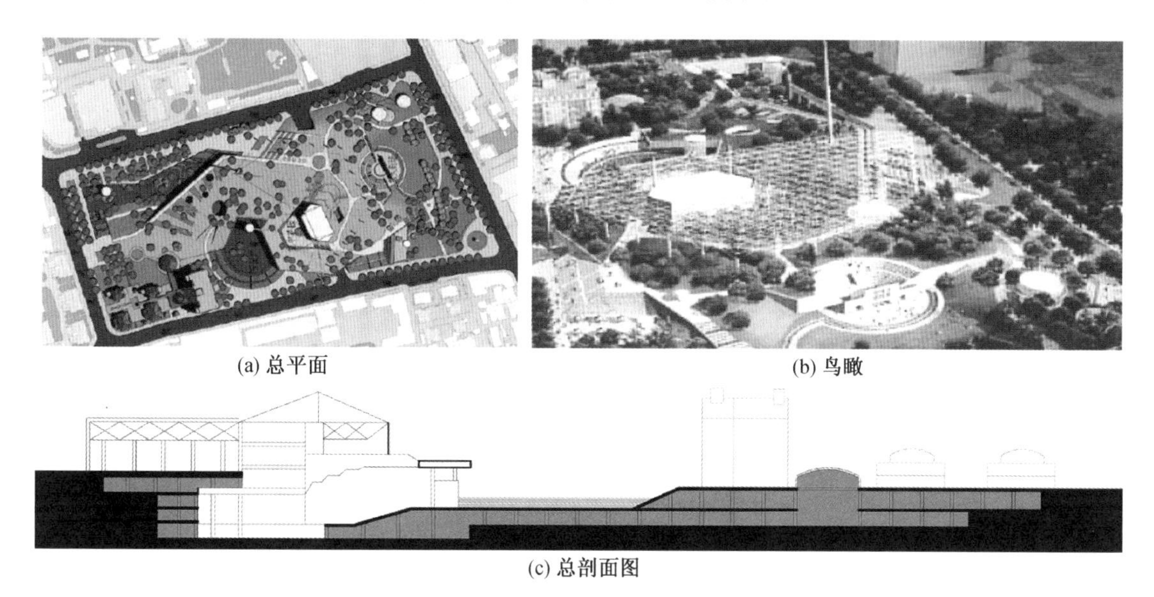

(a) 总平面　　(b) 鸟瞰

(c) 总剖面图

图 5-26　上海文化广场城市设计

资料来源：上海同济城市规划设计研究院

随着社会经济的发展，博物馆、展览馆日益成为城市重要的文化活动场所，其功能也日趋复合化，注重与自然环境的结合。如在洛杉矶大屠杀博物馆设计中，为了强调与地面公共绿地的联系，地下展厅与自然草坡相互错动和咬合，观众的参观流线在地下展厅和自然草坡中穿行，产生了内部空间阴暗与明亮的变换，以此来引发人们对于生与死的思考(图 5-27)。美国 911 国家纪念广场的设计则突出流水的主题，运用“倒影缺失”的概念，保存了双子塔撞毁后遗留下的空洞作为地下展馆，让人们强烈地感受到“失去”的感觉。两个深 6 m，4 000 m^2 的下沉式跌水池象征了双子塔留下的倒影，其四周的人工瀑布最终汇入池中央的深渊，用自然的水声遮蔽闹市区的喧嚣，同时瀑布还能过滤外部强烈的光线进入跌水池周边的地下展厅内。巨大的高差，让大瀑布格外壮观，水流不断地冲下无底的深渊，使人领悟到时间的流逝，以此缅怀曾经的“双子大厦”与遇难者，更深刻地理解生命的意义(图 5-28)。

同样，丹麦国家海事博物馆的设计也很好地融入了当地的开放空间中，这座面积约为 6 000 m^{2}的新博物馆置身于独特的历史环境中，毗邻丹麦最重要的建筑之一、世界文化遗产卡隆堡宫。博物馆通过下沉的方式保护了地下拥有 60 多年历史的老码头围墙和地面的公

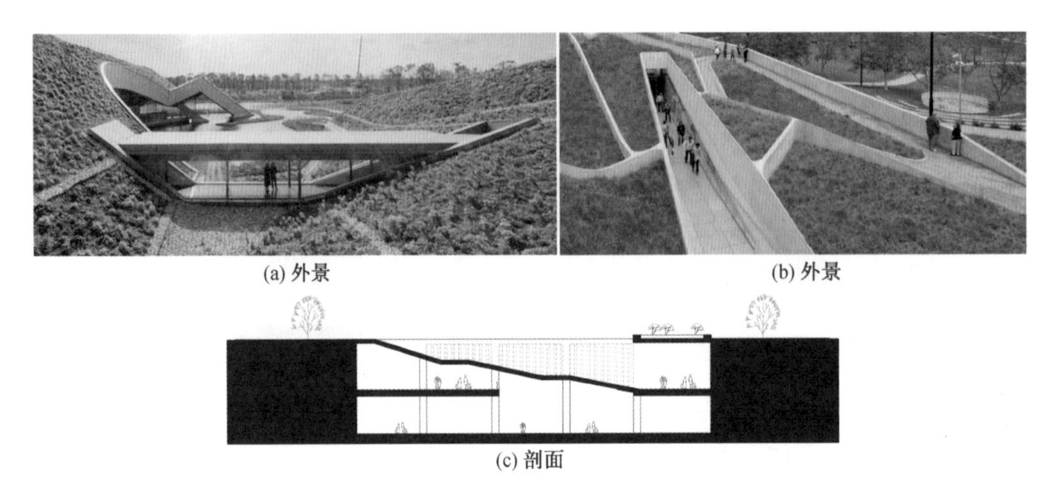

(a) 外景　　(b) 外景

(c) 剖面

图 5-27　美国洛杉矶大屠杀博物馆[33]

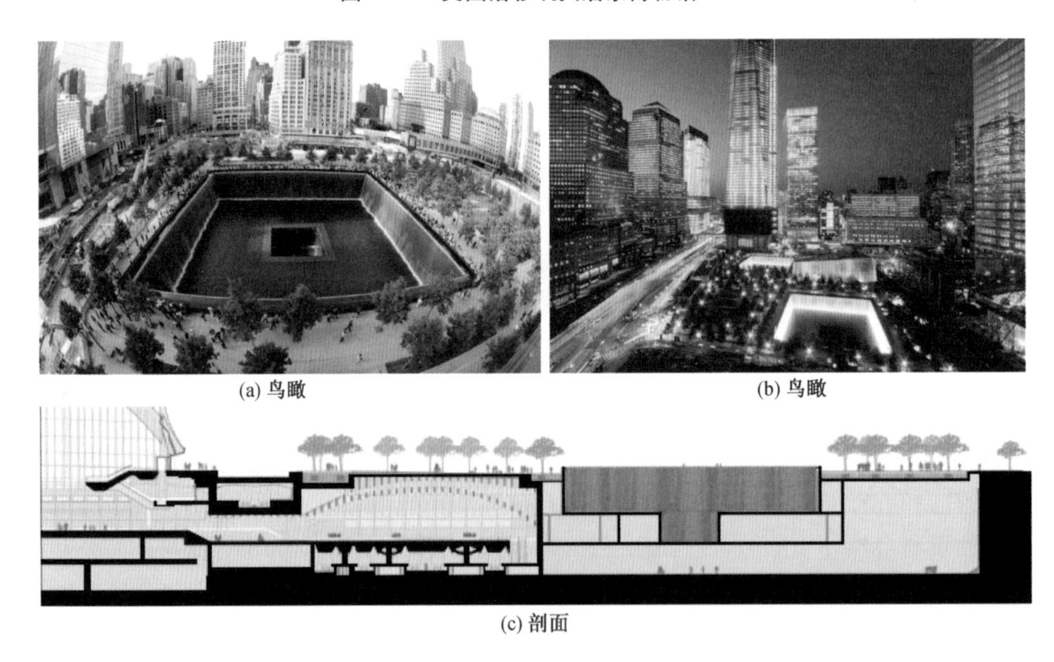

(a) 鸟瞰　　(b) 鸟瞰

(c) 剖面

图 5-28　美国纽约 911 国家纪念馆

资料来源：http://mp.weixin.qq.com/s?__biz=MjM5MjEyMDg2MA==&mid=200026381&idx=4&sn=7bf503a320dbb778c8b6cc798508f3de&scene=1#rd

园环境，所有的展厅、礼堂、教室、办公室和咖啡馆等都位于地面之下，并环绕围墙排列，使围墙成为展区的中心。一系列双层的步行桥穿插于码头之间，它们不仅是连接博物馆与城市的纽带，而且为游客到达博物馆不同展厅提供捷径。博物馆礼堂作为桥梁将相邻的文化交流中心与卡隆堡宫相连，融入了整个公园环境中。当游客沿着桥梁坡道进入博物馆空间，俯视地上和地下的宏伟景观时，能够深刻感受到丹麦航海船的巨大规模和宏伟气势(图 5-29)。

(a) 鸟瞰

(b) 内景

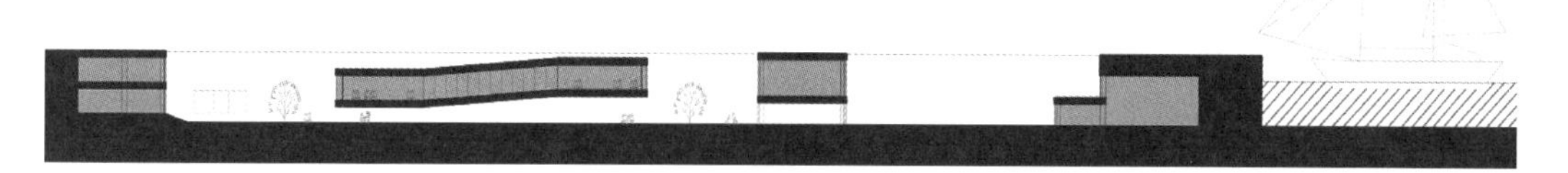

(c) 剖面

图 5-29　丹麦国家海事博物馆

资料来源：http://wenku.baidu.com/view/791d374eeff9aef8941e0677.html

3）城市绿地与地下商业综合体结合

在土地价值高、开发强度大的城市中心区，结合城市绿地，在地下建设集交通、购物、文娱和餐饮等功能于一体的商业综合体，既可以改善地面环境质量，同时也可以创造良好的经济效益，促进周边地区的发展。

巴黎列·阿莱公园的改造项目就是很好的例子，它是目前世界上最大、也是最复杂的地下综合体之一。基地位于巴黎旧城的中心，其东部是蓬皮杜艺术中心，西南侧是卢浮宫，南面是塞纳河，地理位置极其显要，属于大型公共建筑聚集的地区。此地区形成于 12 世纪初，逐步发展至 16 世纪，已成为巴黎的经济中心，其中的中央市场是巴黎地区最大的食品交易和批发市场，吸引了大量人流和物流，也引发了该地区的交通拥堵问题。20 世纪 70 年代末，列·阿莱地区开始实施立体开发，将传统的贸易中心改造成一个融购物、文娱、体育与交通等功能于一体的大型商业综合体。为了保护周边老城区的历史风貌与天际线，新建筑向地下发展，采用下沉中心广场的布局，地上 2 层，地下 4 层，总面积超过 20 万 m^2，共有 200 多家商店，每日吸引顾客 15 万人。13.5 m 深的下沉广场被周边 4 层高的跌落式玻璃拱廊所环绕，面积约 3 000 m^2，它将建筑地下空间与地面环境沟通起来，打破了地下空间的封闭感。为了在地面留出更多的公共绿地，此区域的多种交通系统被放在地下，不同快慢的地铁线也在这里交汇，每天有 80 万人次在这里换乘，成为巴黎最大的地铁中转站。同时，商业空间通过不同层面的地下步行道和自动扶梯与其相通，连接了各个楼层面，人们可以很方便地到达下沉广场和其他地区（图 5-30）。

(a) 透视

(b) 鸟瞰

图 5-30 法国巴黎列·阿莱公园的 70 年代改造方案[16]

进入新世纪后，列·阿莱地区由于物质环境老化和经济活力衰退，再度面临更新改造，被当地人称为“巨大的地洞”。新一轮的更新建设强调“市场”主题，制定了三项发展目标：首先是“都市”感，列·阿莱地区作为“城市中心”需要重构其空间形态，提高市场本身和周围地区的吸引力，振兴活力；第二是“空间”感，除了历史悠久的建筑和宜人的环境以外，还要考虑吸引人们在这里逗留，营造可以活动的场所给市民使用；第三是“时间”感，通过古典元素的运用，打造既充满现代气息又具有古典韵味的场所。荷兰 OMA 事务所、荷兰 MVRDV 事务所、法国 SEURA 事务所和法国 AJN 事务所等国际著名设计公司都参加了国际设计方案竞赛(图 5-31)。

(a) 荷兰 OMA 事务所方案

(b) 荷兰 MVRDV 事务所方案

(c) 法国 AJN 事务所方案

(d) 法国 SEURA 事务所方案

图 5-31 法国巴黎列·阿莱公园更新的四个竞赛方案

资料来源：http://www.skyscrapercity.com/showthread.php? t=46684&page=10

OMA的方案希望重塑一个现代化巴黎的城市景像，设计了一组从地下冒出来的结构体，穿透地面，然后通过统一的表皮将原来分裂在地下和地表的元素重新连接起来。一座座的塔楼式建筑隐喻了巴黎的符号——埃菲尔铁塔，它们从地下空间一直延伸到地上30 m高，将不同类型的活动、交通和景观要素立体地整合到了地面上的花园，并通过散落的垂直交通体将花园延伸到地下，使得地面的花园和地下的商业区之间形成连贯的视觉联系(图5-32)。

(a) 鸟瞰

(b) 剖面

图5-32 OMA事务所方案

资料来源：http://www.oma.com/

MVRDV的方案意在给列·阿莱地区提供一个丰富多彩的开放场所，创造一个水平向的巨大"彩色玻璃窗"，设想这是一个包容与共生的场所。方案把绿地、走道、花园与树木等都布置在这个彩色玻璃区内，商业则置于这片玻璃区的下方，透过玻璃顶，可以把光引入到地下的商业区，到了晚上，整个列·阿莱区还能呈现色彩纷呈的城市夜景风光(图5-33)。

AJN的方案中尽可能保留原始场地，在原有下沉广场上建造了一个高27 m的立体式空中花园，花园顶部种满各种植物绿化，同时还有一个游泳池。整个立体花园向列·阿莱地区展开，就像一个抬起来的草坪，花园的地下布置了相应的商业及配套空间，同时对最下层的地铁站也进行了功能与空间的优化(图5-34)。

SEURA的方案则是在保留原有下沉广场的基础上，对地下交通、商业空间与地面公园进行有机结合。该综合体由一个12 m高的被称为"香格里拉树冠"的巨大玻璃顶篷所覆盖，并沿下沉广场的两个侧面加建了新的城市功能，形成了嵌入型的城市中庭，为原有广场提供气候遮蔽，使整个公共空间品质大大提升。"树冠"前方是一片葱郁的草坪绿化区，一直延伸到市场入口，与地下空间浑然一体。方案还改建了原有的车站站厅层，增加地铁站的出入口，以缓解地下超大人流的集散与换乘。由于此方案对原有市场改动的成本最低，而且基本保留了原有市场的空间布局模式，更容易被各方所接受，因此成为最后的实施方案(图 5-35)。

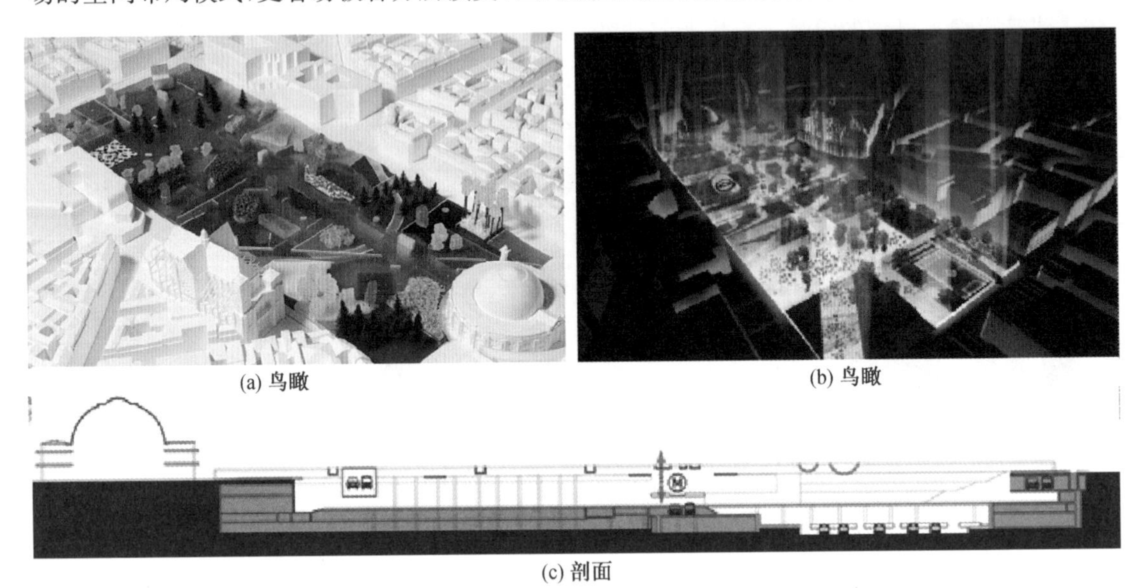
(a) 鸟瞰　(b) 鸟瞰

(c) 剖面

图 5-33　MVRDV 事务所方案

资料来源：http://www.skyscrapercity.com/showthread.php?t=46684&page=10

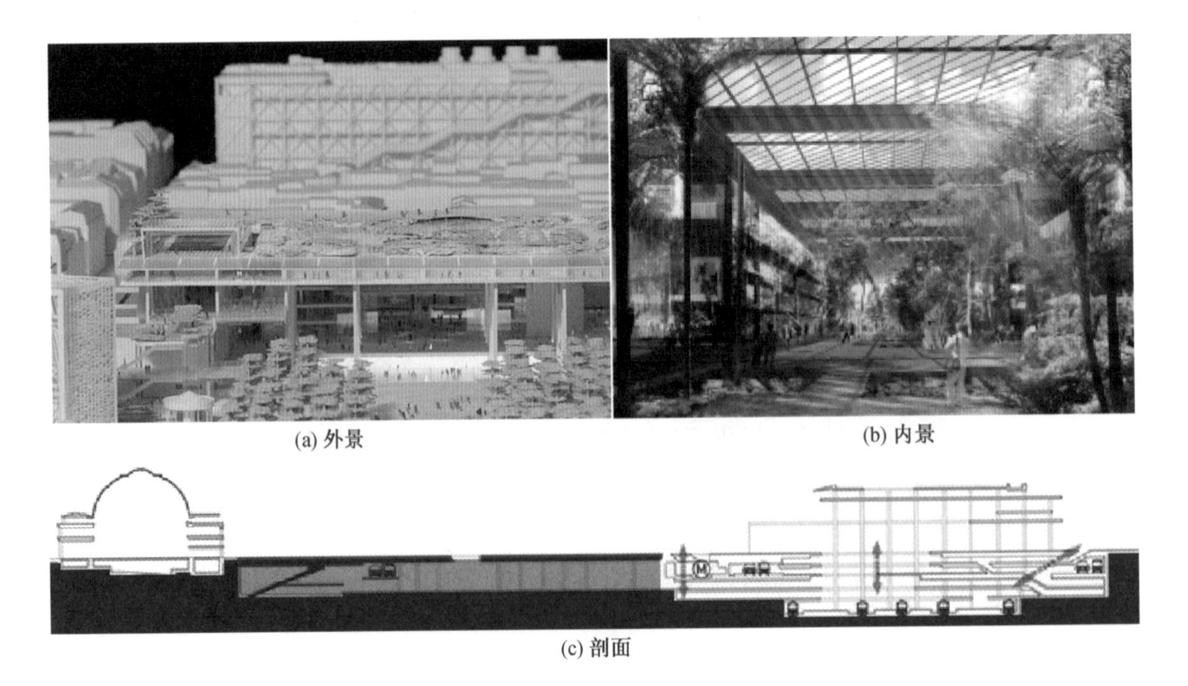
(a) 外景　(b) 内景

(c) 剖面

图 5-34　AJN 事务所方案

资料来源：http://www.artaujourdhui.info/archives-quotidiendesarts.php

(a) 鸟瞰

(b) 内景

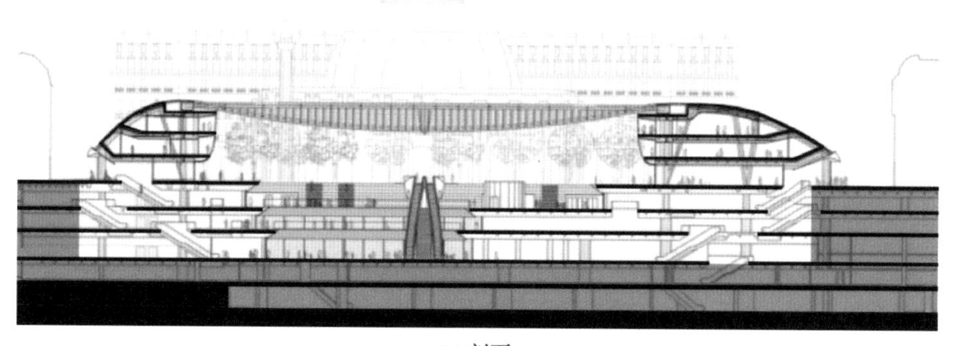

(c) 剖面

图 5-35 法国巴黎列·阿莱公园更新的实施方案

资料来源：http://culture-loisirs.lefigaro.fr/_sortir-paris/projet-halles.html

5.3.2 地下公共空间与城市道路一体化

城市道路是整合各种城市要素的空间骨架，承载着日常的人流活动和物质运输，一直以来对市民生活都产生着重要影响。在前工业化时期,城市生活与街道是紧密联系的,街道成为市民重要的生活场所;在工业化早期,城市道路上开始出现机动车,但由于数量少,并没有对当时的街道生活产生太大的影响,道路上依然充满着丰富的城市活动;但是到了当代社会,越来越多的机动车辆取代了行人而成为道路的主宰,并且造成城市道路的拥堵,目前已严重影响了国内许多大城市的正常运转。大量实践证明,将城市的部分交通引入地下发展是缓解城市交通问题的有效途径,也是城市地下空间开发的重要内容。

在城市道路空间的立体化设计中,地面上一般以车道与人行道为主,地下浅层部分可以设置地下步道、地下道路和市政管道等,地下深层部分则可铺设快速的轨道交通(图5-36)。由于用地权属的不同,考虑到前期建设与后期运营的便利,道路用地通常与两侧的建设用地分离,地下交通空间与地面城市要素分离,各有各的使用空间。但是,考虑到城市地段的复杂性与街道断面的丰富性,这种传统的道路空间立体开发模式不是唯一的。并且,这种模式容易导致城市要素被孤立和分离,无法发挥地下公共空间的整体效应,从而影响城市地下空间的有效开发。

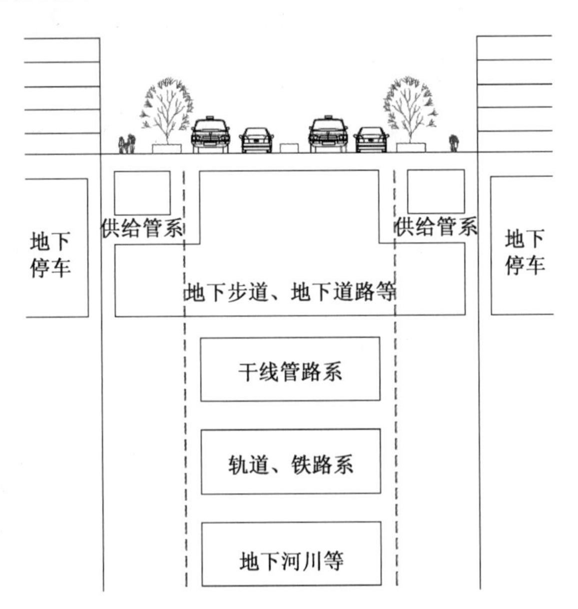

图 5-36　城市道路地下空间利用范式

一般而言,步行是地下公共空间的主要通行方式,与机动交通之间存在着既独立又联系的复杂关系,这反映在地下公共空间与城市道路的空间组织上,主要有分离并置和立体整合两种模式。

1. 分离并置

城市快速道路是为了保证机动车的高速行驶,着重于提高机动交通的通行能力。由于机动交通噪声大,对步行安全也会造成危险,快速路需要与地下公共空间之间保持相互的隔离。如图5-37所示。

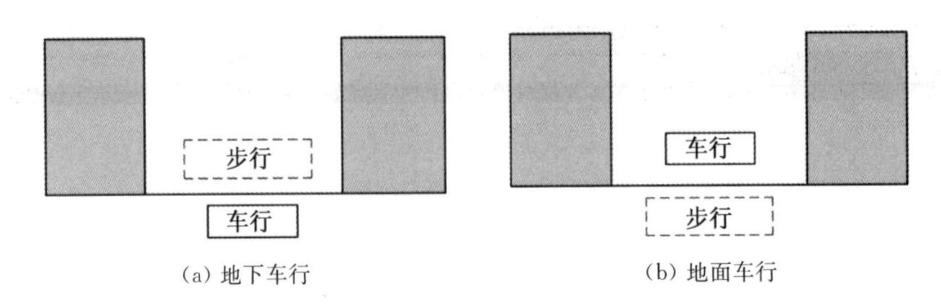

(a) 地下车行　　(b) 地面车行

图 5-37　人车分离并置

1）地下车行

地下建设城市快速路是自 20 世纪 90 年代起开始推广起来的，随着地下工程技术的发展，越来越多地被应用于当今的城市建设中，这有利于在地面上留出更多的阳光和绿化空间供人们使用。

在波士顿著名的“大开挖”项目中，拆掉了波士顿滨海地带的一条长约 13 km 的老高架路，将大量快速车行交通引到 10 车道的地下隧道，从而释放出原先被高架占据的地面空间。地面上植入新的城市绿地与公共文化设施，打造了一条连接波士顿港口区和城市中心区的城市休闲绿带。修复后的城市公园绿地，精心设计广场、绿化和文化休闲设施，为市民提供公共活动场所，提升了该地区的环境品质，也带动了周边地价的上涨，推动了城市经济的持续发展（图 5-38）。柏林波茨坦广场的复兴建设也是个很好的例子，二战之前的波茨坦广场曾经是欧洲最大的交通要塞，有“欧洲的交叉点”之称。然而，无情的战火将它夷为平地，柏林墙更是将波茨坦广场分为两部分。1992 年，伦佐・皮亚诺为这个在东西德国合并后亟待复兴的地区制订发展规划。为了保证整个地区公共空间体系的完整性，方案对原有的道路结构做了调整，将剧院入口处的 96 号城市快速道引入地下，地面则布置大面积的绿化水系等生态空间，有效避免了快速交通的不利影响，为中心区提供了上佳的公共活动场所（图 5-39）。

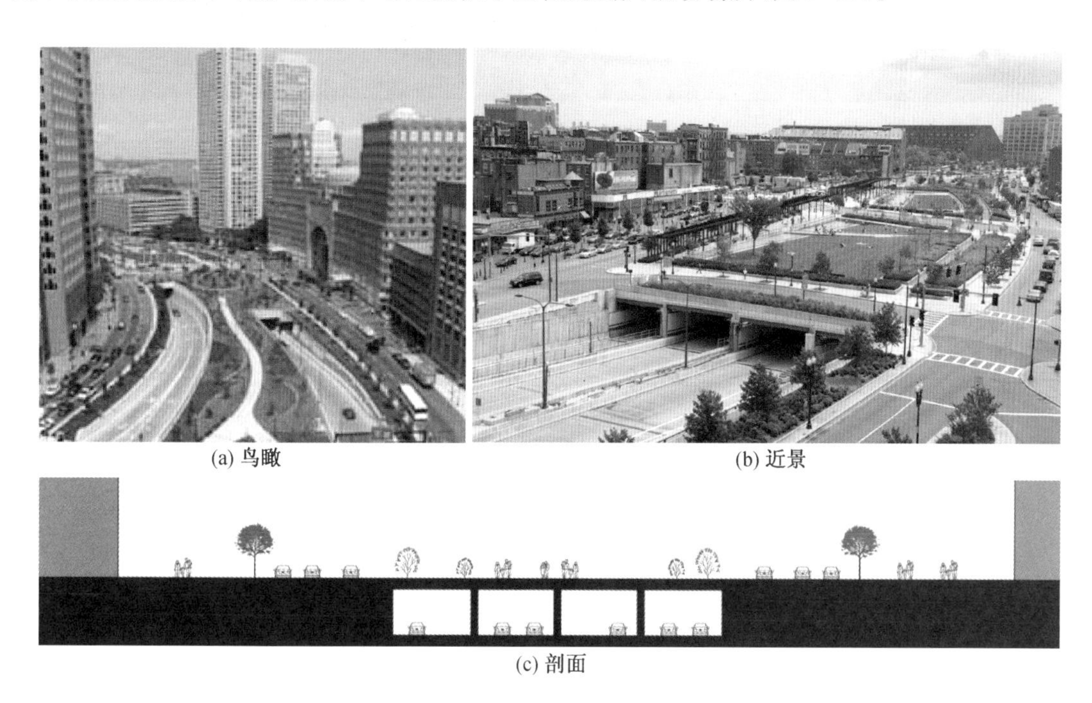

(a) 鸟瞰　　(b) 近景

(c) 剖面

图 5-38　美国波士顿“大开挖”项目

资料来源：http://www.designboom.com/architecture/audi-urban-future-award2012/

FOA 设计的横滨国际码头也是个立体化处理快速交通的案例，车行道路被设计师巧妙地安排在码头两侧的“地下”空间。为了保证该枢纽容纳更多的城市活动，港口提供了交通空间与城

(a) 鸟瞰

(b) 内景

(c) 总平面

图 5-39 德国波茨坦广场

资料来源：http://www.google.cn/maps/place/Potsdamer+Platz/@52.5051986,13.3737668,1147m/data=!3m1!1e3!4m2!3m1!1s0x47a851c97891ea21:0x4ca1983c254de1aa

市设施互相耦合的设想，道路围绕一个循环系统进行组织，采用"车下人上"的方式将步行活动分布到建筑屋顶上，而在地下通过环路联通，解决了码头地区的交通可达性问题(图 5-40)。

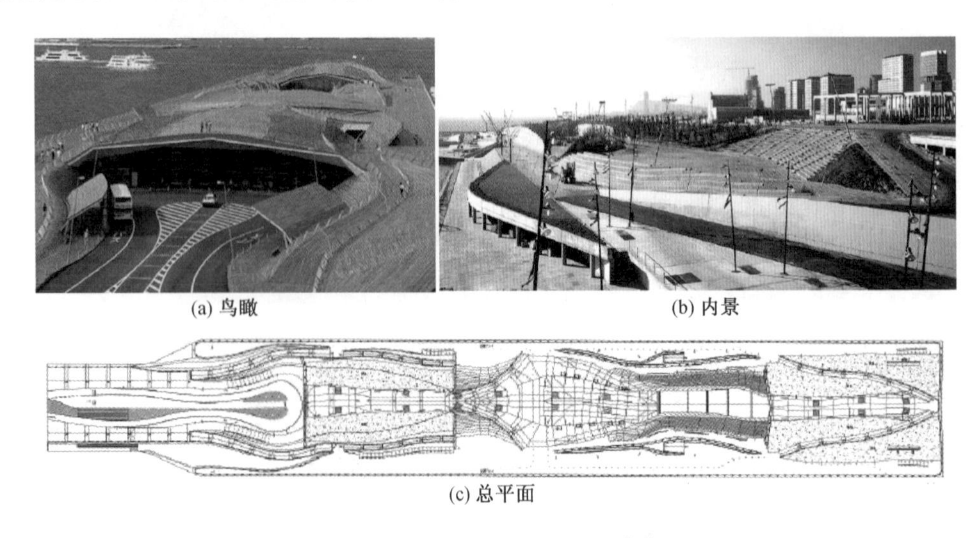

(a) 鸟瞰

(b) 内景

(c) 总平面

图 5-40 日本横滨国际码头[34]

法国巴黎拉德芳斯新区是个在大尺度范围内组织人车流线的案例。凡是驶入该地区的车辆，先是进入拉德芳斯外围的环形高架车道，再通过立交转到地下停车区域。由于所有进入新区的车辆都被要求停放到地下，地面空间完全让给了步行者，成为步行的天堂。另外，在新区的地下空间还引入了城市快速轨道交通，大量的人流可以通过地铁直接到达拉德芳斯，然后通过电梯上升到全步行的地面空间。正是通过人车分离的立体交通组织，拉德芳斯新区将舒适宜人的步行环境重新归还给市民，同时也吸引了大量观光客(图 5-41)。

(a) 鸟瞰

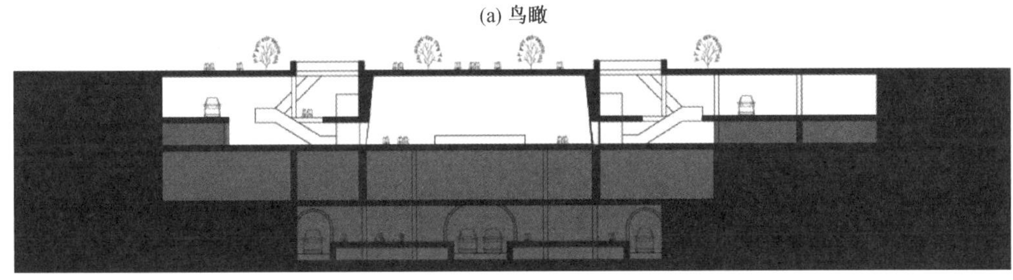

(b) 剖面

图 5-41 法国巴黎拉德芳斯新区

资料来源：http://t3.baidu.com/it/u=2071882427,863828091&fm=15&gp=0.jpg

2）地面车行

在大量机动车还没有条件转移到地下道路之前，且地面步行与车行交通之间冲突严重的情况下，车驶地面、步行在地下也是种立体解决人车问题的方法。这可以保证步行的安全性和连续性，还可以减少恶劣气候对步行舒适性的影响，有的还能节省出行时间，特别是与地铁站的地下步行系统结合时，在地下步行的优势更为明显。

日本大阪的长堀地下街建造于 20 世纪 90 年代。历史上这里曾是一条流淌不息的自然河流，之后有 3 条地铁线横穿街道，但地铁站间却没有连通，换乘不方便，造成此地区的人车矛盾突出。为此，政府利用建设新的地铁线——长堀地铁线的契机，建立新的地铁换乘系统，连通原有的 3 条地铁线。设计中保留了原有的地面车行交通，将地铁换乘、步行过街、商业与停车设施都布置于地下，实现了人车分离。建成后的长堀街地下空间共分 4 层：地下一层是集公共步行道和商业为一体的地下步行商业街；地下二、三层是停车库；地下四层是地铁换乘系统（图 5-42）。日本大阪的彩虹街也是个较好的案例，800 m 长的地下街上方是城市干道，道路中间是城市的高架快速路。地下共分 3 层，地下一、二层设置商业街，共有 161 家百货店、102 家饮食店和 50 家食品店，地下三层则布置城市地下快速轨道交通（图 5-43）。

(a) 效果图　　(b) 剖面

图 5-42　日本大阪长堀地下街[35]

(a) 内景　　(b) 剖面

图 5-43　日本大阪彩虹地下街[35]

2. 立体整合

由于城市道路本身具有的可达性和公共性特征，当它与其他城市要素结合时应尽量提供空间易达与共享的可能性，促进地上、地下的空间融合和联动发展。因此，地下公共空间与城市道路的立体整合，不仅涉及城市的道路空间，也包括了道路两侧的地块开发。从道路断面的类型来看，可以分为两侧车行和居中车行两种方式（图 5-44）。

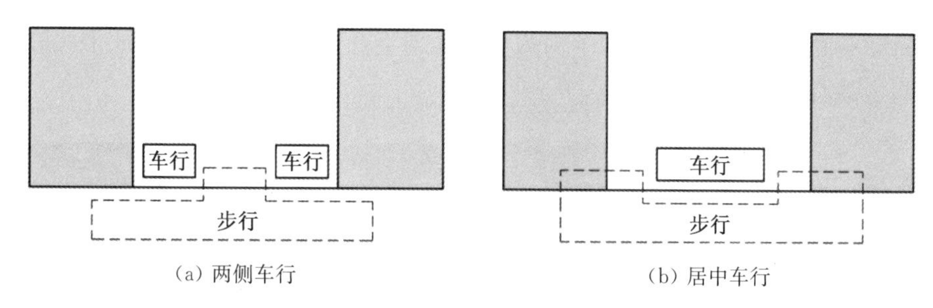

图 5-44 人车立体整合

1）两侧车行

目前城市中兴建和拓宽了很多交通流量大、机动车道多的城市道路，这虽然提高了机动交通的通行能力，但同时也造成了城市空间的割裂。如果利用道路中央分隔带进行公园绿化与地下空间的立体化开发，将双向的车行通道分设在两侧，则可以有效优化道路空间的尺度与品质，同时也有利于步行活动的连续性和安全性。

在名古屋久屋大道的再开发中，道路中间原有一块废弃的绿地，20 世纪 70 年代初进行了改造，将道路拓宽至 100 m，两侧各有 4 条车行道和人行道，中央则是 70 m 宽的绿化公园。整条道路总长度超过了 1 000 m，道路的两端为树林。1978 年，将其中近 600 m 长的道路中段建成中央公园，并在下面建设地下商业与停车空间，总面积约 5.6 万 m^2。中央公园地下街的出入口通过跌落的下沉广场与台阶等景观处理，自然地衔接地面公园与地下街，将城市活动延续至地下空间。经过改造，原来的地面交通问题大为改善，由于地铁站和中央公园地下街的吸引，地面上的步行通行量较前下降了 4/5；同时，在喧闹的市中心留出了一座大型公园和大片绿地，为城市提供了良好的生态环境(图 5-45)。

韩国首尔的清溪川改造则是将城市道路、历史河道和生态公园进行立体整合。清溪川是一条历史悠久的自然河流，然而自 1950 年代后，由于机动交通增长和城市化发展，清溪川曾被覆盖成为暗渠，水质亦因废水的排放而被污染，1970 年代更在清溪川上面兴建了高架道路。为了恢复清溪川，政府近年来将清溪高架道路拆除，将原先的车行交通分置在清溪川的两侧，并重新挖掘了下沉的河道，对部分历史遗迹进行恢复和重塑，如恢复重建了石桥“广通桥”、“水标桥”以及清溪川向首尔城外排水的“五间水门”。同时，河道整治强调自然生态的保护，注重营造生物栖息空间，如建设湿地，确保鱼类、两栖类、鸟类的栖息空间等，使市民和游客们可以在这条蓝绿相伴的公园内找到大自然的感觉(图 5-46)。

2）居中车行

保持原有道路的车行空间，局部拓宽两侧的人行道宽度，利用人行道上的下沉空间或垂直交通设施取得地面与地下之间的活动联系，是道路立体整合的另一种方式。

在日本札幌站前地下街设计中，因交通的需要而完整保留了原有的车行道路。位于道路下方的地下街的出入口分别布置在道路两侧的人行道上和沿街建筑的地下部分，地面上的人流可以通过人行道上的下沉空间直接到达地下商业街。同时，这些下沉空间还联系着沿街建筑的地下商业空间，由此形成了以地下街为主轴的地下商业网络，吸引了当地市民和观光游客纷纷来此购物消费(图 5-47)。

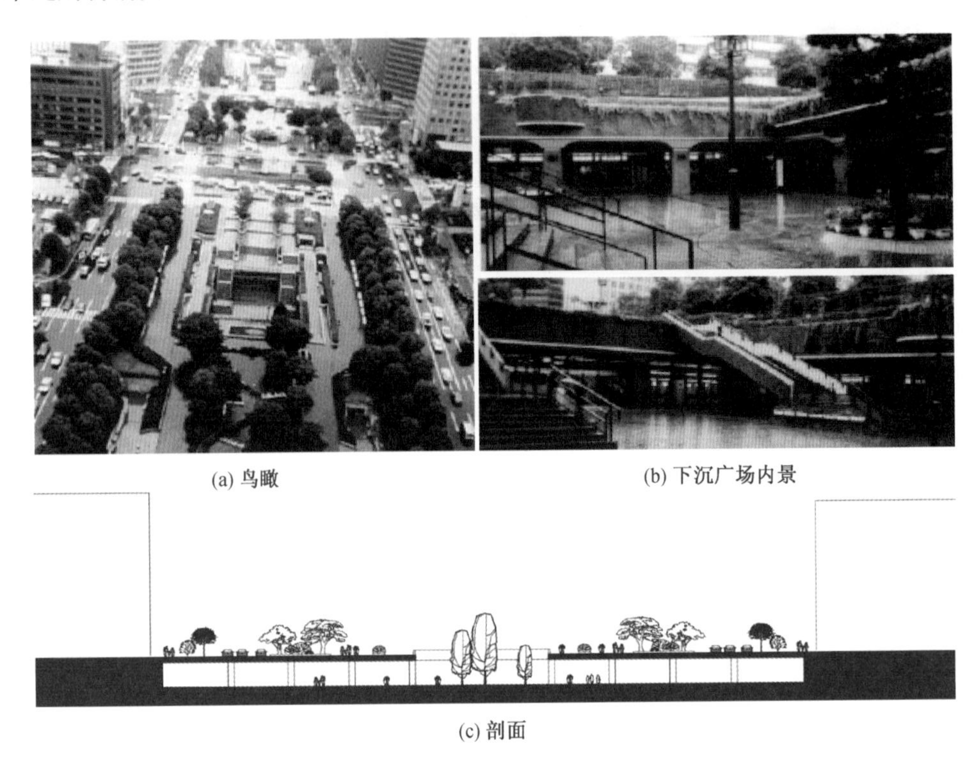

(a) 鸟瞰　　(b) 下沉广场内景

(c) 剖面

图 5-45　日本名古屋久屋大道[35]

(a) 实景　　(b) 实景

(c) 剖面

图 5-46　韩国首尔清溪川改造

资料来源：http://www.chla.com.cn/htm/2014/0617/211770.html

图 5-47 日本札幌站前地下街

资料来源：http://www-imase.ist.osaka-u.ac.jp/lecture/aiin/2012/ppt/aiin-2012-11-28-2.pdf

福州市八一七中路商业街城市设计，通过地下空间、商业开发和历史文脉等要素的整合，探寻出旧城复兴中地下公共空间与城市道路一体化建设的新途径[4]。八一七中路购物商业街是福州市的主要道路，位于城市历史发展轴的中段，总长约 914 m，规划用地范围包括了 40 m 宽的道路及其两侧约 7.6hm^{2}的建设用地，其中地下空间的开发规模较大，共约 7 万 m^2。为了提升地下空间的品质，设计师在道路的西侧结合茶亭河传统商业街区的布局，沿路平行设置带形的下沉广场，广场基面与八一七中路的地下商业街基本持平，并与传统商业街建筑的地下二层商业空间相连通，让阳光、空气与自然环境能从水平向引入至地下，从而拥有与地面相同的环境品质；在道路东侧，通过茶亭公园的地形重塑，营造清新幽雅的下沉庭院，并引入公园内的湖水，形成丰富的跌落瀑布和潺潺流水，为商业区创造闹中取静的小天地。在与道路的整合中，利用八一七中路的中央绿化隔离带设置通向地下商业街的采光天窗，形成向上打开的具有空间韵律感的光沟，为地下商业活动带来理想的自然光照和空间定位。另外，结合城市主干道的行人过街交通，在各街角处设置下沉广场将过街人流和非机动车自然地引入地下，不仅优化了地面的交通环境，而且提高了地下商业空间的吸引力和易达性(图 5-48)。

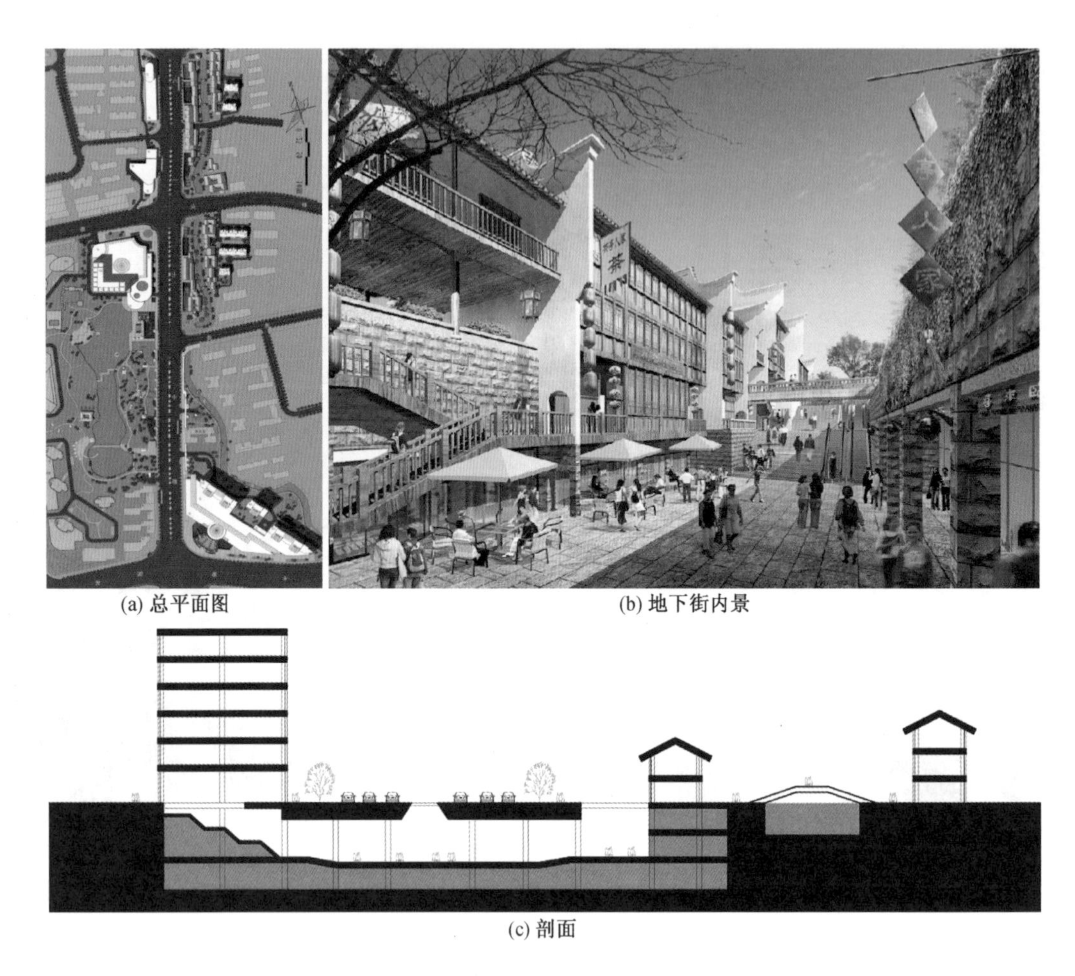

(a) 总平面图　(b) 地下街内景

(c) 剖面

图 5-48　福州市八一七中路商业街城市设计

资料来源：上海同济城市规划设计研究院

5.3.3　地下公共空间与地面建筑一体化

地下公共空间与地面建筑的整合，主要是通过一体化设计将地面建筑（公共建筑和城市综合体等）的节点空间与地下公共空间的垂直向交通和采光通风需求相结合，使彼此间的空间和活动能够延续。相对而言，地下公共空间与地面公共建筑的结合更体现在以建筑体为核心的地下空间向周边区域的辐射和扩散；而地下公共空间与城市综合体的结合则更体现在以地下公共空间为网络的城市街区的联接和整合。

1. 地下公共空间与公共建筑结合

地下公共空间与地面公共建筑的一体化设计是为了保证建筑空间与地下公共空间之间的有效联接和自然过渡，并通过自然光与景观的引入增强地下环境的地面感。通常地下公共空间通过中庭与建筑实现一体化。

建筑中庭通常指建筑物之内或之间的有玻璃顶棚覆盖的多层空间，可以形成建筑内部的“室外空间”，是建筑内部空间分享外部自然环境的一种方式。中庭空间形态多变，内容丰富，对改善室内环境品质和加强空间引导具有重要意义。

1）节点型中庭

节点型中庭具有活动集聚和空间汇合的特点(图 5-49)。例如,上海市 K11 文化艺术主题购物中心的下沉中庭上覆盖了流线形的玻璃顶棚,让地下一层和二层空间都能享受到自然阳光,使之成为整个地下空间的人流集聚中心。在室内圆形中庭内,由不锈钢管和三角形玻璃组成的大树结构完美地将屋顶玻璃幕墙延伸至周边的商业空间,并与缓缓下行的自动扶梯、瀑布与绿树等浑然一体。在日本横滨 MM21 设计中,将横滨地标塔与地下车站结合设计,车站出入口处加建了高耸的玻璃顶棚,与地下三层空间共同形成通高的建筑边庭,既照亮了地铁站厅层,又营造了一个宽敞明亮的入口大厅。德国斯图加特新城市中心是一组由公共广场和公共建筑组成的城市街区,其核心部分的玻璃中庭覆盖在主要的地下入口大厅,给地下各层带来自然光线和活力,同时在严寒的冬天可以成为室外广场的补充,承担休闲交往与聚会功能。目前,越来越多的中庭空间被引入高层公共建筑中。阿斯塔纳和平宫是一座呈正四面体的金字塔形建筑,内部空间巨大,布局巧妙。在金字塔的最顶层,是一处“圆桌”会议大厅,会议大厅往下几层通过绿色走廊形成一个倒锥形的中庭空间,而和平宫最底下的五层则是另一个金字塔形的中庭空间,与上方倒锥形的中庭相联通,阳光可以自上而下一直贯通到这里。美国伊利诺斯州中心地处芝加哥中心的高层密集区,是一个集办公、商业、公交和交通等功能于一体的综合性建筑。竖向贯通整幢建筑的中庭空间直接深入到地下一层,既与主入口广场形成一体,又与轻轨在二层相联通,内庭也变成游客购物聚会的活动区。

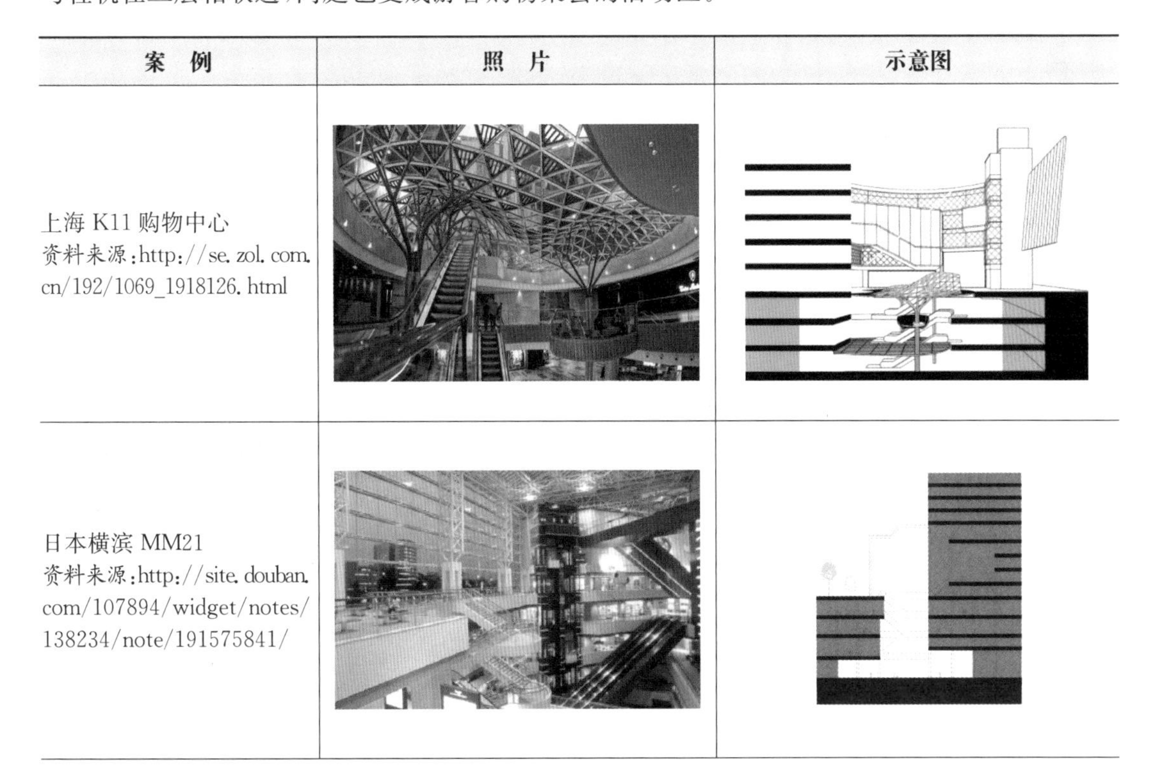

案　例	照　片	示意图
上海 K11 购物中心 资料来源:http://se.zol.com.cn/192/1069_1918126.html		
日本横滨 MM21 资料来源:http://site.douban.com/107894/widget/notes/138234/note/191575841/		

阿斯塔纳和平宫 资料来源：http://kz.mofcom.gov.cn/article/i/o/201107/20110707650537.shtml		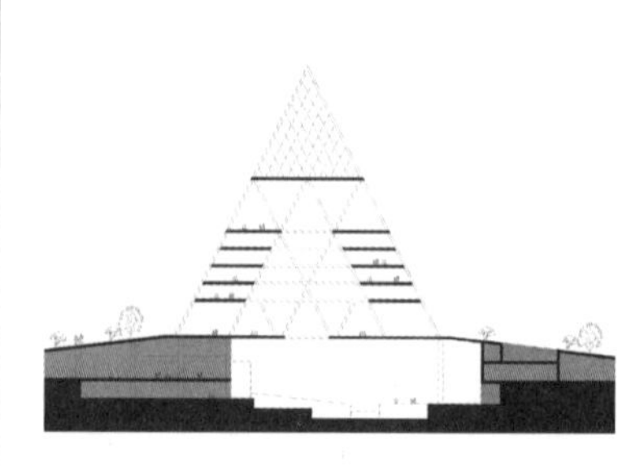
伊利诺斯州中心		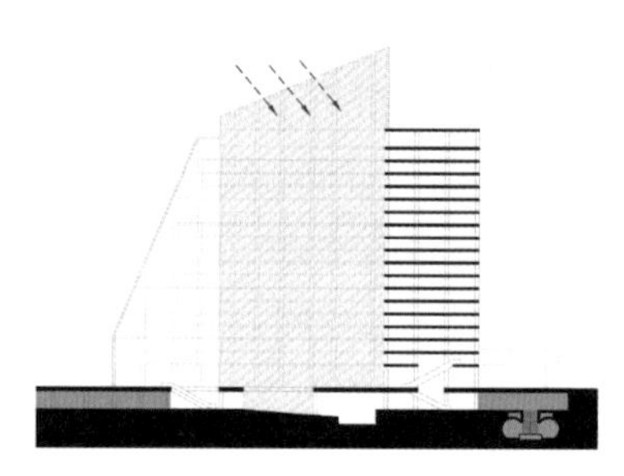

图 5-49　节点型中庭案例

2）内廊型中庭

内廊型中庭指连续通长并且带有玻璃顶棚采光的带状中庭空间。它以城市街道为范本，为地下步行活动提供丰富的空间序列和景观层次（图 5-50）。

案　例	图　片
柏林波茨坦广场	

上海轨道交通 10 号线四川北路站	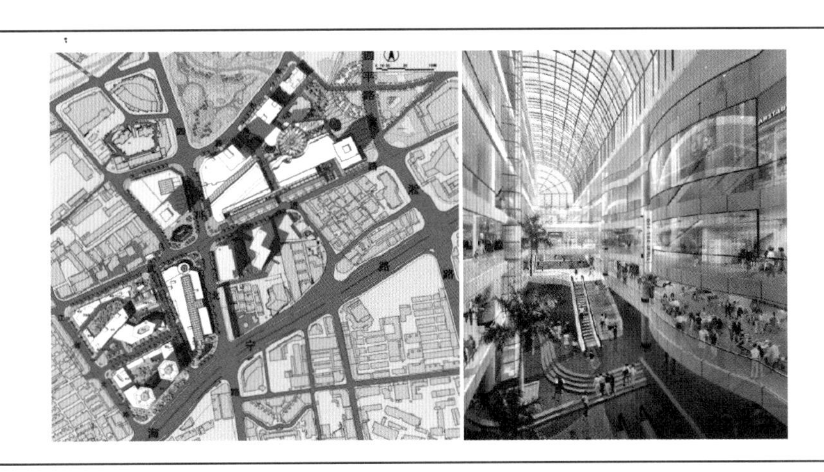

图 5-50 内廊型中庭案例

资料来源：上海同济城市规划设计研究院

如在柏林波茨坦广场中，购物中心的室内下沉商业街不再是封闭、狭窄、单一、杂乱与如同迷宫式的空间，一个通高的内廊型中庭使得整个地下商业街明亮而富有趣味。同时，利用地下公共空间内部设置了很多关于节日主题的室内小品，创造出与地面空间相似的使用模式，体现出地下空间的城市性。在上海轨道交通 10 号线四川北路站的城市设计中，以地铁站建设为契机开发地下空间，也是通过内廊型中庭将地面建筑和地下公共空间连成整体。在地铁站设施上部地块的建筑采用综合体模式建设，根据地下轨道站的走向和建设分期开发的可能性，组织由西南向东北的带状商业中庭，让自然光透过玻璃拱顶直接照到位于地下二层的地铁站厅，创造出地下与地上浑然一体的空间效果，这同时也有利于从四平路方向穿越其东部地块的人流引导。这种覆盖采光玻璃拱顶的立体商业中庭做法同样运用在地铁站西南侧的商业建筑规划中，通过宽敞明亮的地下商业街的南北向延伸，加强从海宁路方向来的进站人流引导，有效增加了地铁的辐射范围。

3）联接型中庭

随着建筑技术的发展和建筑空间的复杂化趋势，形态丰富的联接型中庭在目前的使用中越来越多，不再局限于传统的节点式中庭和内廊式中庭(图 5-51)。它可以是通过大跨度结构

(a) 中庭内景　　(b) 剖面

图 5-51 联接型中庭案例：葡萄牙里斯本的 EDP 总部大楼[36]

联接地下与地面空间的整体式中庭空间，也可以置于多组建筑之间通过统一的玻璃顶棚形成相互连接的中介空间。在葡萄牙里斯本的 EDP 总部大楼设计中，两幢条形办公建筑之间是片完整的白色横向格栅玻璃顶，像一条柔软的白丝巾轻轻地掩盖在底层入口门厅和地下绿色庭院上，形成宽敞明亮的室内效果。

2. 地下公共空间与街区型城市综合体结合

地下公共空间与街区型城市综合体的整合是在更大地区范围内的地下、地上城市要素的一体化设计，通过有效组织地下公共步行网络，将被城市道路割裂的行为活动及其空间重新缝合，有的还会考虑城市各种交通系统之间的换乘联系，形成空间资源的高密度、多元化整合，进而建构新的城市中心区形态。

在欧美一些城市，地下步行系统的发展已经相当完善，有的不限于一个街区内开发地下公共空间，甚至会跨几个街区，与地上建筑结合形成网络状的城市综合体。这不仅可以集聚地下公共空间的活力，而且可以发挥更大的效能蔓延至周边区域，从而促进整个地区的发展。从发展模式来看，可以分为地下平面式与空间立体式。

1）地下平面式

地下平面式主要指城市公共空间依附于城市综合体建筑，并且在功能组织与布局上进行平面网络式布置(图 5-52)。尽管在空间形态上是立体的，但是在规划布局上主要表现为通过地下空间在二维层面上对街区的整体功能进行连接。

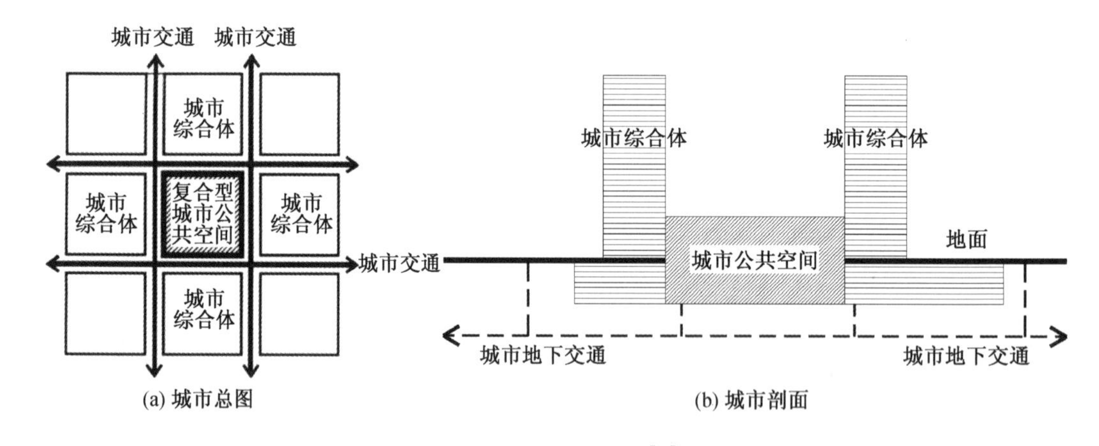

图 5-52 地下平面式[37]

美国的洛克菲勒中心就是其中的典型代表。位于纽约市中心繁华地段的洛克菲勒中心是一组庞大的建筑群，涵盖第五大道至第七大道，介于 47 街至 52 街之间，占地 8.9 hm^2。地面共有 19 栋高层建筑，在地面下方形成了一个四通八达的区域步行网络，把这些大楼的地下空间联系起来。在洛克菲勒 70 层的主体建筑大楼前设置了下沉式广场，以此为核心，通过地下的购物步行道与该区的其他地下商业相连成大型地下商业中心，并与周边的纽约公共汽车站、潘尼文尼火车站和中央车站连成一片，形成功能完善、布局合理的地下交通网络，每天有超过 25 万人次在此穿梭、逗留和消费，实现了地下公共空间与城市大型综合体的一体化设计(图 5-53)。

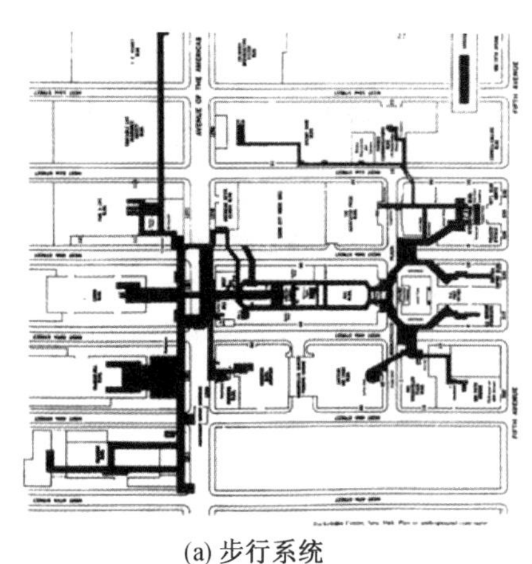

(a) 步行系统

(b) 下沉广场内景

图 5-53 美国纽约洛克菲勒中心地下步行系统

资料来源：http://article.yeeyan.org/view/276349/267671

无锡市地铁 2 号线安镇西站位于锡东新城的中部，站点的北侧和东侧都是宽阔的城市快速干道，不利于步行活动的联系和地区活力的形成。在这个以机动车为主导的站区环境下，城市设计以地铁站为核心，在 300 m(约 5 min 步行距离)为半径的范围内将地面商业街与下沉步行商业街立体整合，使周边的交通换乘、市民中心、文化中心、商务办公和社区商业以及周围新建与现存的居住区等连接成一个功能混合的步行活动单元。地铁站厅的外围是下沉的圆环形广场，作为地面与地下空间的过渡。广场周边布置大型超市、精品店、便利店、咖啡吧、餐饮等日常生活必需的商业设施和银行、邮局等社区服务设施，广场上种植大树，布置喷泉水池与休息座椅及绿化小品等，节假日也可以布置艺术展廊、组织展览和公共活动等，形成轻松活泼的生活场景，使之成为此地区新的生活、信息、服务和交通中心(图 5-54)。

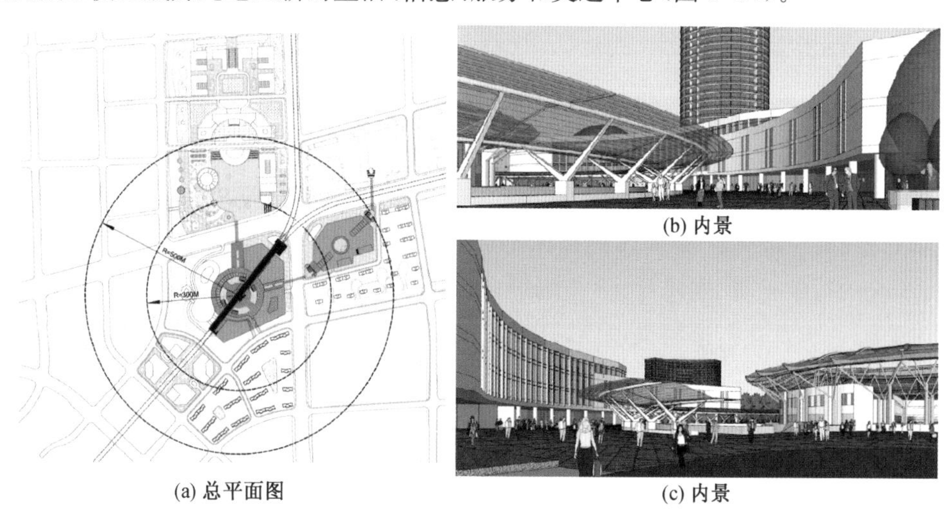

(a) 总平面图

(b) 内景

(c) 内景

图 5-54 无锡市地铁 2 号线安镇西站地区城市设计

资料来源：上海同济城市规划设计研究院

2）空间立体式

空间立体式是指将城市地下公共空间与城市交通功能叠加于城市综合体进行立体式重组，形成高效集约、多功能与多层面复合的城市空间（图5-55）。

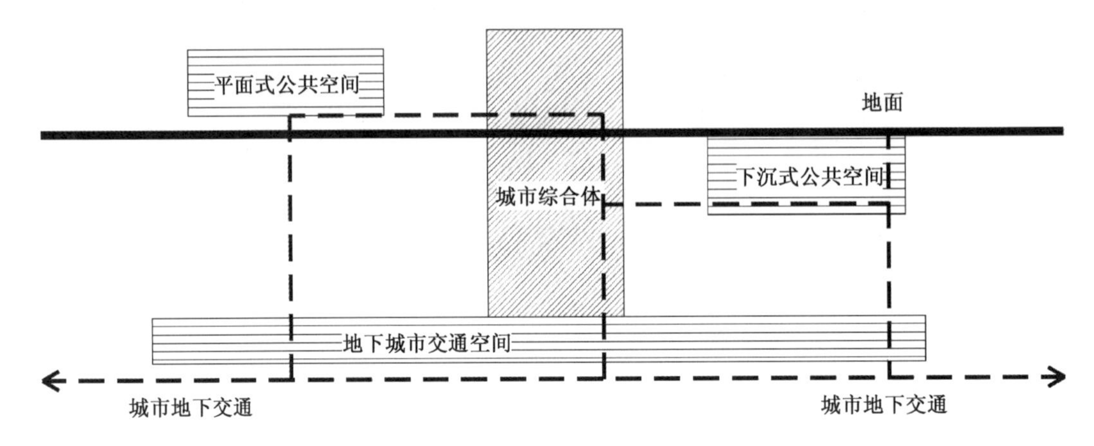

图5-55　空间立体式[37]

费城宾州中心综合体位于费城宾州市政厅的东侧，其北面是城市的高速干线，下方是城市地铁。综合体的设计理念是利用轨交站枢纽的交通优势，在地下、地面和地上3个层面将各个百货公司以及市政厅周边的商业活动连成整体。在地下空间，整个综合体由东至西直至下沉广场都由地下一层的公共步行区连接起来，同时可以通过地下步行网络到达北侧的地铁站、铁路客站、公共汽车终点站和车库等，并通过不同的下沉广场与地面相联系；街道层面，各个百货公司按街区模式布置，底层商业空间都面向人行道，形成宜人的步行环境，城市的第9，10，11大街南北向分别穿过这个立体连通的建筑体，机动车也可以到达各个商店、酒店和办公楼的地面入口；地上二层以上通过封闭的玻璃天桥连通各家百货公司，因此成为一个跨街区的立体型的城市商业综合体（图5-56）。

美国旧金山跨海湾交通枢纽中心则通过建筑学、工程学和城市设计立体整合了城市公园、消费空间与公共交通枢纽。整个枢纽自2013年开始建造，地下一层是地铁站，地面层是商业休闲空间，二层为公交站厅，三层（屋顶）为城市公园。建筑横跨4个半街区，公园是交通枢纽的核心，它为社区提供活动和休闲放松的场所，成为人们日常生活和工作体验的一部分。步行道、游乐场、咖啡厅、表演场地和代表不同自然观景的12个花园，构成一个完整的城市公园。建筑在街道层面退后，让出宽敞的人行道，内部布置沿街店面、咖啡厅和公共走廊。此外，建筑内还汇集了著名的当代艺术家作品。轨道交通通过公园的地下部分，约36 m高的光柱结构从公园延伸至地下层的中央广场，光柱顶部有一个约372 m^2 的采光穹顶。光柱不仅是建筑的结构支撑，也将自然光引入室内与地下空间，整个公共空间将布满阳光。枢纽两侧为波浪般起伏的玻璃外墙宛如花瓣，为城市街道增添优雅的气氛，这些波浪形的轮廓也是建筑坚固的钢筋混凝土结构体系的反映，能够抵御强烈的地震灾害(图 5-57)。

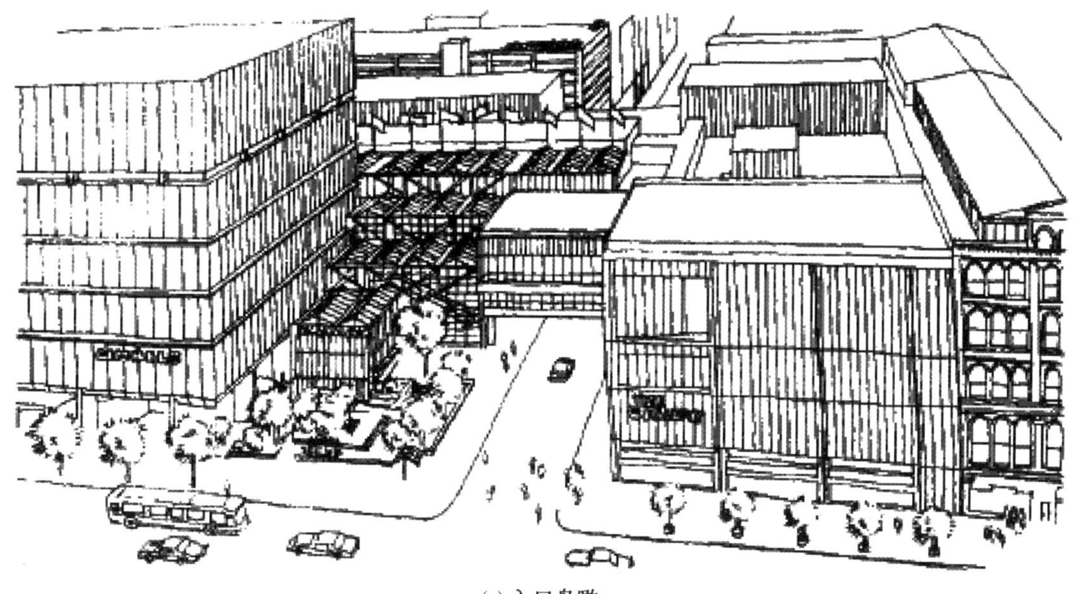

(a) 入口鸟瞰

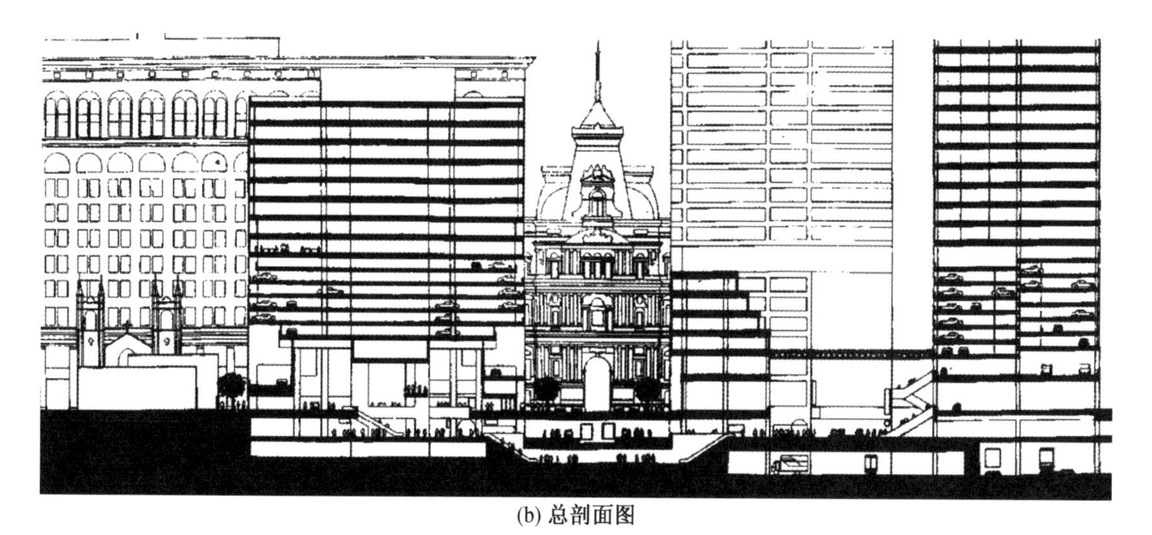

(b) 总剖面图

图 5-56　美国费城宾州中心[16]

总之,空间立体式与地下平面式不同的是,要将平面系统转化为交叠的立体网络,实现结构优化功能重组。一方面,通过网络连接,增加空间连接度,提高可达性,实现各种活动的联通;另一方面,促使城市多种功能立体重组,突破城市与建筑之间的边界,相互渗透。

(a) 鸟瞰

(b) 城市位置

(c) 剖面模型

(d) 内景效果

图 5-57　美国旧金山跨海湾交通枢纽中心[38]

6　地下公共空间中的心理与行为

地下公共空间由于其特殊的环境构成，具有许多明显区别于地上建筑的空间特性。那么，面对如此普遍而又复杂的地下公共空间环境，人们的心理感受和空间认知是怎样的呢？从而引发的一系列寻路和路径选择的结果又是如何呢？本章拟就这几个方面做一些介绍，探讨地下公共空间中的心理与行为。

6.1 对地下公共空间的认识

在一项对日本地下购物中心的问卷调查中，吉迪思·S·格兰尼、尾岛俊雄[39]统计总结了公众心中地下公共空间的优缺点。其优点主要有：防雨、安全（无机动车）、冬暖夏凉、交通便利（靠近车站）、没有汽车噪声、营业时间长、活跃的商业空间、距离商店等较近、为人们等待提供方便、购物方便等；缺点主要有：不见阳光、没有时间感觉、空气不新鲜、不干净的设施、来自墙壁和顶棚的压力、缺少公园和开放空间、发生灾难时的安全问题、方向感消失、太拥挤、黑暗等（列出前十项，按人数百分比递减）。

在《地下空间设计》（约翰·卡尔莫迪，雷蒙德·斯特林，1993）一书中，作者从历史、文化、语言、可能的潜意识等，以及人们在地下空间或其他类似封闭空间环境的实际经验等角度出发，分析了人们对地下空间印象形成的原因，探讨了地下空间对人的心理和生理的影响。最后作者认为，人们对地下空间许多潜在的负面印象都是和地下空间的基本物理特性有关。

于是我们可以发现，人们对地下公共空间的优缺点认识，很大程度上是由地下公共空间本身的物理特征产生的。总的来说，我们认为地下公共空间的物理环境特征主要有如下表现。

6.1.1 地下公共空间的环境特征

1. 空间封闭

我们知道，与地上空间向上“长”的方式不同，地下公共空间是采用向下“挖”的形式，往往完全封闭或大部分封闭在地下。于是，地下公共空间与外界的联系只能利用通道和少量开口，缺少可以观察室外环境的窗子。另外，地下建筑的出入口高差一般较大，也会使人们产生一种进入封闭空间的感觉，这些都造成了地下公共空间的封闭性。

地下公共空间由于其封闭性可以使室内环境不受外界的干扰，但由于缺少自然光线、环境声音和外界景观，会造成人们对时间和空间的判断缺少参照物。同时，人们缺乏对外界的可视性，便难以确定自己在地下公共空间中的位置，造成人们的定位和定向较为困难，不易找到出口，从而引起人们的不安。因而无论在建造实践还是设计规范中，地下空间是很少作为住宅、办公、学校等人们需要长时间使用的功能空间的。

2. 没有外部形态

人们对于一个建筑物的了解往往开始于对外部形态的感知。建筑的整体形式和体量能够表达建筑物的内容，这些外观印象有助于人们形成和保持方向感。但地下建筑物的外立面大多是被岩石或软土覆掩，在地面层只能看到出入口或其他与外界联系的形式，没有或缺少外部形态，导致人们无法从外观获取信息，对地下公共空间的大小、范围、空间形式都无法得知。缺少了整体把握之后，人们只能从自己经历过的空间以及视觉可达的空间来对环境进行判断，这就增加了环境认知的难度。

3. 缺乏自然环境

地上空间中有各式各样的建筑物、道路和自然景物，气候差异很大，景观随着季节变迁不断变化，与此形成鲜明对比的是，在地下公共空间中缺乏自然环境，接触不到阳光、雨水、风雪，看不到天空、星辰、绿树、街景，通常保持恒定的亮度、温度和湿度。这既是地下公共空间的优势也是它的缺陷，将骄阳雨水遮挡在外，人们可以在其中躲避酷热和寒冷。但没有日光的变化，气候的变迁和雨水甘露，人们便无法直接把握时空，不能形成时间观念，从而导致人们心理上的不适应。另外，长时间远离自然元素停留在人工环境当中，会容易让人产生疲劳，加重心理上的负担[40]。

6.1.2 人在地下公共空间中的心理特征

1. 心理特征

为了研究人们对地下空间环境的心理，以及这些心理对人们的影响情况等问题，临床心理学博士 Hollon 和 Kendall 与其他地下空间专家合作，进行了一系列有趣的空间实验[41]。他们选择了 4 处研究地点：第一个是完全地下的空间环境，第二个是地下室，第三个是无窗的地面建筑，第四个是有窗的地面建筑。选择的被试者是在各地点中工作时间较长的人员，每处地点的被试人员为 15～19 人。主要采用问卷调查方法收集数据，分为 7 个评定等级，对所得数据进行了统计处理和因子分析法。结果表明，在地下公共空间环境中，人们更多关注的是他们对环境的心理反应和环境的物理特征，即使其他环境有类似的负面物理特征，人们对完全的地下空间环境的评价最低，主要的评价是不安、不悦、消极、孤立、黑暗、缺乏吸引力、封闭、缺乏刺激、紧张、气闷等[42]。

为了更多地了解在地下空间工作和从事其他活动的人的情况，日本国家土地政策学会地下空间利用委员会在 1986 年进行了一次问卷调查，收到答卷 1 226 份，其中在地面以上环境中工作的答卷者 547 人，在地下环境中工作的答卷者 679 人。调查项目包括六大方面：①地下环境印象，如光线、声音、温度、封闭程度、单调程度、方便程度、舒适感、安全感、健康性等；②防灾与安全；③内部空间，主要是指对人的健康影响的调查；④心理效果，主要调查内部空间是否封闭、是否缺乏外界景观和自然光线，是否有心理压力；⑤在地下空间工作是否有什么麻烦，如光线的舒适度和亮度、人群聚集的影响等；⑥是否愿意在地下环境工作。

结果表明：①地上地下环境中工作的人对防灾和安全的看法差别不大；②在地面以上环境工作的人，无论从人数还是程度上都比在地下空间工作的人对地下空间的负面印象要差，有 50%以上的地上环境工作人员认为，地下工作环境肯定不好，另外 50%的人认为可能如此；③许多在地下环境工作的人表示，有时他们会感到由于在地下环境工作而产生的负面心理压力，几乎近一半的地上环境的工作人员表示，如果他们在地下环境工作，他们会产生极大的心理负担，其他的一半人表示可能如此。总的来说，公众对于地下空间普遍有着较负面的心理印象[42]。

2. 影响心理特征的环境因素

地下空间究竟是如何对人们的心理及行为产生影响的呢？这是一个相对复杂的过程，它可以分为生理影响因素和心理影响因素，两者相互作用。

大多数居民都是短期使用城市中的地下公共空间，如地下商场、地下步行街、地下轨道交通站等，而恰恰又是这类人群的体验和感受会直接影响到地下公共空间的商业效益、功能价值等。那么这类人群对地下公共空间环境的评价又是怎样的呢？2000 年，同济大学的王保勇和束昱在上海通过问卷调查的方式，收集了 168 份调查表，并在此基础上进行因素筛选，最终得到了影响城市地下公共空间环境的 12 个主要不利因素及其影响率。

因子分析的结果说明，最大的决定因子 F1，被王保勇和束昱命名为外界景观因子。说明人们无论是有意还是无意，都渴望了解地面以上的外界景观，而且更多地是通过窗户来了解，这可能是人们在地面空间环境中形成的习惯。所以在地下公共空间环境中，人们渴望看到外界景观，而这种渴望不易得到满足。

第二个决定因子 F2 是空间封闭因子，正是由于地下公共空间环境较封闭，才使人觉得视野狭窄，不开阔，感到环境压抑，觉得行动受到限制、不自由。

第三个决定因子 F3 是方位因子，从这个因子可以看出在地面以上环境中，人们都有一定的方向感和时间感，这是人们适应大自然而形成的一种生物钟和生物罗盘功能，在地下公共空间环境中，人们的这种生物功能受到较大的削弱，使人有一种远离大自然的感觉，人们更要依赖各种人造的方向、道路、出入口等指示诱导标志，在地下公共空间环境中有确定自己方位的需要。

第四个决定因子 F4 是自然光因子。人类在地面环境的漫长岁月中，已适应阳光和自然光线，而在地下公共空间环境中，主要是人工光源，阳光和自然光线不足，人们觉得人工光源缺乏变化，还不足以取代阳光和自然光，缺乏变化的人工光源使人觉得地下公共空间内部的视觉环境也缺乏变化，说明在地下环境中，仅人工光源是不够的，要尽量设法引入阳光和自然光线。

第五个决定因子 F5 是地下环境意识因子，当人们从入口进入地下公共空间环境时，由于通道一般向下，就使人意识到在进入地下；光线由强至弱，使人的眼睛有一个不适应的过程，就加强了这种意识；进入地下公共空间环境以后，单调的色彩、缺乏生气的周围环境，使人难以忘却自己已身处地下公共空间环境。

第六个决定因子 F6 是空气质量因子，人们认为地下公共空间环境中的空气质量较差、通风不良，因而担心会对健康不利。

王保勇和束昱进一步分析之后提出，空间封闭因子分别与自然光因子和意识因子、空气质量因子是相关的，正是由于空间的封闭特性，才会引起一系列相关问题，如缺乏自然光线、空气质量较差、人们意识到身处地下公共空间的感觉增强；外界景观因子与意识因子相关，说明人们在地下公共空间看不见外界景观同样会加强人们身处地下公共空间环境中的意识等。

6.1.3 对地下空间的辩证认识

1. 消极因素

美国明尼苏达大学地下空间中心的约翰·卡尔莫迪博士等认为[43]，使人在地下空间产生消极心理的因素，是因为地下环境天然光线不足；向外观景受到限制；由于狭小的内部空间、低矮的天花板以及窄小黑暗的向下楼梯等所引起的幽闭感；害怕结构倒塌、火灾、洪水，认为地下建筑的安全出口受到限制以及把地下空间与死亡和埋葬联想在一起的恐惧感；由于空间封闭而产生的感知作用的减小；空间方向感的削弱；对温湿调节不良、通风不足和气闷感不满等[42]。他们把以上这些统称为地下环境中的消极心理因素集。

2. 排除心理因素中的"偏见"

吉迪恩·S·格兰尼和尾岛俊雄在《城市地下空间设计》一书中认为[22]，通过合理的设计手法和不断完善的技术，结构上的问题是能够妥善解决，从而克服人们消极的生理反应。但是公众对于使用地下公共空间的消极反应并不仅仅是技术上的问题，而是与公众对于使用地下空间这一观念的接受程度以及个人的空间感受等有关，换言之，主要是公众的心理问题。在人类的文明进程中，公众往往对地下居住者的经历和环境存在一定的偏见。时至今日，大多数人对地下空间环境已经形成了较为消极的印象，诸如黑暗、潮湿、疾病、孤独、贫穷等，地下空间的历史背景和发展情况已经使公众（尤其是老人、孩童、妇女）对该空间环境形成了较消极的评价，但事实上大多数人群并没有地下环境的生活工作经验。吉迪恩·S·格兰尼[44]谈到了地下房屋设计中人的心理障碍问题，总结认为，地下空间的主要心理问题有三大方面：个人的偏见、有些人患有幽闭恐惧症和自我意识。

由于个人经验的差异，对同样的客观环境会产生不同的印象，这种现象在日常生活中非常普遍。上面提到的日本研究已经发现，在地下空间工作的人对地下空间环境的评价比在地上空间工作的人明显要更积极。一般人对地下的印象不是完全来源于实际生活工作经验，而是由于个人潜意识中对地下空间的联想，即来自深层的内在意识。据此我们认为，在地下公共空间的利用中，心理方面的问题是最主要的障碍。

3. 积极因素

事物具有两面性，辩证地来说，地下公共空间也存在积极方面。2000 年徐磊青和俞泳调查了上海徐家汇地铁站地下公共空间中人们的交通、购物与寻路行为。他们发现与地铁站相连通的地下街有较高的利用率，除了个别时间段，无论是在工作日还是周末，地下街的人流量接近于地面的人流量。人们选择地下过街，周末要比工作日多。而且与地铁站在地下连通的商场确实能吸引大量的出站人流（40%）。

徐磊青和俞泳[45]认为，购物行为和地下实质环境的改善对人们在地下和地上的路线选择上有重要影响，并且时间、气候和环境品质（如灯光、音乐、景观和气氛等）对地下公共空间的利用也很重要。他们提出如果地下公共空间能为步行者提供购物、餐饮、娱乐和休息等服务设施，形成活动丰富的场所，且在地下公共空间的步行过程中有琳琅满目的商品展示、时常更新的购物环境、优美的背景音乐，并且在空调、照明等设备方面有较高的配置，再加上良好的管理，那么地下公共空间是大有可为的，而且也能吸引更多的人流量。

6.2 地下公共空间的空间认知

与地铁相关的城市地下公共交通的发展,及与步行系统和商业系统之间紧密相连,是当代城市地下公共空间发展的主要特征。随着我国城市地铁的建设,与之相连的城市地下公共空间的大量开发成为城市空间发展的重要组成部分,这些广泛用于商业和交通目的的地下空间系统在不断投入使用,城市地下综合体也在不断发展之中。上海市标准的《城市地下综合体设计规范》也已经完成了征询意见稿,即将实施。在方兴未艾的城市地下空间建设中,上文提到的地下空间的负面心理因素有没有得到解决呢?

6.2.1 空间认知的研究案例——上海人民广场地下公共空间

王保勇和束昱的研究中已经揭示了地下空间负面心理的最主要影响因素是缺少自然环境、空间封闭和空间方位感的消失,那么针对这几个方面的经验研究非常重要。作为地下空间的骨架,地下公共空间与其他空间之间有着广泛的连接性,也因此经常聚集着大量不确定的人群。但是从相关研究来看,使用者在地下公共建筑中常常遇到寻路、空间定位和方向识别困难等问题。日本曾对地下公共空间进行调查,发现超过80%的顾客在地下公共空间有过迷路的体验;在加拿大蒙特利尔市的一些主要地下商场,人们为什么对它们避而远之,其主要原因是害怕迷路[46]。随着我国城市地下空间开发利用规模的不断扩大,在地下空间中营造良好的方向感、辨识感显得更为重要,对人们的路径选择研究亦有更加深远的意义。

上海在几十年的时间里构建了国内较为完善的轨道交通系统,从而减少了城市道路压力,创造了便捷的交通方式,成为了上海市民生活中必不可少的出行选择。面对如此息息相关的地下的日常生活空间,人们的空间认知和感受又是怎样的呢?同济大学米佳、徐磊青和汤众[47]在国家自然科学基金的资助下,于2005—2006年对上海市人民广场地下公共空间(图6-1)进行了一系列有趣的空间认知和寻路实验。他们考察了人们在人民广场地下的几个商场和地铁站厅中的普通

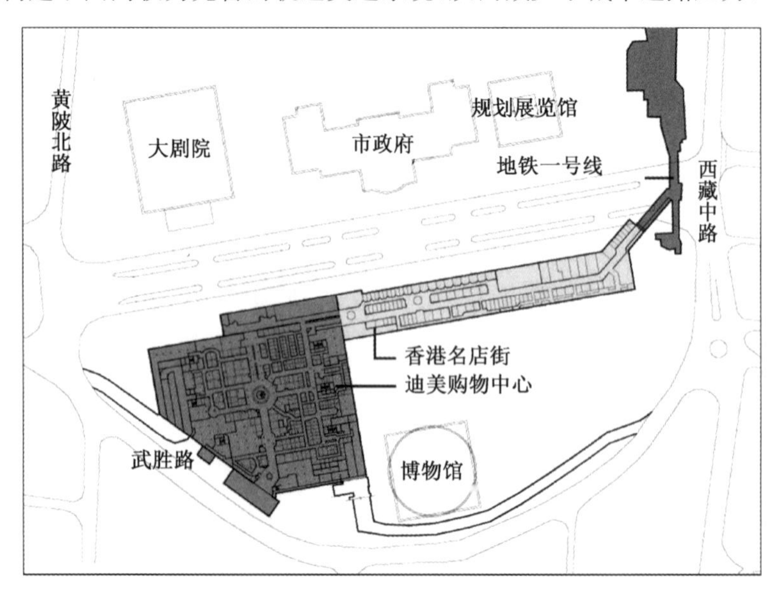

图6-1 上海人民广场地下空间平面图[40]

上海市民的寻路行为和空间认知模式。

6.2.2 地下公共空间认知的影响因素

实验选择在 2006 年 7 月,开展了 6 天包括 4 个工作日 2 个休息日。研究邀请了 34 名年龄大多在 36～59 岁的上海市民。在上海市人民广场地下公共空间(包括:地铁 1 号线人民广场车站、香港名店街和迪美地下购物中心等,如图 6-2 所示)安排了一系列的寻路任务、认知实验和问卷。问卷调查发现,16 名(47%)被试者认为人民广场地下这个空间很复杂,有 18 名(53%)被试者认为这里的复杂程度一般,没有人选择很简单。大部分被试者表示在这里寻路有些困难。总的来说,在人民广场地下公共空间寻找目的地的难度较大。

(a) 上海迪美购物中心　　(b) 香港名店街　　(c) 上海地铁 1 号线

图 6-2　地下公共空间认知实验现场[40]

第一个寻路任务是请被试者从武胜路的迪美购物中心入口处出发寻找地铁 1 号线的站厅。在这个寻路任务中,找地铁 1 号线站厅的过程由于有明确标识指引,被试者认为影响最大的第一因素以标识为主,第二因素以个人因素为主,第三因素以空间为主。在完成了第一个寻路任务以后,被试者被研究者带出到地面,被要求再从香港名店街的下沉广场出发,寻找武胜路的迪美购物中心入口。

在寻找迪美购物中心入口的第二个寻路任务中,由于没有明确标识指引的情况,被试所提到的因素不是非常集中,影响程度略有不同,影响最大的第一因素主要是个人因素,第二和第三因素都是空间方面。我们把空间的影响概括为空间导向不明、空间复杂、空间缺少特征;标识的影响概括为缺少标识、标识不明确、标识间隔大;个人因素的影响概括为个人方向感差、对环境不熟悉。米佳和徐磊青等发现空间复杂和对环境不熟悉这两个因素可以解释寻找地铁 1 号线(第一个寻路任务)时间的 32.6%。个人方向感可以解释寻找迪美购物中心入口(第二个寻路任务)时间的 30.7%。由以上分析可以得出,人在地下公共空间寻路时,在能够顺利获取标识信息的前提下,空间的复杂度和对环境的熟悉度对寻路效率的影响最大;在每个个体都无法顺利获取标识的前提下,个人方向感对寻路效率的影响最大。此分析的意义在于,即使地下公共空间中有明确指路标识,空间复杂程度还是强烈影响了寻路的效率。

米佳和徐磊青等人认为[47],在有明确标识引导的地下空间的寻路过程中,人们主要依赖标识进行寻路,其次受到个人方向感和空间引导的影响;在没有明确标识引导的寻路过程中,人们主要依靠个人方向感和空间记忆进行寻路，其次受到空间引导的影响。而对于城市和建筑设计而言，空间辨识和空间引导则更显重要。

6.2.3 空间的辨识性

由于地下空间的封闭和缺少自然特征，因而空间特征显得尤为重要。人民广场的这个调查也进行了这方面的工作。徐磊青等人想知道地下空间的哪些特征最容易被辨识。

通过问卷考察了具有空间差异的节点被认知的程度。图 6-3 为各场景按认知正确率由高到低排列的情况，并表示了正确认出该场所的人数，结果发现，地下公共空间中作为空间差异节点所具备的特征是：独特，在形状、尺度、色彩、内涵等方面具有特色，并且在空间环境中容易被感知。三十多名市民被试认知正确率高的图片，均为产生明显空间变化的场所，例如下沉广场、螺旋楼梯、主要通道、通道上放大的节点等；认知正确率一般的场所包括知名度较高的店铺、圆形布局的店铺、色彩鲜艳的图形信息等。许多被试者表示这个地方见到过，只是不确定在哪里；认知正确率低的场所是特征不明显的通道、店铺，许多被试者表示对这里没有印象。可见空间差异比图形信息更容易被人们记忆，并且容易明确该场所的位置。

(a) 123 下沉广场 32 人

(b) 螺旋楼梯 32 人

(c) 地铁通道 25 人

(d) 香港名店街下沉广场 20 人

(e) 大剧院下沉广场 19 人

(f) 香港名店街主通道 15 人

(g) 美食广场入口节点 12 人

(h) 迪美主通道(北)9 人

(i) 屈臣氏超市 9 人

(j) 圆形化妆品柜台 7 人

(k) 迪美与名店街交界 6 人

(l) 迪美主通道(南)5 人

(m) 迪美主通道(C 点)3 人

(n) 银行 2 人

(o) 迪美次通道 1 人

图 6-3 图片辨识情况示意[40]

图片所示场所位置见图 6-4，颜色越深表示该地点的照片被认知的频率越高，于是我们还可以发现被高频率认知的地点，除了空间特征明显以外，还都处于地下购物中心的主通道上，那些不在主通道上的空间场景，很难被被试者所辨认。

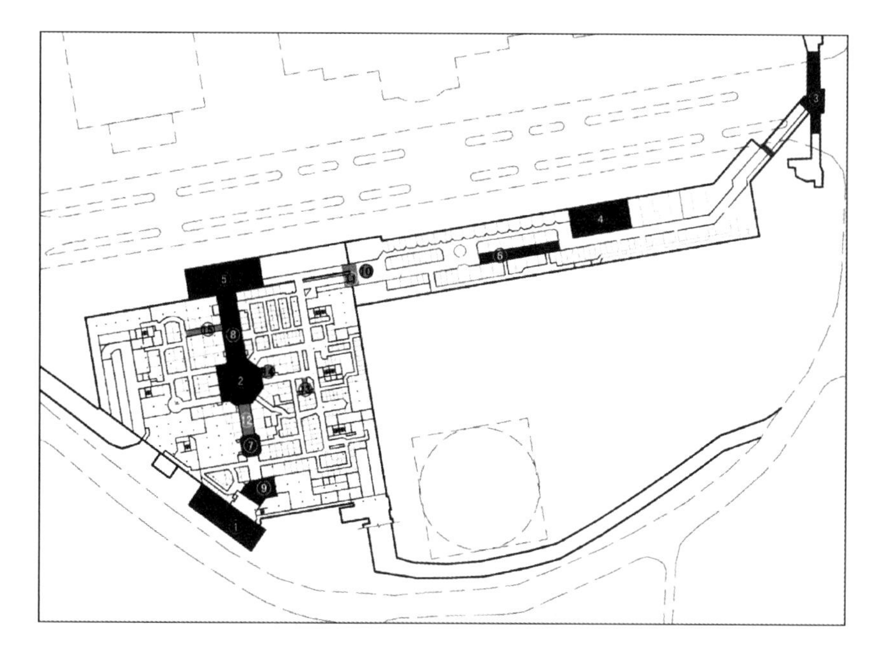

图 6-4 图片位置示意[40]

空间特征差异对于人们在地下公共空间的认知和寻找目的地具有很大帮助。空间特征比图形信息特征作用明显,而空间特征中建筑特征比店铺特征作用明显。因此在进行建筑设计时应首先考虑运用建筑空间上的变化,来塑造有助于人们寻路的空间差异。特别是下沉广场、中央大厅、主通道和主通道上的主楼梯、电梯等,对地下空间的认知具有关键作用。

6.2.4 空间的方向感

人在地下公共空间的方向感是怎么失去的?这个有趣的问题在这个研究中也被提出来。其实在大型建筑的内部人们多少都有晕向的问题,但是在地下空间里它显得特别突出。米佳和徐磊青等人的研究中试图了解人在地下空间中的转弯次数与晕向的关系,并且地标是否有助于重新获得方向感。实验的被试者被分成 4 个小组,分别沿着安排的 2 条路线转了 2~5 个弯。A 条路线中间没有地标,B 路线在第三和第四个转弯途中会看到一个地标,这个地标是主通道上的螺旋楼梯[图 6-2(a)],实验结果如图 6-5 所示。

在没有其他因素影响下,方向感和转弯次数的关系是怎样的呢?根据 SPSS 进行相关性统计,路线 A 转弯次数和 A 点角度偏差之间的 Spearman 相关系数为 0.445(Sig=0.008),说明存在一个中等程度的相关,即随着转弯次数增加,对起始点的方向判断误差变大,空间定向的准确率下降。若方向准确性的要求比较高,认为偏差 15°以内算正确,那么当转折次数为 3 时,即被试在行进方向上随机转了 3 个直角的弯时,被试者对出发点方向把握的正确率会出现大幅衰减。研究发现被试者在 A 路线中经历 3 次转弯之后方向感有明显下降,经历 5 次转弯以后方向感会消失殆尽,而在 B 路线中被试者在经历第三个转弯之后,因为经历了 1 个地标

（主通道上的螺旋楼梯）依然能保持较好的方向感。如图 6-6 所示。

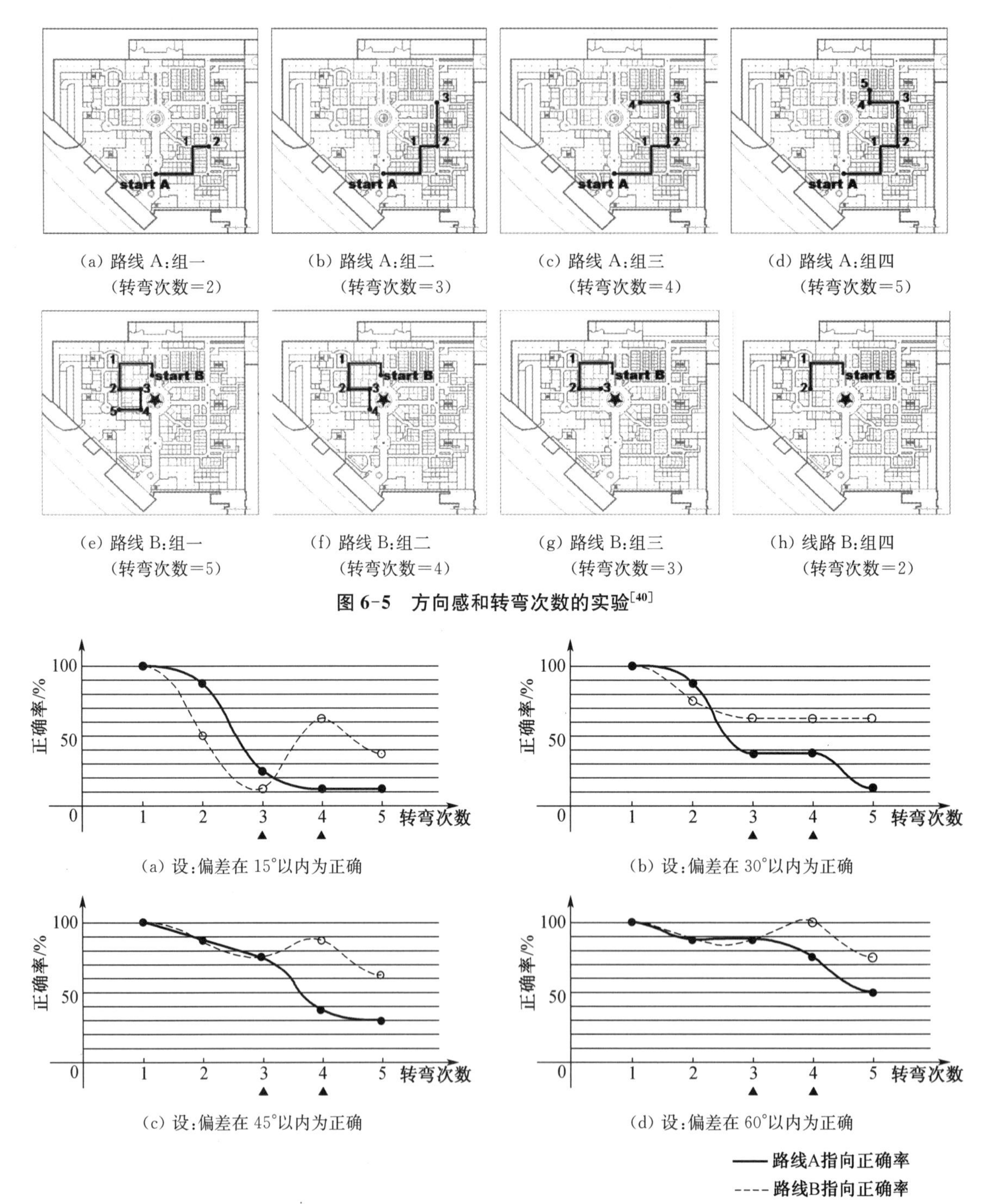

(a) 路线 A:组一（转弯次数=2）
(b) 路线 A:组二（转弯次数=3）
(c) 路线 A:组三（转弯次数=4）
(d) 路线 A:组四（转弯次数=5）
(e) 路线 B:组一（转弯次数=5）
(f) 路线 B:组二（转弯次数=4）
(g) 路线 B:组三（转弯次数=3）
(h) 线路 B:组四（转弯次数=2）

图 6-5　方向感和转弯次数的实验[40]

(a) 设:偏差在 15°以内为正确
(b) 设:偏差在 30°以内为正确
(c) 设:偏差在 45°以内为正确
(d) 设:偏差在 60°以内为正确

注:图中直线是 A 路线被试者的方向感测试,表明在 3 次转弯后方向感有明显下降。虚线是 B 路线被试者的方向感测试。B 路线在第三和第四次转弯中可以看到地标,所以在第四个弯的测试中方向感有明显提升。

图 6-6　转弯次数与指向方向正确率[41]

我们的研究说明，在网格型平面中的重要流线设计中，如果必须经历 3 次以上的转弯，途中必须安排地标。地标对人在地下空间确定方向有很大帮助，如果空间布局中转弯的次数不可避免地有 5 个或 5 个以上，则应考虑设置地标来帮助人们明确自己的方向。

另外一个例子，2010 年李斌等人在上海市人民广场进行寻路实验，被试者多感到人民广场站平面布局复杂，常常感觉方向混乱。这到底是什么原因呢？要知道人民广场站最初是由防空设施改造而来，其站内的平面形状不规整。两个方向的地铁线路和人民广场站本身边界组成了一个不等边的钝角三角形。可想而知，路径的每次转折多为锐角或钝角，这种不规则的路线网络会导致混乱的空间导向，继而让人产生方向感混乱，造成路径探索的困难。如图 6-7 所示，1 号、8 号线平行，2 号线垂直 1 号、8 号线排布，三线中间形成了一个大三角换乘大厅。

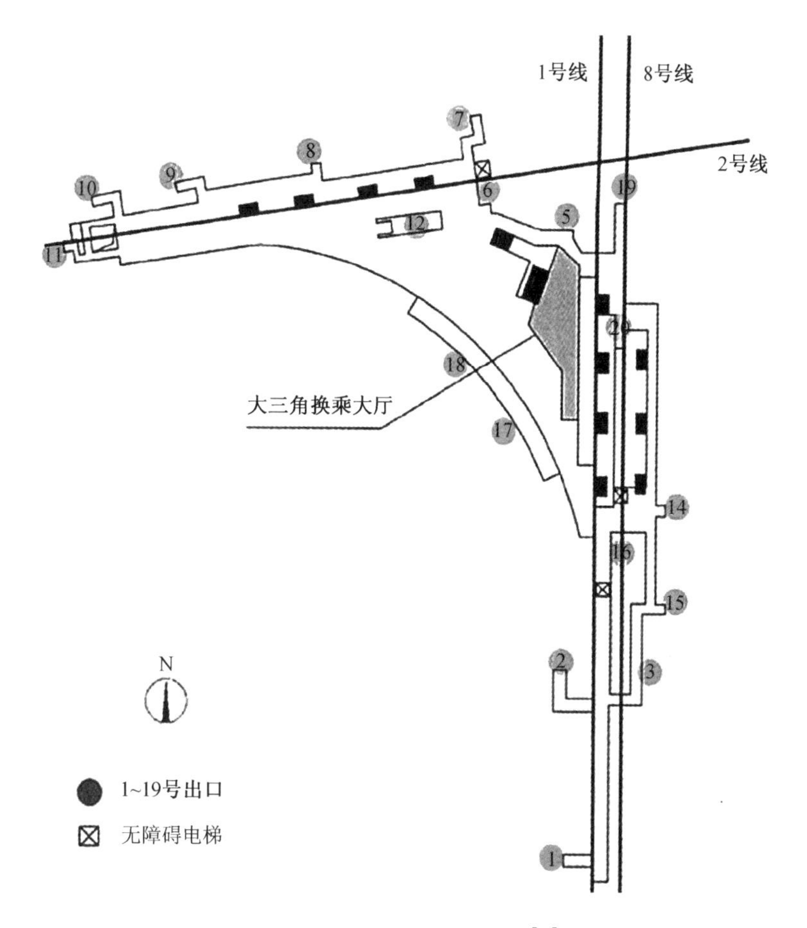

图 6-7 上海人民广场平面图[48]

综上所述，根据以上两个实验，我们认为影响人在地下公共空间中方向感的因素主要有：①路径网络的复杂性；②路径转折的折角。一个有活力的地下公共空间，不仅可以让人们便捷有效地抵达目的地，还可以给人以轻松明确的寻路感受，因而在进行地下公共空间的平面布局时，应尽量采用简洁易读、逻辑清晰、引导明确的形式。

6.2.5 易记忆的认知图

人们看到标识、地图或经过现场体验后，对地下公共空间状况的记忆度，即人关于地下公共空间的认知能力会提升。对地面上的建筑和物体的感知有助于在地下公共空间中建立认知地图。地下公共空间与地面景观的合理关联，可以帮助人们明确自己所处的方位，在认知地图中建立点状参考信息，并以此为基础按照点-线-面的过程，发展形成完整的认知地图。上文提到的关于人民广场地下空间的认知系列研究中(图 6-4)，3 个下沉广场的辨识率高居前五位，另两个辨识率高的地点一个是目的地(地铁站厅)和主通道上的中央大厅里的主楼梯。这些被高频率认知的地点，都处于地下购物中心的主通道上。也就是说，地下空间里的认知地图就是围绕进入点、目的地点、中央大厅、下沉广场和主通道建立起来的。地下空间的设计要比地面和地上空间对空间辨识性有更高的要求，因为这与疏散、安全和方便使用有密切的关系。这就是为什么地下空间的设计中要把下沉广场、中央大厅和主通道作为地下公共空间最主要的设计要素的原因。

另一相似地下空间——上海五角场商圈(图 6-8)，有一条轨道交通线通过，并设两个站点，该地下公共空间将道路分割开的各个街区联系起来，中间部分为露天广场，视线较为通达，并设有蛋壳形构筑物。行人身处下沉广场之中，辨识方位很大程度上依赖于对周围建筑物及城市道路的感知，由于良好视线关联的建立，为人们的寻路过程和空间认知提供了参照。

图 6-8 五角场下沉广场

资料来源：http://www.pdkp.org/

出入口作为地下与地上的联系，在认知地图中具有重要的地位。对地下公共空间轮廓的把握可以有助于空间认知的建立。通过实验我们可以发现，地下公共空间认知地图的特点有：直线趋势和重叠效应。人们倾向于用直线关系来记忆起始点和目的地之间的联系，认知地图中的路径表现出向起始点和目的地连线方向偏移的趋势，而且人们容易把有斜向偏转的道路认成直线道路;空间认知中决策点和空间节点有重叠的趋势,尽管在实际空间中这并不是同一个点,但在人们的认知地图中,进行路径选择发生方向转换的点和空间的节点往往是重合的。

地下空间作为特殊的三维空间实体,人们不能一眼就看到它的全部,而只有在运动中也就是在连续行进的过程中,从一个空间走到另一个空间,才能逐一地看到它的各个部分。由于缺乏对全局的把握,人们倾向于在空间认知中,把对局部空间的体验类推到其他部分,因而在进行地下公共空间的平面布局时,应尽量采用简洁易读、逻辑清晰、引导明确的形式。

6.3 地下公共空间的环境与行为

地下公共空间与其他空间之间有着广泛的连接性,并主要借由通道进行连接。那么这里可以提出问题:什么形式和连接方式的通道是大众喜欢的? 什么又是不喜欢的? 在地下空间的行人在路径选择与决策上到底有哪些规律可循? 下面,我们将从几方面讨论这些问题。为了更好地理解行人的路径怎样变化,我们有必要考虑两种可能性:终点是某个熟悉的目的地的步行,这个过程就是一种路径选择,或者是去往某个新地点的步行,这个过程称为寻路过程。当然,很多步行其实是上面两种过程的混合。当行人的步行目的不同时,他们从周围环境获取信息的差异程度也有不同,但是路径选择和寻路应该是有规律可循的。

6.3.1 通道尺度与行为

长度和宽度是影响人们进行通道选择的重要因素。一旦从事前进运动,人就会表现出一种强烈的前进倾向,运动中的行人往往有下意识地保持运动方向的趋势。在线形地下空间中主次通道区别明显的情况下,有明确寻路目的的人们往往倾向于沿着较宽敞、较长、视线较通畅的道路行进,次通道的使用率相对很低;即使在不熟悉的环境中,人们也首先会选择那条在视线范围内较宽较长的通道行进,直至必须改变方向。

在米佳和徐磊青等人的人民广场地下空间的实验中,如果将 34 名被试的路线图进行叠加抽象后,可得到图 6-9,其中线段的粗细代表走该路线的人数,线段越粗则走的人越多。观察路线叠加图,在由迪美购物中心向地铁站厅的第一个寻路实验过程中,有 31 名(91.2%)的被试者走主要通道,只有 3 名(8.8%)的被试者使用次通道。因而,可以说在有明确目的地的寻路情况中,人们倾向于沿着较长较宽敞,视线较通畅的道路行进。

对于线形地下空间,在主次通道区别明显的情况下,次通道的使用率很低。对于网络形地下公共空间,当目的地不在行进方向上时,人们倾向于首先沿着在视野范围内较长、较宽敞的道路行进,约有一半的人会在到达此路径尽端后转弯,向目标点靠近,另一半的人则会在行进过程中转弯,渐渐分流并向目标点汇聚。而且此过程中,标识和通道的宽度对路径选择的影响较大。

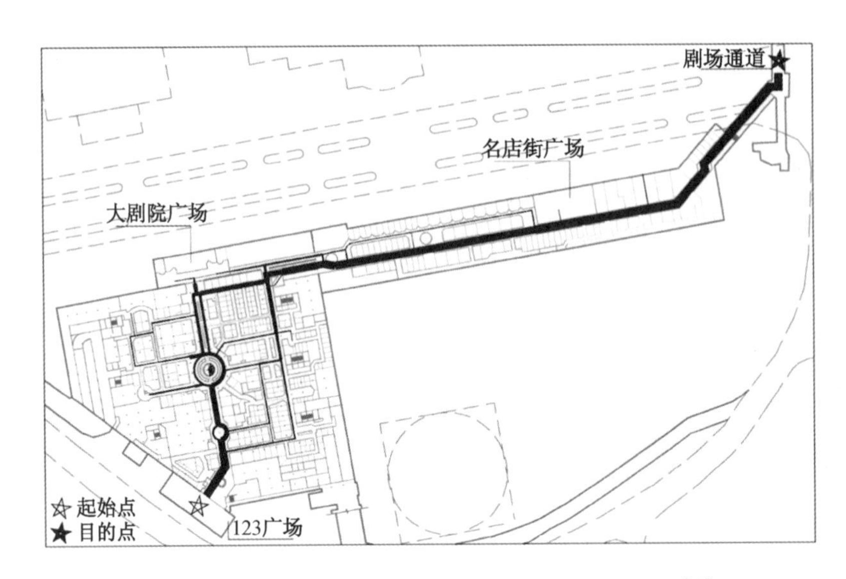

图 6-9 实验:123 广场—地铁通道被试者路线叠加图[47]

徐磊青和俞泳[45]曾在同一个地方做过相同的观察,也有类似的发现。在迪美购物中心的各个通道上的人流分布差异极大,主通道上的人流是次通道上的数倍甚至十倍。这主要由空间布局形式造成:主通道贯通整个空间,次通道采用回路型挂在主通道上,而且主次通道区别明显。所以为了提高空间使用率和经济附加值,在地下街的空间设计中应尽量避免这种主次通道的布局形式。如图 6-10 所示。

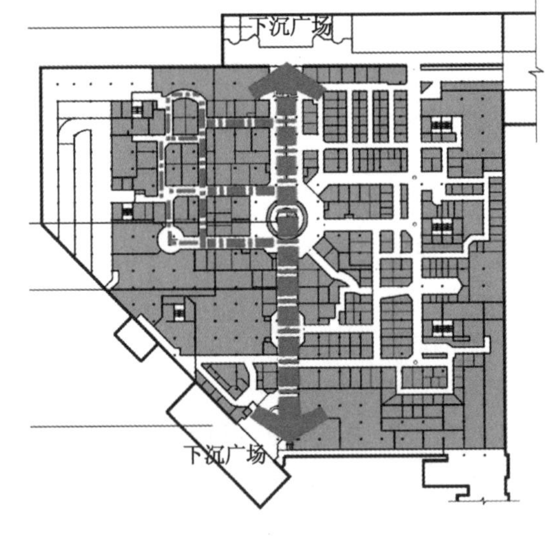

图 6-10 人民广场地下部分平面图(迪美购物中心)[47]

人们喜爱宽阔道路的结论在很久之前就已被发现:没有其他影响选择的要素影响时,人们更喜欢选择更宽阔的道路行走。[49, 50]宽阔的通道可以被作为路标,帮助人们知道自己所处的方位,提供这种方向感同样可以帮助人们在需要的时候迅速离开。日本地下购物中心政府通告中有这样的规定,商店的总面积不能超过地下公用通道的面积。地下街中的通道宽度必须与地下街的人流量成正比,日本的规范规定:$W=F/1\,600+2$,其中,W 为地下街人行通道的宽度,F 为预测的高峰小时人流量。[39]这样的通道尺度便于疏散,也为人们提供了一个良好的视觉空间。可见,宽度亦是行人所需的一个基本特征。

人们在地下比较偏好笔直、轮廓明确的道路;笔直的走廊、明亮的光,以及其他类似的特征可以促进人们的路径探索行为。地下空间中渐进的曲线会降低人流,而不是反过来会促进人们去探索;当道路没有明显的轮廓,并在道路末端的路径选择项不明显时,人们对这样的道路则不会产生偏好。

人们往往还具有选择最短距离的倾向。尤其是当人们是有计划地走向单个目的地时，这一般意味着他们会寻找最快的路径或者最省力、省心的路径直奔目的地，对周围环境不再注意。然而，这种选择最短距离的行为对空间亦有要求。它较适用于小型空间，当行为发生在大一些的地下环境步行空间中，即使对一个熟悉的访客而言，它的整体布局也不是很清晰；此时，在其他影响决策的因素出现的情况下，最短路径可能很难做到[51]。

6.3.2 标识与行为

在地下空间中，人们常常受到具体环境条件制约，视线关联和空间关联均无法达到。想象一下，你在地铁通道中却不知道目的地在哪个方向，不清楚应该选择哪个出口到达地面，接着，错误的选择会导致你的寻路路程变长、寻路失败。这些路径选择失败的情况，主要是由于在地下空间中，空间信息来源较为缺乏，人脑中的认知地图与实际环境未能重合造成的。因而在这个过程中间，如果有明确的标识指引，情况完全可以得到明显的改善。人们熟知这一点，并对标识的依赖程度很大。很多研究已经明确说明，标识是寻路的最重要信息来源。

上海人民广场寻路实验的第二个任务[47]，是从香港名店街下沉广场出发，找回第一个任务的出发点(迪美购物中心的武胜路入口)，当被试者在迪美购物中心遇到第一个分岔路时，23.5%的被试者选择不改变行进方向继续向前到达迪美购物中心的主通道，76.5%的被试者选择直角转弯沿东侧次通道行进，之后陆续向主通道分流，有50%的被试者走到东侧次通道尽头右转到达主通道，最后在目的地汇集。分析路径选择的原因是在这个选择节点的上方悬挂有指向标识，这是指引人们选择此通道行进的主要原因；而且此条次通道也是长而直且较宽的。如图6-11所示。

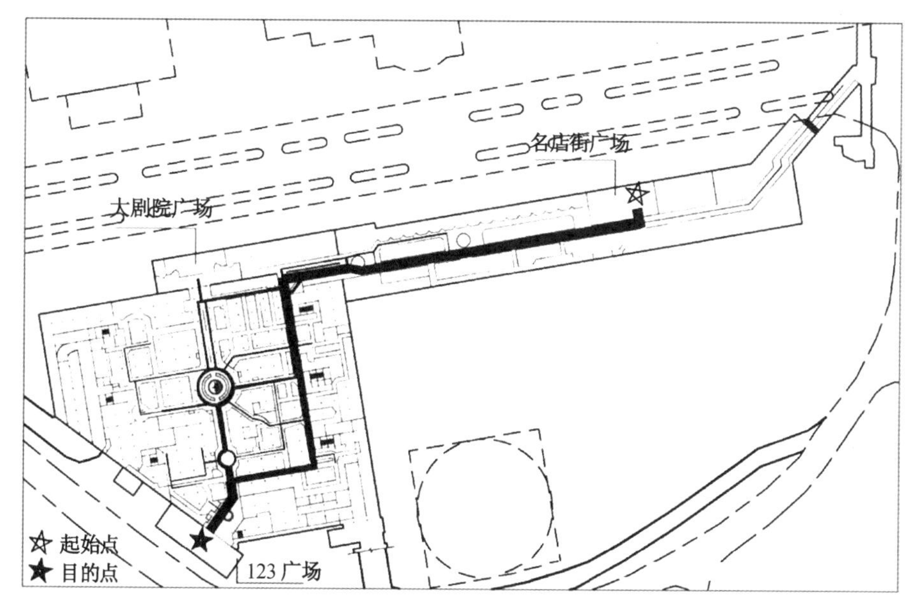

图 6-11 实验：名店街—123 广场被试者路线叠加图[47]

从这个案例中，我们可以看出：标识设置点对于路径选择影响很大。也就是是说，在需要作出路径选择的空间节点处提供足够的寻路信息是十分有必要的。因而，在进行建筑设计时应将寻路决策点和空间节点综合起来考虑，在空间节点处提供足够的寻路信息，便于人们作出寻路决定，而且有效避免空间认知上决策点和节点的错位。

由于地下空间相对封闭的特点，处于地下的人们会需要相对于地上空间更多的信息才能满足需求，如：地上空间的一个简单的出入口标志，在地下，则需要标明所对应的地上的确切位置。比如：香港地铁站厅层里，标识文字旁边附加了表现地下建筑外部对应环境真实场景的照片(图 6-12)。

图 6-12　香港地铁站厅标识

资料来源：http://360.mafengwo.cn/travels/info.php?id=2903965

6.3.3　空间特色与行为

忽视空间舒适性的地下公共空间，造成的结果是地下空间的黑暗及封闭空性的整体形象，这不会给地下步行街带来任何利益，反而会导致在地下空间行走的人群心中形成一种消极心理。有在地下空间行走经验的人们都知道，对空间特色的偏好和审美要求是他们在路径选择和行走过程中不可分割的部分，并且可能在非娱乐性质的路线中发挥着更加潜意识的作用。

人们所在位置的视觉信息更是所在位置路径决策的一个很重要的信息来源，因此它值得特别关注。一定程度的视觉复杂性是有吸引力的。当这种复杂性结合了神秘性后，例如，暗示在视野之外会出现更大以及有趣的空间，行人的就会提高兴趣并且可能会朝目的地的方向走下去[52]。

某些感觉要素与品质对路径决策有一定影响，其中尤为重要的影响要素是沿街的业态，还有其他与路径选择相关的因素，包括设计上的各类细节元素：物质、颜色、景观细节、灯光的颜色和层次、音乐、香味等。地下店面设计在购物者对于特定购物中心感受到的吸引力中起着非常重要的作用，同时绿色植物以及社交的可能性也起着支持性的作用。购物者会很强烈地被他人的存在以及有人类活跃的迹象所吸引。

徐磊青和俞泳在上海徐家汇地铁站地下系统的实验中得到相似结论。2000 年他们调研了紧靠徐家汇地铁站的三个大型商业中心，其中东方商厦和太平洋百货与地铁站的出口在地下相连通，第六百货在地下未与地铁站连通，这三个商厦其他条件均十分相似，如商场的规模、档次、总人流量，以及与地铁站的临近关系等。实验得出，两天内从地铁站出来的人中各有

45%和51%的人直接进入东方商厦地下商场，各有57%和60%的人直接进入太平洋百货的地下商场，而没有与地铁站地下公共空间连通的第六百货，只能从出站人流中吸引21%和25%的人。造成这种情况的原因是，位于地下商场入口温暖明亮的灯光、热烈的气氛与地铁站的冷光源、单调的景观形成了鲜明的对照，很多在地下空间中犹豫不决或迷失方向的人一走到商场的地下入口前，几乎都被其吸引而入。从这个调查中，我们可以看出商场入口氛围对人流吸引和路径选择是非常重要的。

Zacharias于2002年在蒙特利尔也做过有关地下系统的实验。蒙特利尔的地下系统十分出名，有大量的走廊以及可选的通道。在这个实验中，主要研究的是人们在这样一个受欢迎的步行环境中，面对各种各样可选项是如何进行选择的。为了只考虑空间的视觉性刺激并消除布局信息，实验使用了蒙特利尔地下通道交叉口的全景图。这些全景图是由从道路交叉口中心的一个单一位置上提取出来的35 mm的照片拼合而成的。一共有6个这样的全景图，每张图中可以有3～9种道路选择，参与实验者对此进行路线选择(图6-13包括2个全景图)。在图6-13中，全景图(a)中可看出有3种道路选择，全景图(b)则可看出有6种乃至更多的道路选择。对参与者来讲，这些可以代表了他们在实际的地下商场中的路线选择。

(a) 3种道路选择

(b) 6种及6种以上道路选择

图6-13 蒙特利尔地下通道交叉口全景图

资料来源：Choosing a path in the underground: visual information and preference, ACUUS International conference, 2002

数据整理发现，人们对于蒙特利尔地下各条通道的偏好程度不同。图6-14展示了两条偏好很高的道路。左边的图片中有很多人，并有明显的路径选择项，而且暗示了走廊通向其他的空间。事实上，走廊不是通向其他空间，仅仅通向一个出口。右边这条通道相比其他缺少装饰性天花固定装置的走道而言，其偏好度显得非常高，以至于远超过其他走廊。

(a) 通向其他空间的地下通道

(b) 有装饰的地下通道

图 6-14 偏好高的地下通道

资料来源：Choosing a path in the underground: visual information and preference, ACUUS International conference, 2002

在图 6-15 中，则描绘了两个很不受欢迎的通道选项。左边的图片中，强调了灯光、大型的店面装饰以及商店橱窗中充满活力的展示，这些在设计师看来是用于加强路径选择的，然而人们在看这条道路时注意力会集中在走廊的尽端——一面白墙，没有明显的能够继续行走下去的方法。事实上，尽端的地方有一条路穿过，尽管高差使得从道路交叉口的地方很难看到这条路。图 6-15 中的右图中间有两个通道选择项，自动扶梯提示人们可以继续向上走，从上面照射下来的自然光近一步提示了这条路是离开商场的一个方式，参与者们没有选这条路。另一个通道选项，电梯的右边是一条曲折的道路，没有明显的轮廓，在其他的道路交叉口中，参与者们也排斥类似这样的选项。

(a) 有尽端暗示的地下通道

(b) 有离开商场提示的地下通道

图 6-15 偏好低的地下通道

资料来源：Choosing a path in the underground: visual information and preference, ACUUS International conference, 2002

同时，实验者分析了依照被试者关于他们多种道路选择以及调整路径选择的解释，经过相关性分析，实验者在全景图上的路径选择与他们对这些道路的理解之间具有强烈的相关性。将这些说明按照关键字进行分类，38%的被试者评论与空间特质有关(包括生动、温暖、有趣等评价)，20%的评论与走廊宽度或是空间尺度有关，而与色彩有关或者与建筑空间易读性有关的评论各占 11%。总结一下可以看出：大多数这样的评论与人流大小、一个地方的活跃程度以及店铺的多样性和有趣性有关，走廊的宽度与道路的易辨认性在评论中也占了大多数。

Zacharias 的研究说明，人流量、中心区域、选择的多样性以及这个空间所展现的趣味性对地下空间中人们的路径选择有极大的影响。虽然人们的出现和总体上的活力是吸引人流最关键的因素，但是如果某处地下空间能在形状、尺度、色彩、内涵等方面具有特色，并且在空间环境中容易被感知，加上一些观察范围内适于休闲的活动空间，它无疑将对路径选择具有重要的影响。

6.4 地下公共空间的易读性设计

人们在地下公共空间中会有寻路问题，而且当地下建筑的布局缺少整体性时会显得尤为突出，因为地下空间的形成很多时候是在地上建筑完成后进行的，或者是将已经建成的局部的地下空间进行再联系，因此，必然要受到地上建筑布局的限制，也受困于原有地下空间的限制，再加上地下施工的技术、造价等现实问题，使得地下建筑往往很难具有整体性的规划。并且，地下建筑由于施工的困难，较少形成中庭、门厅等大空间，结果使建筑空间的视线可达性减弱，不利于形成完整的认知地图[53]。

因而在地下对于寻路和空间认知方面的问题需要加以考虑。这些被固化的地下空间的负面意象，应该是可以在建筑和城市设计中被弱化甚至消除而转化为更积极的意象。地下空间设计中最主要的原则之一，就是提高空间的辨识性和舒适性。

6.4.1 平面布局的易读性设计

城市地下公共空间的平面构成形态可概括为三种类型:点状、线状和网络状。

(1) 点状地下空间是指在城市中占据比较小平面范围的各种地下公共空间。点状地下公共空间可以大到功能复合的综合体，也可以小到一个单体建筑的地下空间或一个下沉广场，它是构成地下公共空间的基本活动核心。目前，我国地下公共空间的开发利用，点状设施的建设一般偏重于城市中心区、站前广场、集会广场、较大型公共建筑等。

(2) 线状地下公共空间指呈线状分布的地下空间设施，主要指地下街和地下通道。线状地下公共空间是城市地下空间形态构成的基本要素和关键，也是联系点状地下空间设施的纽带、提高城市运行效率的保证。

(3) 网络状地下公共空间是由若干点状与线状地下空间设施连通的一组地下空间设施群。其形成的基础是点状和线状地下空间设施，且规模与线状地下空间的发达程度密切相关。

地下空间作为特殊的三维空间实体，人们不能一眼就看到它的全部，而只有在运动中，也就是在连续行进的过程中，从一个空间走到另一个空间，才能逐一地看到它的各个部分。由于缺乏对全局的把握，人们倾向于在空间认知中，把对局部空间的体验类推到其他部分。米佳[40]总结了地下公共空间的平面布局，提出应尽量采用简洁易读、逻辑清晰、引导明确的形式。

1. 平面构形

Passini 在研究了大量的建筑平面之后，认为平面布局可以分为四种基本方式:线形流线系统、中心形流线系统、复合型流线系统和网络形流线系统。[54]人们在不同的平面布局中会表现出不同的行为模式，从而采取不同的寻路策略。

1）线形平面布局

线形平面布局形式有助于人们寻路和疏散。在进行线形平面设计时，应注意设置空间序列，沿主要人流路线逐一展开空间，有起有伏，有抑有扬，有一般、重点、高潮之分。日本有研究表明空间序列的间距宜在 40 m 范围内。[40]

对于线形布局形式的地下公共空间，主次通道的形式不利于人流量均匀分布，容易造成主要通道人流集中而次要通道无人问津的情况，引起布置在次通道上的安全出口的位置吸引力不佳。因而建议采用一条主通道或两条等级相近通道的做法，就是要使得各条通道在使用中有相同的重要性。如果地下街总长较长，结构形式简单，可通过不同风格和空间尺度的区域及广场有序的排列，使步行者可以形成构造清晰的空间意象。这种平面布局可以使疏散路线简洁明了，疏散也变得容易。如图 6-16 所示。

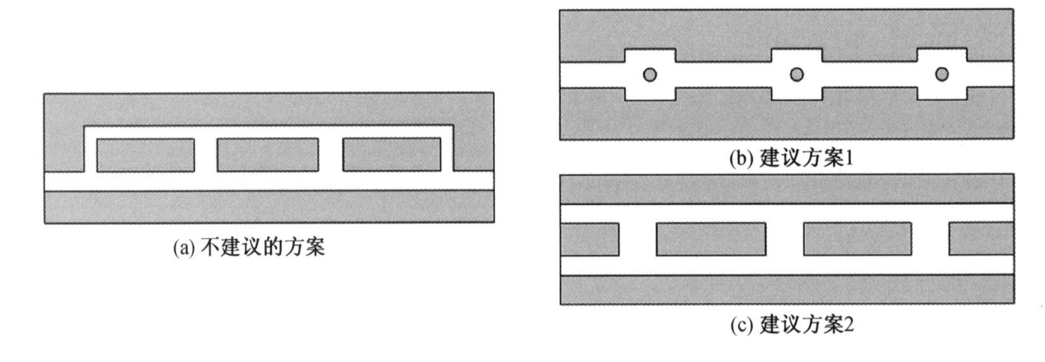

图 6-16　线形平面布局建议示意图[40]

2）中心形平面

对于中心形平面布局，处于中心地位的空间节点需要具有较好的视觉可达性，以便人们在中心处可以对其他空间有直观的感知。与中心相连的通道不宜过多，否则会引起混淆。中心形平面布局方式，建议不要完全对称，尽管对称可以帮助人们进行空间认知，但不利于人们在地下空间定向和定位，如果空间形式对称，则建议设置具有方向性的地标来帮助定位。

从疏散角度来说，优点是有多个方向可以疏散，位于中心型平面的中心节点附近的安全出口的位置吸引力最好，这部分空间对使用者而言较为熟悉，是以此处附近必须布置疏散楼梯，并尽可能与日常使用结合起来。反过来说位于通道上的安全出口特别是尽端处安全出口的位置吸引力就不好。所以需要将一些日常使用的功能空间如卫生间与疏散楼梯组织在一起。由于地下空间无法提供自然采光，则这些安全出口宜做特别处理，譬如适当放大，利用人向开阔处逃生的行为特点引导疏散。也可以采用特殊照明和有特色区域的设计手法，并结合标识系统。要尽量将位置吸引力不佳的疏散楼梯与日常使用结合起来（图 6-17）。

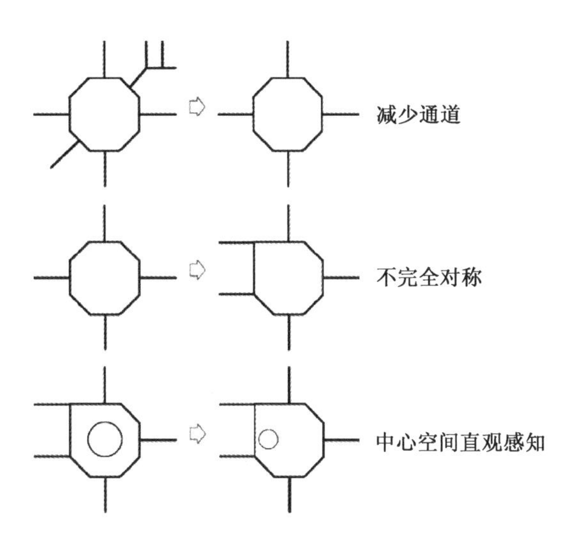

图 6-17 中心形平面布局建议示意图[40]

3）网络形平面

地下公共空间不推荐使用网络状平面布局。如果使用网络形布局，平面组织需要具有清晰的分级原则，并能够较好地传达给使用者。网络状平面宜进行一定的区域划分，各区域具备清晰明确的特征，可以为人们提供进出某个区域的参考系，以增强人们对地下空间位置的认知度。区域特征可以通过空间形式、色彩构成、图形信息、业态分布等来进行塑造。

网络形平面布局的通道系统不宜等级过多，主要道路和次要道路之间不要区别明显，主要通道尽量沿主要步行流线布置，构成地下步行系统的骨架，次要通道要满足次要流线的方向，增强与主要通道间的联系。需注意转弯次数对人们方向感的影响。

我们的研究表明多于 3 次的转弯，人们会大幅丧失方向感，5 次转弯以后方向感将完全丧失。还应避免斜向道路的出现。为了便于紧急情况下的疏散逃生，地下空间不应采用袋形走道的设计。此外还需要对节点进行重点设计，在节点处表达出与之相连的各条路径的特征，为人们提供寻路信息。如图 6-18 所示。

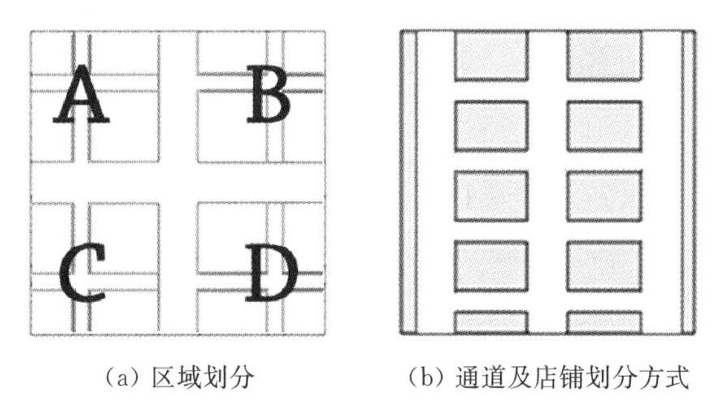

（a）区域划分　（b）通道及店铺划分方式

图 6-18 网络形平面布局建议示意[40]

从疏散来说，网络型平面优点是疏散方向有多种选择，缺点是安全出口的位置不容易被找到,所以设计中需要对它的位置予以特别的强调,应进行特别的空间处理,如安全出口前空间局部放大、高强度的照明处理,并尽可能与主要交通组织在一起。

除了平面布局,建筑出入口、水平路径特征和垂直交通系统也会对寻路有所影响,具体而言,如建筑出入口是否易于辨识和到达,水平路径是否畅通,垂直交通是否明确等等都会对寻路带来帮助或阻碍。为了顺利地传达信息,在进行建筑设计时需要对各种原生信息进行合理组织。有时候信息的组织方式会显得重复,但是通过多种方式传达相同的信息可以在最大程度上保证使用者能够获知这些信息。

6.4.2 空间组织的易读性设计

关于地下公共空间的易读性设计,米佳在她的论文中进行了系统的总结和整理[40]。

1. 空间引导

地下空间因为缺少与外部地上的联系,在这样密闭的环境中,空间的引导不足,或是复杂混乱的导向会进一步增加寻路的难度。

因此,地下平面布局应当简洁,规整为原则;内部空间应保持完整易识别,提供更多的引导信息,使人们容易熟悉所处的环境。大阪长堀地下街是一个比较好的案例,作为长堀地区地下交通网络建设项目的重要组成部分,地下街总长 750 m,与 3 条地铁线路交叉,连接 3 个地铁车站。公共地下步行通道宽 11 m,两侧布置店铺,是日本最大的地下街。地下街规划为 4 个不同风格和功能的区域,将经营同样种类的店铺安排在一个区域内,布置了 8 个不同主题的地下广场。地下街结构形式简单,通过不同风格和空间尺度的区域和广场有序的排列,使步行者可以形成构造清晰的空间意象,较好的空间次序让人们随时可以掌握方位,悠闲地在地下街内活动而不必担心迷失方向(图 6-19)。

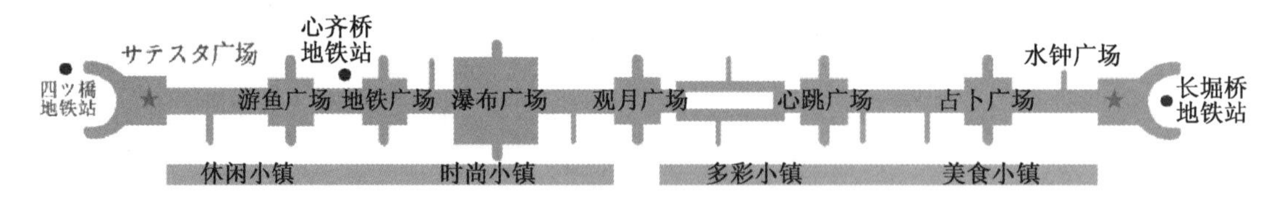

图 6-19 长堀地区地下交通示意图[40]

2. 节点组织

一个有活力且舒适的地下公共空间,不仅可以让人们便捷有效地抵达目的地,还可以给人以轻松明确的寻路和空间感受。因此在进行建筑设计时,可合理地设置空间差异节点,为人们提供寻路帮助。这些具有一定方向性的空间差异节点,其所处位置应具有良好的视觉可达性,间距在视觉可达范围内,便于在一个节点处感知到下一个节点的存在,从而进行有效的空间引导。地下公共空间的步行系统应该围绕出入口、主通道、下沉广场和中央大厅等空间节点,组织空间系统。

大型的地下空间系统在出入口或人流集散区域设置中央大厅,以实现人流集散、方向转换、空间过渡与场所的衔接。中央大厅可以是下沉广场,也可以是中庭。另外,在两条或更多条主通道交叉处，应该设置过厅。目前，我国未有成文的规范确定地下步行系统中下沉广场、中央大厅和过厅的设置间距和设置要求。正在征求意见的上海市标准《城市地下综合体设计规范》中规定：B级和C级以上通道宜设置中央大厅(地下广场)的间距不宜超过100 m，主流线交叉位置应设置过厅，其间距在80 m以内。

地下空间的出入口、中庭或中央大厅需要具有良好的识别性并与周围环境结合好，应有独特的空间形态。牛力2009年的研究说明，在商业综合体中，中庭的认知记忆最重要的特征是中庭屋顶的形式和中庭的大小。所以，中庭的形状、屋顶形式和面积依然是非常重要的，它是地下空间的地标。建议尽可能采用下沉广场的设计形式。下沉广场作为地下空间的出入口，上下过渡自然，容易保持方向感。下沉广场可引入大量自然光线，改善地下阴暗封闭的环境，同时从内部可以看到较多的自然光线和外界景观，对人流有自然的方向诱导作用。目前许多地铁车站的出入口结合下沉广场设计，整合地上和地下的空间功能综合组织人流，取得了较好的效果，如上海四川北路地铁车站规划(图6-20)。

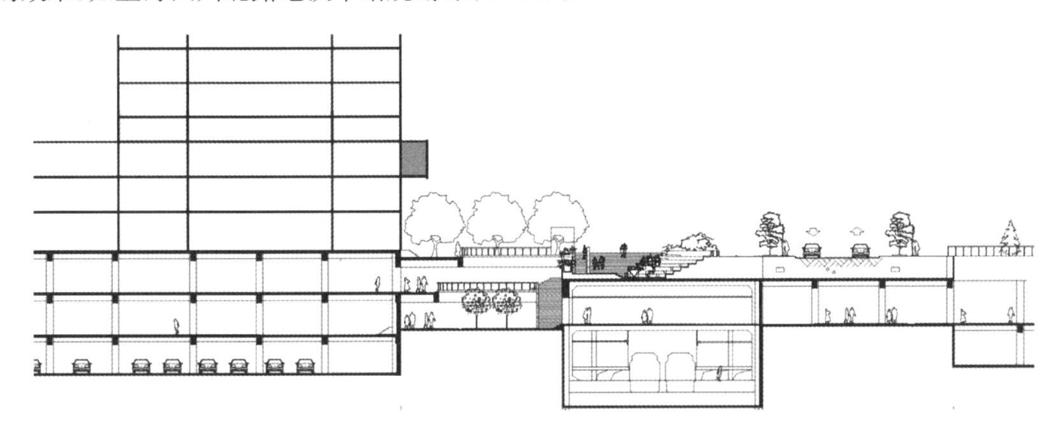

图6-20 上海轨道交通10号线四川北路地铁车站设计剖面示意图

资料来源：上海市轨道交通10号线四川北路站地区城市设计，2008

地下空间特征与地上空间有相似之处，空间特征明显的场所主要是在空间尺度上产生明显空间变化的场所。比如，在高度上产生变化的贯穿空间、自动扶梯，在宽度上发生变化的放大的节点，在深度上发生变化的主通道等。

图6-21 卢浮宫地下金字塔

资料来源：http://tieba.baidu.com/p/1068695168?pn=3

巴黎卢浮宫以其地上入口处的玻璃金字塔为人们所熟知。而在它的地下空间中，亦有一座玻璃金字塔：这座玻璃金字塔位于两条主要通道的交叉点，从各个方向都可见，具有较好视觉可达性；并且它以倒锥形方式引入自然光线，造型新颖通体透明，自然成为空间中的视觉焦点。卢浮宫的地下玻璃金字塔有效发挥节点作用来帮助人们定向和定位，是一个优秀的地下空间引导设计(图 6-21)。

地下公共空间中的空间特征变化和差异节点构建，不仅特殊在空间尺度上，更需具备多种的独特特征：在形状、色彩、内涵等方面要富有特色，并且在空间环境中容易被感知；通过开间、闭合、收放，形成节律；通过空间形态中偏移形成张力运动感；通过移步换景、序列变化形成节奏起伏；通过景观形成视觉追踪；通过布局高低错落、点线面结合形成运动，这些手法都可形成空间特征。

6.4.3 通过地面关联提升易读性

地下空间设计原则之一就是要建立地下空间与地上环境之间的关联，在地下空间中无法判断所处位置，是人们寻路中遇到的主要问题。因而，需要把地下空间和地上的要素结合起来，建立多方面的关联，如视线关联、空间关联和标识关联等，缓和地下空间的闭塞感和明暗反差，减少心理不适。

1. 视线关联

建立地上、地下的视觉联系对于明确方位最直接有效。位于绿地和广场下部的地下公共空间，可以通过下沉广场、下沉庭院、采光天窗与地面上的物体建立视线关联。在选择下沉广场位置时，可以考虑使具有标志性的物体在视线范围内。位于建筑下部的地下公共空间，可以通过设置共享空间使人们在地下部分看到建筑中或建筑外的标志物，来确定方位，为人们的寻路过程和空间认知提供参照(图 6-22)。

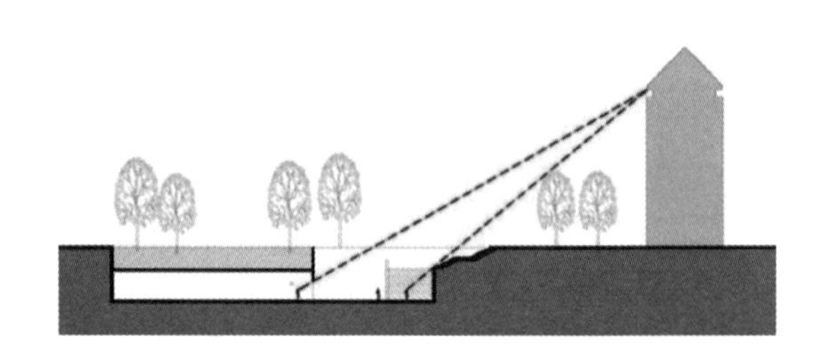

图 6-22　地下空间的视线关联[40]

2. 空间关联

通过空间关联可以帮助人们在地下空间进行寻路和认知。位于绿地广场下部的地下公共空间，可以通过设计一部分地面建筑形态，作为地上地下的联系，使人在地下空间中感知到此处空间与地面的关系，有利于人们在地下空间的定位；另一方面，地面建筑形态也有助于人们从地面上感知到地下空间的存在，例如北京西单地下综合商业中心(图 6-23)。

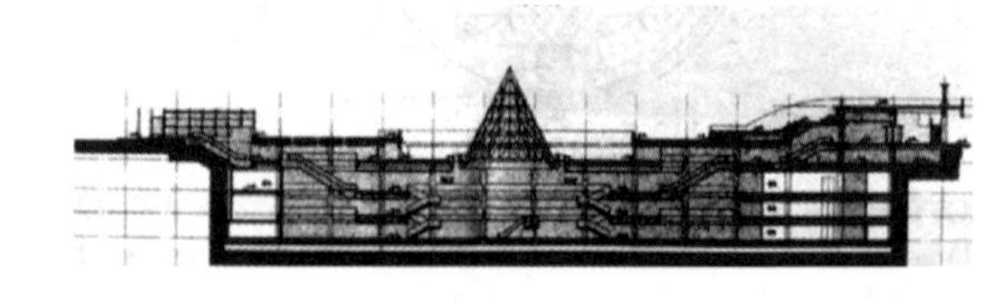

注：在广场上设计圆锥形玻璃顶，作为广场上的标志性构筑物，同时也作为地下空间的主要采光天窗。

图 6-23　北京西单地下综合商业中心剖面示意图[40]

另外，位于建筑下部的地下公共空间，应与建筑地上部分具有相似的平面拓扑关系，如中庭的对位和通道布局方式的一致性，这将有利于人们形成地下空间的认知地图。同时，还应注意一层平面的自明性，也就是一层平面应与其他各层有所区别，否则在紧急疏散时，会由于空间的相似导致疏散方向不明。例如：已经身处地下空间的人，按照平时逃生的习惯，仍然向下逃生；或是从建筑上部向下逃生时，明明已经到达一层，却由于无法判断而逃入地下。

地下空间认知的建立有赖于对地面上物体的感知，并表现出直线趋势和重叠效应等特点。因此，我们需要把地下空间和地上的要素结合起来，建立多方面的关联，比如视线关联、空间关联和标识关联等。在城市设计和建筑设计中则应该强调地下与地面空间的整体考虑，使地下与地面空间有机联系、互相渗透，地下设施与地面实体和空间构成形态有机整合、和谐协调。

6.4.4 标识设计

标识的最重要作用之一是识别性，当受到具体环境条件制约，视线关联和空间关联均无法达到的情况下，标识显得尤为重要。我们的研究表明，地下公共空间中的标识对寻路来说具有最重要的影响。需要设置恰当的标识信息，提示人们位置和方向。建议标识提供文字信息的同时提供图形信息，直观有效，使人们得以明确目的地的方位。

标识其实是后加信息，它是指附加于建筑的设施所传达的信息，这些设施或装置的用途是协助引导使用者辨认方向，其中对寻路影响最为直接的是标识设施。在轨道交通枢纽站中，人们进行路径探索所依赖的最主要手段就是标识系统，包括标识和示意图(平面图、地图、剖面图、立体轴测图等)。标识在路径探索过程中会发挥至关重要的作用，一旦标识出现错误，人们可能会立刻失去方向，甚至导致迷路。

根据地下空间情况和行走方式的不同，人们对标识的设置偏好有所差异。在一般情况下，标识只需满足基本的视觉要求，例如在日本横滨车站，大致是以从一个标识下通过时能确认下一个标识的存在为前提，并有近半数的文字可以清晰阅读为标准，标识的设置间隔定在40 m①。而当人们处于移动过程中，他们对标识的连续设置则有更高的偏好需求：在线形地下空间中，标识系统应该连续地进行设置，直至目的地，同时标识还应该连续重复设置，以加强人们对于空间认知的程度。

生活经验常常会潜移默化地影响寻路行为，因此，在设计站内标识系统时，必须考虑行人路径探索行为的步骤和方式，标识所提供的信息内容需要与之相匹配，标识所布置的位置需要符合人流的方向和轨迹，尤其在行人路径必经的空间节点附近以及空间转折处必须设置。例如，在地面出口处提供指北针和附近区域的平面图；在闸机口内外应提供与其直接相连的出口的指示信息；在站厅层提供换乘指示和内容清晰全面的站内平面图、地面层的区域平面图；在站台处提供站台上不同位置的每组楼梯所连接的出口及设施的名称。将地下标识系统的覆盖范围扩大到出入口及地面，不仅有助于高效寻路和空间认知形成，也可以改善地下空间环境。

徐磊青、张玮娜和汤众[55]曾做过对地铁站中标识布置特征影响寻路效率方面的虚拟研究。实验者以上海3个典型的轨道交通枢纽站为原型，构建了一个仿真的虚拟轨道交通空间，并选择一定数量的被试者在此虚拟空间中寻路，通过标识系统不同的参数设置，分析被试者的实验数据，得出结论：

---

① 转引自：米佳. 地下公共空间的认知寻路实验研究——以上海市人民广场为例[D]. 上海：同济大学，2007.

(1) 人们在交通枢纽空间中寻路时，习惯沿边缘行走寻找信息，很少往返交叉地寻找。人们在获得明确的指示信息前，习惯先向前行走寻找信息，并且多半向右前方。

(2) 标识牌的位置对点击率来说有很大影响，最先看到的、入口处、转折处及出口处的标识牌的点击率最高，说明这些位置的标识牌起着最重要的指导作用。

(3) 标识牌点击距离，通常在 10～15 m 之间。大多数情况中，正向标示牌点击间距较长，而反向和侧向点击间距较短。反向和侧向点击次数相对较少，点击距离也较短，在 10～12 m 之间。无交叉口的通道似乎存在一个最合理的标识牌密度，过大或者过小的密度都不合适。目前的实验表明，以正向布置为主的标识牌布置密度，20 m 左右的标识密度比 10 m 以下和 60 m以上的密度更有助于寻路效率。那么标识设置的合适距离到底是多少，还需要后续的研究来发展。

总结而言，标识系统设置的密度应该尽量均匀，标识密度过大会影响指示信息的有效性，标识密度过小会给路径探索行为带来一定困难。标识和示意图的表达内容应准确、清晰、全面，其形式应简明、易读易懂；此外，还应该在设计时考虑到标识牌的颜色、字体大小和照明情况等，以保证标识系统使用的效果良好[56]。

参考文献

REFERENCES

[1] 潘丽珍，李传斌，祝文君. 青岛市城市地下空间开发利用规划研究[J]. 地下空间与工程学报，2006，2(7)：1093-1099.

[2] 王岳丽，梁立刚. 地下城——芝加哥 Pedway 综述[J]. 国际城市规划，2010，25(1)：95-99.

[3] 于璐. 地下空间的城市性与公共化策略——上海商业中心地下空间案例分析[D]. 上海：同济大学，2012.

[4] 卢济威. 城市设计创作[M]. 南京：东南大学出版社，2012.

[5] 庄宇，张瑞雪. 面向区域协同发展的上海中心城区地铁站域现状和反思[J]. 城市轨道交通研究，2012，15(9)：17-20.

[6] ZACHARIAS John. 地下空间规划的决策支持系统[J]. 汤芳菲，译. 国际城市规划，2007，22(6)：11-15.

[7] 李佩芬. 台湾地下街开发及营运管理研究——以台北车站及中华路计划中之地下街为例[D]. 台北：政治大学中国地政研究所，1988.

[8] 童林旭. 地下建筑图说 100 例[M]. 北京：中国建筑工业出版社，2007.

[9] 刘皆谊. 城市立体化视角：地下街设计及其理论[M]. 南京：东南大学出版社，2009.

[10] 卢济威，顾如珍，孙光临，等. 城市中心的生态、高效、立体公共空间——上海静安寺广场[J]. 时代建筑，2000(3)：58-61.

[11] 张红红. 花旗中心，纽约市，美国[J]. 世界建筑，2002(5)：23-27.

[12] 王建国. 城市设计[M]. 南京：东南大学出版社，2004.

[13] 王其钧. 商业办公建筑设计[M]. 北京：中国建筑工业出版社，2008.

[14] 李雄飞，赵亚翘，王悦. 国外城市中心商业步行街[M]. 天津：天津大学出版社，1990.

[15] 韩冬青，冯金龙. 城市・建筑一体化设计[M]. 南京：东南大学出版社，1999.

[16] 王文卿. 城市地下空间规划与设计[M]. 南京：东南大学出版社，2001.

[17] 俞泳. 城市地下公共空间研究[D]. 上海：同济大学，2000.

[18] 刘晓晖，杨宇振. 商业建筑[M]. 武汉：武汉工业大学出版社，1999.

[19] 林帆. Beursplein 中心步行商业街[J]. 建筑技术及设计，2004(4)：100-105.

[20] 王成宇. 西安历史环境中的城市公共空间构建与设计研究[D]. 重庆：重庆大学，2014.

[21] 虞大鹏. 自我的存在：限研吾设计的北京三里屯 SOHO2[J]. 时代建筑，2011(3)：94-99.

[22] 吉迪恩 S 格兰尼. 城市地下空间设计[M]. 北京：中国建筑工业出版社，2005.

[23] GEHL J，GEMZØE L. New city spaces [M]. Copenhagen：Danish Architectural Press，2001.

[24] 徐向东. 采光和照明新技术——导光管在建筑中的应用[J]. 光源与照明，2005(1)：11-18.

[25] 王爱英，时刚. 天然采光技术新进展[J]. 建筑学报，2003(3)：64-66.

[26] 陈东田，王至诚，孙晓春. 环境・形态・行为——城市环境景观形态设计研究[J]. 中国园林，2001(6)：54-56.

[27] GEHL J，GEMZØE L，Kirknæs S，et al. New city life [M]. Copenhagen：Danish Architectural Press，2006.

[28] 童林旭. 地下空间与城市现代化发展[M]. 北京:中国建筑工业出版社. 2005.
[29] 司马蕾. 梅伊丹购物中心与商业综合体[J]. 世界建筑,2010(7):32-37.
[30] 毛里齐奥・维塔. 捷得国际建筑师事务所[M]. 曹羽译. 北京:中国建筑工业出版社,2004.
[31] 陈洁萍. 地形学议题——第九届威尼斯建筑双年展回顾[J]. 新建筑,2007(4):80-85.
[32] 王桢栋. 西班牙洛格罗尼奥城市综合体[J]. 建筑学报,2013(9):102-108.
[33] 肖俊. 洛杉矶大屠杀博物馆[J]. 现代装饰,2011(4):76-84.
[34] 王钊,张玉. FOA 建筑事务所的探索与实践[J]. 时代建筑,2006(3):150-157.
[35] 童林旭. 地下建筑学[M]. 北京:中国建筑工业出版社,2012.
[36] 项琳斐. EDP 总部大楼[J]. 世界建筑,2012(10):96-103.
[37] 钱才云. 复合型的城市公共空间与城市交通的关联研究[D]. 南京:东南大学,2008.
[38] 项琳斐. 跨海湾交通枢纽中心[J]. 世界建筑,2011(6):96-101.
[39] GIDEON S Golany,尾岛俊雄. 城市地下空间设计[M]. 许方,于海漪,译. 北京:中国建筑工业出版社,2005.
[40] 米佳. 地下公共空间的认知和寻路实验研究——以上海市人民广场为例[D]. 上海:同济大学,2007.
[41] HOLLON H D, KENDALL P C. Psychological responses to underground structures [C]//Going under to stay on top: Non-residential applications, earth-shelter 2. The Underground Space Center of the University of Minnesota, 1979.
[42] 王保勇,侯学渊,束昱. 地下空间心理环境影响因素研究综述与建议[J]. 地下空间,2000,20(4):276-281.
[43] CARMODY John, STERLING Raymond. Underground space urban design. 地下空间设计[M]. 童林旭,译. 北京:地震出版社,1993.
[44] GIDEON S G. Earth-sheltered habitat-history[M]//Architecture and urban design. New York: Van Nostrand Reinhold Company Inc. , 1983.
[45] 徐磊青,俞泳. 地下公共空间中的行为研究:一个案例调查[J]. 新建筑,2000(4):18-20.
[46] 吴艳华,刘婷婷. 城市地下公共空间标识系统设计[J]. 安徽建筑,2003(4):33-34.
[47] 米佳,徐磊青,汤众. 地下公共空间的寻路实验和空间导向研究——以上海市人民广场为例[J]. 建筑学报,2007(12):66-70.
[48] 李斌,陈晔,秦丹尼. 上海轨道交通枢纽站路径探索研究[J]. 建筑学报,2010(S2):131-134.
[49] HERZOG T, FLYNN-SMITH J. Preference and perceived danger as a function of the perceived curvature, length and width of urban alleys [J]. Enviromnent and Behavior, 2001, 33(5):653-666.
[50] ZACHARIAS J. Path choices and the layout of a shopping centre [C]//TIMMERMANS H(Ed.). Design and decision support systems in architecture and urban planning. Proceedings of the 4th conference, Maastricht, The Netherlands,1998:26-29.
[51] GARLING T, GARLING E. Distance minimization in downtown pedestrian shopping [J]. Environment and Planning,1998, A(20): 547-554.
[52] ZACHARIAS John. 蒙特利尔地下城的行人动态、布局和经济影响[J]. 许玫,译. 国际城市规划,2007,22(6):21-27.
[53] 徐磊青. 复杂环境中的空间认知模式——基于空间组织的防灾设计策略. 国家自然科学基金项目结题报告[R],2008.
[54] PASSINI R. Wayfinding in architecture [M]. New York: Van Nostrand Reinhold, 1992.
[55] 徐磊青,张玮娜,汤众. 地铁站中标识布置特征对寻路效率影响的虚拟研究[J]. 建筑学报,2010(S1):1-4.
[56] 卢国英. 地铁标识系统设计研究[D]. 上海:同济大学,2004.
[57] Images Publishing Group. Development Design Group Inc [M]. Images Publishing Dist A/C, 2008.

[58] ALLEN, G. Spatial abilities, cognitive maps, and way-finding [C]//GOLLEDGE R G (Ed.). Way-finding behavior: Cognitive mapping and other spatial processes. Baltimore, MD: John Hopkins Press,1999.
[59] 童林旭.城市地下空间资源评估与开发利用规划[M].北京:中国建筑工业出版社,2009.
[60] 钱七虎,卓衍荣.地下城市[M].北京:清华大学出版社,2002.
[61] 耿永常,赵晓红.城市地下空间建筑[M].哈尔滨:哈尔滨工业大学出版社,2001.
[62] 巴里·谢尔顿等.香港造城记:从垂直之城到立体之城[M].胡大平,吴静,译.北京:电子工业出版社,2013.
[63] 陈志龙,刘宏.城市地下空间总体规划[M].南京:东南大学出版社,2011.
[64] 刘皆谊.城市立体化发展与轨道交通[M].南京:东南大学出版社,2012.
[65] 何芳子,丁致成.2006日本都市再生密码:都市更新的案例与制度[M].台北:财团法人都市更新研究发展基金会,2006.
[66] 童林旭.地下商业街规划与设计[M].北京:中国建筑工业出版社,1998.
[67] 蔡永洁.城市广场[M].南京:东南大学出版社,2006.
[68] 卢济威.城市设计机制与创作实践[M].南京:东南大学出版社,2005.
[69] 梁雪,肖连望.城市空间设计[M].天津:天津大学出版社,2006.
[70] 邱秀文,矶崎新.国外著名建筑师丛书.第二辑[M].北京:中国建筑工业出版社,1990.
[71] 卡米洛·希特.城市建设艺术:遵循艺术原则进行城市建设[M].仲德崑,译.南京:东南大学出版社,1990.
[72] 芦原义信.外部空间的设计[M].尹培桐,译.北京:中国建筑工业出版社,1986.
[73] 芦原义信.街道的美学[M].尹培桐,译.天津:百花文艺出版社,2007.
[74] 藤江澄夫.商业设施[M].黎雪梅,译.北京:中国建筑工业出版社,2002.
[75] C'topos. C3国际新景观[M].北京:中国建筑工业出版社. 2009.
[76] CARMODY John.地下建筑设计[M].于润涛编译.北京:地震出版社,1993.
[77] 日本土木学会.地下空间と人间——地下空间の环境アセスメントと环境设计[M].1995.
[78] CHANG D, PENN P. Integrated multilevel circulation in dense urban areas: the effect of multiple interacting constraints on the use of complex urban areas [J]. Environment and Planning B: Planning and Design, 1998, 25: 507-538.
[79] BITGOOD S, DUKES S. Economy of movement and pedestrian choice behavior in shopping malls [J]. Enviroment and Behavior, 2006, 48(3): 394-405.
[80] CONROY Dalton R. The secret is to follow your nose: Route path selection and angularity [J]. Envirollment and Behavior, 2003, 35(1): 107-131.
[81] JUNJI Nishi, FUJIO Kamo, KUNIHIKO Ozawa. Rational use of urban underground space for sur face and subsurface activities in Japan [J]. Tunnelling and Underground Space Technology, 1990, 5(1/2): 23-31.
[82] ZACHARIAS J. Path choice and visual stimuli: signs of human activity and architecture [J]. Journal of Environmental Psychology, 2001, 21: 341-352.
[83] ZACHARIAS J. Choosing a path in the underground: Visual information and preference [C]. ACUUS International Conference, 2002.
[84] 卢济威.论城市设计整合机制[J].建筑学报,2004(1):24-27.
[85] 孟昕.下沉广场问题初探——以上海静安寺地铁出口广场为例[J].华中建筑,2004:(2)89-91.
[86] 张金江.马德里城市快速路改造工程见闻[N].中华建筑报,2007-06-05.
[87] JACQUES Besner.总体规划或是一种控制方法——蒙特利尔城市地下空间开发案例[J].张播,译.国际

城市规划,2007,22(6):16-20.
[88] ZACHARIAS John. 地下系统推动蒙特利尔中心城区的经济发展[J]. 许玫,译. 国际城市规划,2007,22(6):29-34.
[89] 范文莉. 当代城市地下空间发展趋势——从附属使用到城市地下,地上空间一体化[J]. 国际城市规划,2008,22(6):53-57.
[90] 沈琰,范文兵. 轨道交通枢纽衔接部商业空间研究——以上海中山公园枢纽站为例[J]. 华中建筑,2001(12):63-66.
[91] 徐方晨,董丕灵. 江湾-五角场城市副中心地下空间开发方案[J]. 地下空间与工程学报,2006(2):1154-1159.
[92] 大阪市地下街连络协议会编. 地下街连络协议会关系资料集[R]. 大阪:大阪市地下街连络协议会,1986.
[93] 方韧. 日本名古屋市"荣"综合交通枢纽站的简介与启示[J]. 交通与运输,2003,4:29-32.
[94] 刘皆谊,束昱. 运用地下空间提升城市区域竞争力之研究——以盐城市建军路地下街设计为例[J]. 地下空间与工程学报,2014,10(增刊):1534-1538.
[95] 刘皆谊. 台北车站地上地下一体化整合开发探讨[J]. 铁道运输与经济,2009,31(3):35-38.
[96] 刘皆谊. 地下街结合城市场所精神的演变趋势探讨[J]. 地下空间与工程学报,2009,5(4):645-650.
[97] 刘皆谊,金英红,殷勇,等. 城市核心区地下街规划探讨——蚌埠市淮河路地下街方案设计[J]. 地下空间与工程学报,2012,8(1):1-7.
[98] 朱星平,吕斌. 札幌站前地下广场开发与运用的借鉴[J]. 地下空间与工程学报,2014,10(2):247-252.
[99] 朱星平,吕斌. 当前我国地下公共街道空间设计趋向研究[J]. 地下空间与工程学报,2014,10(增刊):1562-1565.
[100] 郭白莉. 地下商业街设计分析及探讨[J]. 地下空间与工程学报,2014,10(增刊):1571-1574.
[101] 俞明健,范益群,张竹,等. 城市中心活动区地下商业空间规划与设计——沈阳亿丰地下不夜城开发利用[J]. 地下空间与工程学报,2014,10(增刊):1551-1556.
[102] 范文莉. 城市的地下开放空间设计:模式和维度初探[J]. 地下空间与工程学报,2008,4(1):6-11.
[103] 金瓯,金澜. 杭州钱江新城核心区城市主阳台及波浪文化城设计[J]. 建筑创作,2010(9):116-129.
[104] 王桢栋. 沉积过去,连接未来——香港旺角朗豪坊城市建筑综合体剖析[J]. 建筑学报,2006(12):17-20.
[105] 卢济威,陈泳. 地下与地上一体化设计——地下空间有效发展的策略[J]. 上海交通大学学报(自然版),2012,46(1):1-6.
[106] 卢济威,陈泳. 地上地下空间一体化的旧城复兴——福州八一七中路商业街城市设计[J]. 城市规划学刊,2008(4):54-60.
[107] 尚晋. 约阿内博物馆扩建与翻新工程[J]. 世界建筑,2012(11):48-54.
[108] 陈娟,李夕兵,顾开运. 地下商业步行街内部环境优化初探[J]. 地下空间与工程学报,2009.
[109] 刘皆谊. 日本地下街的崛起与发展经验探讨[J]. 国际城市规划,2007,22(6):47-52.
[110] 王保勇,束昱. 探索性及验证性因素分析在地下空间环境研究中的应用[J]. 地下空间,2000,20(1):14-22.
[111] 王保勇,束昱. 地下空间方向诱导设计研究[J]. 同济大学学报,2002,30(1):111-115.
[112] CARMODY Jonh, STERLING Raymond. Underground space design [M]. Underground Space Center, Department of Civil and Mineral Engineering, University of Minnesota, 1993.
[113] 骆伟明. 广州城市地下空间开发利用研究[D]. 广州:中山大学,2005.
[114] 刘涟涟. 德国城市中心步行区规划策略与绿色交通研究[D]. 大连:大连理工大学,2010.
[115] 张瑞雪. 面向区域协同发展目标的上海中心城区地铁站点现状调研[D]. 上海:同济大学,2010.
[116] 宋晓宇. 交站区多层面步行系统的空间结构及其句法分析[D]. 上海:同济大学,2012.
[117] 杜刚勇. 下沉广场城市设计研究[D]. 上海:同济大学,2007.

[118] 戈珍平.城市地下街空间设计初探——以上海为例[D].重庆:重庆大学,2011.
[119] 刘可南.城市地上、地下空间一体化的手段和介质[D].上海:同济大学,2005.
[120] 牛力.建筑综合体的空间认知与寻路研究[D],上海:同济大学,2009.
[121] 菅原进一.地下街の现状と検讨课题[R].东京:地震灾害予测研究会,1997.
[122] 李菁.扎赫拉城博物馆[J].世界建筑,2012(11):36-41.

索 引

INDEX

辨识性　204,208,215
标识　25,203,208,209,211,212,216,220—222,224
采光　25,79,96,113,117,127,129,138,139,143,144,148—156,158,167,170,171,187,188,190,191,194,216,220,223
场所精神　88,95,98,226
城市发展　2,4,6,11,20,31,32,54,69,78,82,85,91,94,98,102,143
城市更新　16,20—22,65,70,75,76,78,81,82,90
城市活动　25,36,37,41,44,80,81,87,88,90,95,99,104,127,143,160,170,180,181,185
城市活动中庭　97
城市要素　6,11,20,26,32,87,149,167,179,180,184,192
地下步行系统　14,15,21,47,49,50,58,61,65,80,89,92,103,117,143,145,146,162,183,192,217,218
地下城市　3,11,27,80,225
地下公共空间　1—8,10,13,15,18,20—22,24—26,29,30,32,35,36,38,40—42,44—47,52—56,58,60,61,91,101—103,113,125,147—149,157,160,162,164,167,171,179,180,184,187,188,191,192,194,197—205,207—209,212,213,215—218,220,221,223,224
地下街　4,11,22,26,41—43,60,63—99,138,139,143,144,150,151,162,163,183—185,187,201,210,215,216,218,223,226,227
地下空间　2—7,9—11,13,15,16,18—26,30,31,36,37,39,43—45,47,53,54,56,58,60—62,64—69,77—82,84—88,90,92,94—98,102,103,108,113,117,123,124,126,127,129,132—135,137—140,143—145,148—158,160—165,167—169,171,175,177,180,183—185,187—189,191—194,198—205,207—213,215—221,223—227
地形　11,30,157,158,160,164,167,169,171,173,187,224
多样化　78,102,128
方位感　95,113,139,143,202
方向感　148,198,200—203,205—207,210,217,219
复合化　37,102,173
复合行为网络　47
公共活动平台　86,88,90,93,98
公共空间　2—7,11,15,21,22,30,32,36—40,44,46,47,49,50,60,61,63,73,85,87,90—92,95,99,102,103,111,112,127,128,132,135,137,138,140,164,167,177,181,192,194,223,224
功能组　6,37,112,192
广场高宽比　124
过街通道　57,103,108,117,118,120,161
环境因素　148,199
换乘活动　32,41,42,44,45
基础行为网络　47
交通集散　127
交通枢纽综合体　117
介质空间　102
界限模糊化　88

紧凑城市 4—6,20,102
可达性 24,30,35,57,182,184,195,215,216,218,219
空间定位 148,187,202
空间封闭 73,88,198,200—202
空间开放度 125
空间认知 198,202,203,208,209,212,215,216,220,221,224,227
空间使用 2,24,32,37,39,46,64,210
空间特征 72,73,98,204,205,219,220
类型 26,30,34,35,38—41,44—46,48,52,53,66,67,69,70,98,103,113,124,127,138,139,145,146,148,149,155,164,167,169,177,184,215
立体交通 103,120,183
立体整合 167,169,180,184,185,193,194
路径选择 198,202,209—215
耐受性 40—42
偏好 210,212—214,221
平面布局 123,207,209,215—218
平战结合 18,84
人车路径 32,51
人防工程 84,85,96
人性城市 4,6,20
认知图 208
生态城市 4,5,20,102
十五规划纲要 84,85
室内步行街 36,128
体系化 13,25,30,31,39,60,61
通勤活动 41,42,44—46
下沉广场 15,17,25,26,36,39,44,49,50,52,58,68,72,73,92,93,95—97,101—126,143—145,150—153,158,161,162,164,165,172,173,175,177,185,187,194,203—205,208,211,215,218—220,225,226
下沉街 25,26,101—103,138—146
下沉中庭 26,50,101—103,127—133,135—138,146,189
消费活动 35,36,41,42,44—47,73,95,162—164
消费空间 36,47,162,194
协同发展 24,149,223,226
心理特征 199
性能式法规 77
休憩活动 41,44,45
寻路 198,201—203,205,207—209,211,212,215—218,220—222,224,227
一体化 15,25,26,38,39,56—58,61,95—98,102,147,167,169,179,187,188,192,223,226,227
易读性 214,215,218,220
站前广场 11,65,66,68,75,76,85,120,143,215